信息通信工程设计实务（上册）

——设备工程设计与概预算

编　著　孙青华　顾长青　刘保庆　曲文敬
　　　　赵建鹏　张东风　阎伟然

参编企业　河北电信设计咨询有限公司
　　　　　惠远通服科技有限公司

北京理工大学出版社
BEIJING INSTITUTE OF TECHNOLOGY PRESS

内 容 简 介

本系列书籍共分上、下两册，全面地介绍通信工程设计及概预算的理论及实务，从通信工程设计的专业岗位出发，以典型工作任务为主线，系统介绍动力系统、传输、交换、数据、监控、移动、管道、线路、小区接入、室分系统、铁塔系统的设计及概预算编制方法。

本书为上册，主要介绍设备工程设计与概预算实务，共分 6 章，以设计专业岗位为基础，以典型工作任务为主线展开。第 1 章介绍了电源设备安装工程的勘察、设计及概预算编制；第 2~4 章讲述了通信设备（包括传输、数据、交换）工程的勘察、设计及概预算编制；第 5 章讲述了视频监控设备工程的勘察、设计及概预算编制；第 6 章重点介绍了无线通信设备工程的勘察、设计及概预算编制。

下册主要介绍管线工程设计与概预算实务，共分 5 章，以线务工程为基础，以典型工作任务为主线展开讲述。第 1 章介绍了通信管道工程的勘察、设计及概预算编制；第 2 章介绍了线路工程的勘察、设计及概预算编制；第 3 章介绍了小区接入工程的勘察、设计及概预算编制；第 4 章介绍了无线室内分布系统的勘察、设计及概预算编制；第 5 章介绍了铁塔工程的勘察、设计及概预算编制。

本书可作为通信类核心专业能力课程的配套教材，其中包括了大量情境教学实例，可作为通信工程、移动通信、数据通信、光纤通信、通信工程设计与监理等专业高职高专或本科教材，也可作为通信系统、网络工程、通信工程设计与监理的工程技术人员的参考书。

版权专有　侵权必究

图书在版编目（ＣＩＰ）数据

信息通信工程设计实务. 上册，设备工程设计与概预算 / 孙青华等编著. --北京：北京理工大学出版社，2022.11

ISBN 978-7-5763-1904-0

Ⅰ. ①信… Ⅱ. ①孙… Ⅲ. ①通信设备–工程设计–概算编制②通信设备–工程设计–预算编制 Ⅳ. ①TN91

中国版本图书馆 CIP 数据核字（2022）第 230374 号

出版发行 / 北京理工大学出版社有限责任公司		
社　　址 / 北京市海淀区中关村南大街 5 号		
邮　　编 / 100081		
电　　话 / （010）68914775（总编室）		
（010）82562903（教材售后服务热线）		
（010）68944723（其他图书服务热线）		
网　　址 / http://www.bitpress.com.cn		
经　　销 / 全国各地新华书店		
印　　刷 / 涿州市新华印刷有限公司		
开　　本 / 787 毫米×1092 毫米　1/16		
印　　张 / 17.75		责任编辑 / 王玲玲
字　　数 / 396 千字		文案编辑 / 王玲玲
版　　次 / 2022 年 11 月第 1 版　2022 年 11 月第 1 次印刷		责任校对 / 刘亚男
定　　价 / 75.00 元		责任印制 / 施胜娟

图书出现印装质量问题，请拨打售后服务热线，本社负责调换

前　　言

通信技术的革命将改变人们的生活、工作和相互交往的方式。伴随着通信技术的发展，信息产业已成为信息化社会的基础。特别是光通信、移动通信突飞猛进，使通信技术日新月异，作为社会基础设施的通信技术革新正向数字化、宽带化、综合化、智能化和个人化方向发展。通信工程建设项目日益增加，急需既懂通信专业理论又懂工程设计的复合型人才。

本系列书籍以通信设计专业岗位为基础，以典型工作任务为主线，系统地介绍了电源、传输、数据、交换、视频监控、移动、管道、线路、小区接入、室分系统、铁塔工程的勘察、设计及概预算编制方法。由于通信工程发展很快，本系列书籍在内容广泛、实用和讲解通俗的基础上，尽量选用最新的资料。

学习本书所需要的准备

学习本书需要具备现代通信技术的基础知识。对各类通信网络有一定了解的读者都会在本书中得到有益的知识。

本书的风格

作为通信工程专业核心技能培养的配套教材，本系列书籍选取了大量的情境教学实例，以期达到理论与实践一体化的教学效果。本系列书籍分为上、下两册，从通信工程设计的专业岗位出发，以典型工作任务为主线，系统介绍设备工程、线务工程以及其他典型工程的勘察、设计及概预算编制方法与实务。上册重点介绍设备工程设计与概预算实务，下册重点介绍管线工程设计与概预算实务。

本系列书籍含有大量的图表、数据、案例和插图，以达到深入浅出的教学效果。通信工程设计及概预算涉及内容比较复杂，而且与通信工程设计与概预算有前后的关联性，本系列书籍尽可能用形象的图表及实例来解释和描述，为读者建立清晰而完整的体系框架（见下图）。

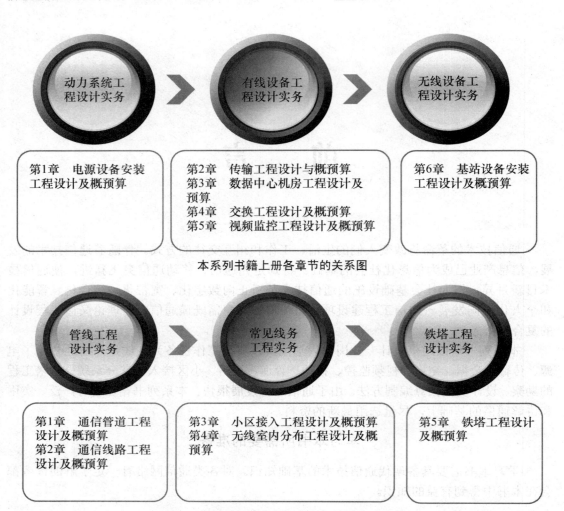

本系列书籍上册各章节的关系图

本系列书籍下册各章节的关系图

在每章的开始明确本章的学习重点、难点、课程思政及学习方法建议，引导读者深入学习。

为配合教学做一体的教学形式，本书结合每章教学内容，设计了教学情境，使教学与实践有机结合在一起。

随着云大物智移技术的发展，通信工程成为当前最有活力的领域之一，书中的内容紧跟当前发展的脚步。

上册的结构

第 1 章以典型的电源设备安装工程设计为主线，介绍了电源及机房环境的工程勘察、方案设计、设备选型、设计文档编制及概预算文档编制等。

第 2 章以典型的传输设备工程设计为主线，介绍了传输工程勘察、方案设计、设备选型、设计文档编制及概预算文档编制等。

第 3 章以典型的数据设备工程设计为主线，介绍了数据通信工程勘察、方案设计、设备选型、设计文档编制及概预算文档编制等。

第 4 章以典型的交换设备工程设计为主线，介绍了交换工程勘察、方案设计、设备选型、设计文档编制及概预算文档编制等。

第 5 章 以典型的视频监控设备工程设计为主线，介绍了监控设备工程勘察、方案设计、设备选型、设计文档编制及概预算文档编制等。

第 6 章以典型的无线设备工程设计为主线，介绍了移动通信工程勘察、方案设计、设备选型、设计文档编制及概预算文档编制等。

下册的结构

第 1 章以典型的通信管道工程设计为主线，介绍了通信管道工程勘察、方案设计、设计文档编制及概预算文档编制等。

第 2 章以典型的线路工程设计为主线，介绍了线路工程勘察、方案设计、设计文档编制及概预算文档编制等。

第 3 章以典型的小区接入工程设计为主线，介绍了小区接入工程勘察、方案设计、设计文档编制及概预算文档编制等。

第 4 章以典型的无线室内分布系统设计为主线，介绍了室分系统的工程勘察、方案设计、设备选型、设计文档编制及概预算文档编制等。

第 5 章以典型的铁塔工程设计为主线，介绍了铁塔工程的勘察、方案设计、设计文档编制及概预算文档编制等。

在本书的编写过程中，我要感谢我的同事和朋友给我的影响和帮助。特别感谢河北电信咨询有限公司技术创新中心的支撑与建议，感谢中国移动通信集团设计院有限公司郭武高级工程师的支持与帮助。

本书上册第 1 章由石家庄邮电职业技术学院刘保庆编著；第 2 章由石家庄邮电职业技术学院孙青华和河北电信设计咨询有限公司赵建鹏编著；第 3 章由石家庄邮电职业技术学院曲文敬编著；第 4 章由河北电信设计咨询有限公司张东风编著；第 5 章由惠远通服科技有限公司顾长青编著；第 6 章由河北电信设计咨询有限公司阎伟然编著；下册第 1 章和第 3 章由惠远通服科技有限公司牛建彬编著；第 2 章由石家庄邮电职业技术学院张志平编著；第 4 章由石家庄邮电职业技术学院曲文敬编著；第 5 章由石家庄邮电职业技术学院孙青华编著。全书统稿孙青华。由于编者水平有限，书中难免存在一些缺点和欠妥之处，恳切希望广大读者批评指正。

孙青华

目　录

第 1 章　电源设备安装工程设计及概预算

本章内容

- 通信电源及机房、空调系统等工程基础
- 通信电源设备安装工程勘察、设计
- 通信电源设备安装工程设计与概预算文档编制

本章重点

- 通信电源设备安装工程勘察、设计
- 通信电源设备安装工程设计文档编制
- 通信电源设备安装工程预算文档编制

本章难点

- 通信电源设备安装工程设计
- 通信电源设备安装工程设计文档编制
- 通信电源设备安装工程预算文档编制

本章学习目的和要求

- 掌握通信电源设备安装工程设计步骤、方法
- 掌握通信电源设备安装工程设计、预算文档的编制

本章课程思政

- 结合通信电源的重要性和意义，教育遵循严格的电源设计规范，培养学生一丝不苟的严谨态度

　　本章学时数：10 学时

1.1　通信电源系统概述

通信电源系统是为通信局（站）的各种通信设备及建筑负荷等提供电源的设备和系统的总称。通信电源系统是由交流供电系统、直流供电系统和相应的接地系统、监控系统等组成的。

交流供电系统包括高压供电系统和低压供电系统；直流供电系统包括 AC/DC 电源转换器、蓄电池组和直流配电柜；接地系统是通信电源系统安全运行的保证；监控系统是对电源系统的运行状态的监管。

通信电源是整个通信网络的关键基础，所有的有源通信设备都依赖稳定、可靠的通信电源。

1.2　通信电源机房及设备

大型局站通信电源系统（如中心机房）包括高压设备、低压设备、电源转换设备、蓄电池、油机发电系统和动力环境监测设备，如图 1-1 所示。通信设备通常使用 −48 V 直

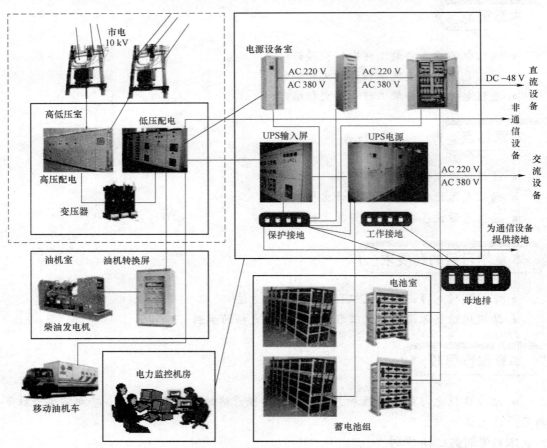

图 1-1　通信电源系统机房构成图

流电和 220 V/380 V 交流电。直流通信设备通常采用全浮冲的蓄电池供电；交流通信设备通常使用 UPS 不间断电源系统供电。低压配电柜连接市电、油机发电机或移动油机发电车，在市电断电时，由油机发电机提供备用电源。油机转换屏通常可以监测市电供电状态，及时启动油机发电机。

其中，图 1−1 中虚框部分中的高压电力系统设备，一般由通信设计人员提出需求后，由专门高压电力设计人员完成。

小型局站通信电源系统（如基站）通常只包括低压设备、电源转换设备、蓄电池和动力环境监测设备。

1.2.1　市电引入

市电一般为 10 kV，是通信系统的电力引入起始点。根据通信局（站）所在地区的供电条件、线路引入方式及运行状态，将市电分为四类。

1. 一类市电供电

一类市电供电是指从两个稳定可靠的独立电源各自引入一路供电线。该两路电源不同时出现检修停电，平均每月停电次数不大于 1 次，平均每次故障时间不大于 0.5 h，年不可用度小于 6.8×10^{-4}。

2. 二类市电供电

二类市电供电应符合下列条件之一：两个以上独立电源或从稳定可靠的输电线路上引入一路供电线；由一个稳定可靠的独立电源或从稳定可靠的输电线路上引入一路供电线；此供电线路允许有计划检修停电，平均每月停电次数不大于 3.5 次，平均每次故障时间不大于 6 h，年不可用度小于 3×10^{-2}。

3. 三类市电供电

三类市电供电是指从一个电源引入一路供电线，供电线路长、用户多，平均每月停电次数不大于 4.5 次，平均每次故障时间不大于 8 h，年不可用度小于 5×10^{-2}。

4. 四类市电供电

四类市电供电应符合下列条件之一：由一个电源引入一路供电线，经常昼夜停电，供电无保证，达不到三类市电供电要求；有季节性长时间停电或无市电可用情况发生。

市电的种类选取上尽量选择可靠性高的市电，如条件不允许选取高可靠性市电时，需根据市电种类确定蓄电池容量或配备油机发电设备。

1.2.2　高低压室

高低压室放置高压配电设备、变压器及低压配电设备。一般情况下，高低压中的高压设备及变压器等由专门供电设计人员完成设计方案，通信设计人员只需提出要求或根据需求直接引用。

1. 高压配电设备

高压配电设备包括进线柜、计量柜、避雷器柜、环网柜、出线柜。高压配电柜如图 1−2 所示。

图 1-2　高压配电柜

进线柜是高压受电的柜体，接受 6 kV 或 10 kV 高压市电，能够断开、闭合用户和电网的连接，能够保护用户电路，能够指示电网状态。

计量柜装有电压电流互感器和电度表，能够计量用户用电量，是供电局计费用的柜体。

避雷器柜安装避雷器避雷。当有雷电冲击时，避雷设备可以将雷电消除，避免后一级的设备受到雷电冲击而造成损坏。

环网柜主要由负荷开关和熔断器组成，如图 1-3 所示。它将两条供电线路连接在一起组成一个环。正常使用时，环网柜处于断开状态。当电源 1 出现故障时，可以断开分段开关 1，闭合分段开关 2 和环网柜，使用电源 2 为用户 1 供电。

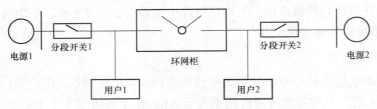

图 1-3　环网柜的组网

出线柜装有负载开关，负责将高压电引出到变压器的高压输出端。

2. 变压器

变压器是将高压市电变换为低压市电的主要设备，通常将 6 kV 或 10 kV 高压市电降压变压为三相 380 V 低压市电。变压器如图 1-4 所示。通信电源中常用变压器容量一般有 315 kVA、400 kVA、630 kVA 和 1 600 kVA 等。

3. 低压配电设备

低压配电设备主要包括进线柜、市电/油机转换柜（也可放在油机室中）、馈电柜、联络柜、补

图 1-4　变压器

偿柜，如图 1-5 所示。其主要作用是将电力变压器低压输出进行低压配电、补偿后送到用电设备，即完成为下级供电和进行用电分配。

进线柜：又叫受电柜，是用来从电网上接收电能的设备，一般安装有断路器、电流互感器（CT）、电压互感器（PT）、隔离刀等元器件。

馈电柜：也叫出线柜或配电柜，是用来分配电能的设备，一般也安装有断路器、CT、PT、隔离刀等元器件。

图 1-5　低压配电设备

联络柜：也叫母线分断柜，是用来连接两段母线的设备。在单母线分段、双母线系统中常常要用到母线联络，以满足用户选择不同运行方式的要求或保证故障情况下有选择地切除负荷。

电容器柜：也叫补偿柜，用于改善电网的功率因数。主要的器件就是并联在一起的成组的电容器组、投切控制回路和熔断器等保护用电器。一般与进线柜并列安装，可以一台或多台电容器柜并列运行。电容器柜从电网上断开后，由于电容器组需要一段时间来完成放电的过程，所以不能直接用手触摸柜内的元器件，尤其是电容器组；在断电后的一定时间内，不允许重新合闸，以免产生过电压损坏。

馈电柜负责把电源输出到负荷或下级配电柜、配电箱，并提供一系列保护。

1.2.3　油机室及移动油机车

油机室内放置柴油发电机组和油机转换屏。为了应对无发电机和长时间断电的情况，在条件允许的情况下，还应配备移动油机车接口，以方便外接移动油机车。油机室的发电设备要求发生市电中断时，必须在半小时内提供稳定的交流电，以免影响设备的正常运行。

1. 柴油发电机组

柴油发电机组如需长时间发电，应配备相应尺寸的冷水池和油库。柴油机发电机如图 1-6 所示。

2. 油机转换屏

油机转换屏是用来完成市电和柴油发电机两种电源间切换的设备，分为手动型和自动型两种。手动型需人工进行供电电源转换；自动型可自行在市电故障时切换至油机供电，当市电恢复时自动切回。在自动型转换屏机箱内装有一个电池及充电器，用于对控制油机启动的电池进行充电。油机转换屏如图 1-7 所示。

图 1-6　柴油发电机

图 1-7　油机转换屏

如无油机转换屏，也可用自动转换开关 ATS（Automatic Transfer Switching）实现电源切换功能，但此时需要配置带电池完成油机的启动。自动转换开关如图 1-8 所示。

3. 移动油机车

在某些不具备安装固定式柴油发电机组的机房可通过调配移动油机车解决市电故障问题。移动油机车是指配备了柴油发电机的车辆。在此种机房内，一般配套有快速接头，以方便与油机的连接。快速接头如图 1-9 所示。

图 1-8　自动转换开关

图 1-9　快速接头

1.2.4　电源设备室

电源设备室是通信电源系统的主机房，用于放置交流、直流等电源系统主设备。交流供电设备包括交流配电屏和 UPS 设备等；直流供电设备包括直流配电屏、整流屏等。

1. 交流配电屏

交流配电屏是为高频开关电源系统和各通信机房进行交流配电的设备，完成将输入其的市电分配为不同容量交流支路的功能。多路供电的交流配电柜通常设有机械或者自动互斥开关，保证只有一路电源接入。柜体通常设有交流电源的电压电流指示仪表。

2. UPS 交流输入屏、输出屏

UPS 交流输入屏，为 UPS 提供交流输入的交流配电柜。其在较大型的 UPS 系统才会配置。输出屏完成 UPS 交流输出分配作用，一般与 UPS 输出屏配合使用；输入屏的容量包括两部分，即 UPS 负载容量和蓄电池容量。

3. UPS 电源主设备

UPS 为"不间断电源"，是英语"Uninterruptible Power Supply"的缩写，它主要起到三个作用：① 应急使用，防止突然断电而影响正常工作，给设备造成损害；② 消除市电上的电涌、瞬间高电压、瞬间低电压、电线噪声和频率偏移等"电源污染"，改善电源质量，为系统提供高质量的电源；③ 减少给用户造成的使用不便的情况。

探　讨

- 断路器原理及应用场合。
- 空气开关、熔断器技术参数及选用原则。
- 三相供电平衡原则及冗余配置容量确定方法。

4. 高频开关电源设备

高频开关电源完成整流功能，将交流电转换成直流电的同时，完成电压转换功能，输出稳定的 –48 V 直流电源。高频开关电源包含监控模块、整流模块和开关电源架；完整的一套高频开关电源系统由一块监控模块和多块整流模块组成，其系统容量由开关电源架容量和整流模块容量决定。

高频开关电源架可多架并联工作。一些情况下可以 2～3 架并联工作，但不建议多架并联使用。

5. 直流配电屏

直流配电屏是将整流屏或蓄电池输出的直流电根据不同容量的负载进行分配输出的设备，主要由熔断器及连接件构成，是直流供电系统的枢纽设备。

为了方便设备维护，为每一列通信设备设计安装一个直流配电屏用于为本列设备分配供电，这种直流配电柜一般安装在通信设备列柜的列头，因此也称为列头柜。电源机房中直流配电屏输出端通过电力电缆与列头柜相连，由列头柜分配并为同列设备供电。

为了响应国家关于节能减排的政策导向，电源设备室除上述设备外，还配备了高压直流设备替代目前常用的 UPS 系统。其与 –48 V 直流电源系统最大不同点是配置电池组数目不同，其每组电池数目一般为 192 块。

1.2.5　蓄电池

蓄电池组的作用是储存电能，当交流供电故障（停电）时，为通信设备提供电源，保证通信设备正常运转，直至交流电源恢复。

通信工程中常用的蓄电池主要有铅酸蓄电池和磷酸铁锂蓄电池。

酸蓄电池按照组装工艺不同，分为阀控式、防酸隔爆式、开口式、车载式等。目前通信电源系统多用阀控式密封铅酸蓄电池组。阀控式密封铅酸蓄电池组型号命名如图 1–10 所示。

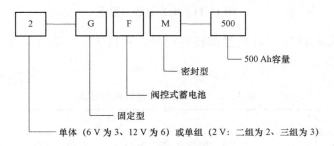

图 1–10　蓄电池的型号示例

固定型阀控式密封铅酸蓄电池在环境温度不超过 30 ℃的情况下，浮充寿命应不低于 8 年。当蓄电池的实际容量（条件为 25 ℃，2 V 电池和 12 V 电池分别以 10 h 率电流和 20 h 率电流放电）低于额定容量的 80% 时，视为蓄电池寿命终止。

磷酸铁锂蓄电池是正极材料为磷酸铁锂（$LiFePO_4$）的锂离子电池。它与阀控式密封铅酸蓄电池相比，具有无污染、使用寿命长、体积小、质量小、可耐受较高环境温度等优点。

磷酸铁锂蓄电池可以在环境温度 0～55 ℃的条件下使用，充电环境温度：0～55 ℃；放电环境温度：−20～60 ℃。需要注意的是，磷酸铁锂蓄电池低于 0 ℃充电会对电池造成不可逆的破坏，高于 55 ℃充电可能会出现析锂现象而发生危险。

蓄电池的基本单元为 2 V，根据电源系统电压确定电池的块数。

根据相关规范要求，一般情况下，每套（台）电源系统均需配置两组蓄电池组，无特殊情况不建议配置一组。通信设备通常工作在−48 V，通常采用 24 块 2 V 蓄电池串联供电。

1.2.6　电力监控机房

电力监控机房放置专门服务器，监控从各个机房传输过来的监控信号，以监视各个通信电源设备的运行情况。在通信电源设备上安装电量仪对电源输出进行各项供电参数监测。

系统对监测到的各项参数设定上下限阈值，一旦发生超限报警，在相应位置发生报警的参数会变红色显示，同时产生报警事件进行记录存储并有相应的处理提示，同时，会在第一时间发出多媒体语音、电话语音拨号、手机短信、E-mail、声光等对外报警。

1.3　电力电缆

电力电缆是设备间的电力连接线缆，一般情况下，其主要材质为铜。电力电缆的型号由型式代号、额定电压和规格代号组成，中间分别用"—"和空格分隔开，如图 1−11 所示。

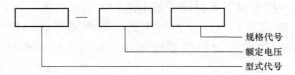

图 1−11　电力电缆的型号

电缆型式代号见表 1−1，由性能特征代号、系列代号、绝缘材料代号和护套材料代号组成。

表 1−1　电缆型式代号各部分含义

命名方式	代号名称
性能特征代号	ZA−阻燃 A 类、NA−耐火 A 类、WD−无卤低烟
系列代号	R−软电缆系列
绝缘材料代号	V−聚氯乙烯、Y−聚乙烯
护套材料代号	V−聚氯乙烯、Y−聚乙烯

额定电压通常为两个数值，较小的数值为长时间能承载的电压，较大的数值为电缆短时间承载的电压。

规格代号通常由芯数和单芯横截面接组成。

例如：ZA－RVV－600/1 000 V 3×4 mm^2 表示额定电压为 600/1 000 V 的 3 芯 4 mm^2 铜芯聚氯乙烯绝缘聚氯乙烯护套阻燃型电力电缆。

通信电源工程室内部分通常采用阻燃型电缆，防止电缆过热燃烧，释放有害气体。

1.4　防雷接地与机房工艺

为了保证通信电源机房安全运行，应当做好接地与防雷。

1. 接地

接地指电力系统和电气装置的中性点、电气设备的外露导电部分和装置外导电部分经由导体与大地相连。接地分为工作接地、保护接地和防雷接地。

1）交流工作接地

交流工作接地主要用于交流电源的中性点接地，通常制作发电设备和变压器的接地零线。

2）直流工作接地

直流工作接地是将直流电源的正极接地，用于产生 －48 V 电位，降低直流电力线及设施电腐蚀。

3）保护接地

保护接地是为防止电气装置的金属外壳、配电装置的构架和线路杆塔等带电危及人身和设备安全而进行的接地。

4）防雷接地

防雷接地是将雷电电流引入大地的接地方式。

2. 接地系统

接地系统由接地体、接地引入线、接地汇集线（联合地线排）以及接地线四部分组成，如图 1－12 所示。

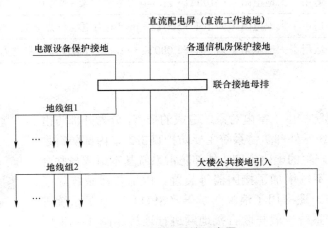

图 1－12　接地系统示意图

1）接地体（又称接地电极或地网）

接地体是使通信局（站）各地线电流汇入大地扩散和均衡电位而设置的与土壤物理结合形成电气接地金属部件；接地体埋深不宜小于 0.7 m（接地体上端距地面）。水平接地体宜采用不小于 40 mm×4 mm 的热镀锌扁钢。垂直接地体宜采用长 2.5 m、50 mm×50 mm×5 mm 的热镀锌角钢。

2）接地引入线

接地体到接地总汇集线之间相连的连接线称为接地引入线。接地引入线应做防腐处理，以延长使用寿命。接地引入线长度不宜超过 30 m，宜采用 40 mm×4 mm 或 50 mm×5 mm 的热镀锌扁钢。

3）接地汇集线（联合接地排）

接地汇集线是指通信局（站）建筑体内分部设置可与各通信机房接地线相连的一组接地干线的总称。

4）接地线

接地线是通信局（站）内各类需要接地的设备与水平接地分汇集线之间的连线。其截面积应根据可能通过的最大电流的负荷电流确定。

3. 接地电阻

接地电阻是指电流经过接地体进入大地并向周围扩散时的电阻。对于接地系统来说，接地电阻越小，越能起到防护作用。参考各类地方和行业设备标准，接地电阻要求见表1−2。

表 1−2　接地电阻要求

接地电阻/Ω	适用范围
<1	综合楼、国际电信局、汇接局、万门以上程控交换局、2 000 路以上长途局
<3	2 000 门以上万门以下程控交换局、2 000 路以下长话局
<5	2 000 门以下程控交换局、光缆端站、地球站、微波枢纽站
<10	微波中继站、光缆中继站、小型地球站、移动通信基站 适用于大地电阻率<100 Ω·m，电力电缆与架空电力线接口处防雷接地
<15	适用于大地电阻率为 101～500 Ω·m，电力电缆与架空电力线接口处防雷接地
<20	适用于大地电阻率为 501～1 000 Ω·m，电力电缆与架空电力线接口处防雷接地

4. 防雷

防雷系统主要防护由于雷电对系统造成的损害，分为外部防雷系统和内部防雷系统，外部防雷系统主要防护直击雷，内部防雷系统主要防护因累计产生的电磁感应。外部防雷系统基本组成与联合接地系统类似，只不过增加了接闪器等装置。内部防雷系统除了基本防雷网络之外，还应用了浪涌防护器（SPD）对电源系统进行防护。并且防雷系统一般与联合接地网进行连接。图 1−13 所示为浪涌防护器。

图 1−13　浪涌防护器

　　××通信设计公司的设计人员在电源工程设计中，忽视蓄电池的绝缘重要性，认为 48 V 直流电危险性较小，蓄电池连接金属板没有进行绝缘保护。工程运行维护时，金属工具掉落，引起短路，致使开关跳闸，造成业务中断 23 min。48 V 通信电源虽然电压较低，但是输出电流很大，一旦造成短路，将造成巨大灾难。

　　设计人员在设计时，要严格遵守设计规范，思维缜密，在安全方面尤为重要。在设计过程中要不断积累经验，归纳总结，逐步提高设计水平。

1.5　通信电源设备安装工程任务书

1.5.1　通信电源设备安装工程任务书

　　通信电源设备安装工程设计任务书是开始工程设计的直接依据，下面以某地电信机房集中供电电源系统（以下简称"本工程"）为例进行介绍，见表 1－3。

表 1－3　工程设计任务书

建设单位：×××电信分公司

项目名称：×××市局级小型机房电源工程	
设计单位：×××设计院	
工程概况及主要内容： （1）按照本地供电等级，为通信机房供电 　　① 小区接入 OLT 设备 　　② SDH 传输设备 　　③ 数据通信设备 （2）设计相应油机发电设备 （3）设计相应蓄电池组 （4）设计到三类设备的电力线 （5）负责电源设备所需接地设计 （6）为通信机房安装空调	
工程要求： （1）采用集中直流供电系统供电 （2）蓄电池采用两组，便于替换备用 （3）直流部分正极工作接地，保证 -48 V 供电	
投资控制范围：50 万元	完成时间：20××年××月××日
其他： 　　附大楼局部平面图（图 1－14），电源机房位于大楼一楼	
委托单位（章） 项目负责人：	
主管领导：	年　　月　　日

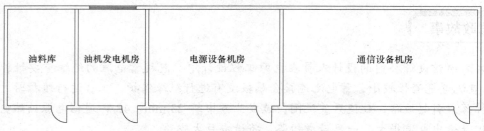

图1－14　通信大楼一楼局部平面图

1.5.2　任务书分析

任务书明确给出了本次工程的设计目标，指定了电源设备机房的位置，提出了本工程设计的容量和机房工艺要求，指出了安装电源设备、油机发电设备以及油料库的位置，并为机房安装空调。

为了完成本次设计，需要完成勘察和设计两个步骤的工作。通过分析任务书可知，勘察部分包括实地复核机房尺寸、布局，勘察机房地面承重、配电室位置，确认电力线引入位置、地线排或接地引入点位置、地阻、机房设备功耗、走线架情况等。勘察时，使用勘察表格记录并绘制勘察草图。

勘察结束后，汇总勘察结果，分类统计设备功耗，根据功耗确定电源系统中蓄电池组、整流机柜容量、电力线选择等，然后摆放所选择设备，确定电缆路由，最后进行地线的相关设计，制订完成设计方案。

本次勘察的重点在于设备功耗的统计，设计的重点为电源系统方案的确定。明确勘察、设计的重点后，组织相关人员进行本工程的勘察设计。

1.6　通信电源设备安装工程勘察

勘察工作是工程设计的重要阶段，直接影响设计的准确性和工程质量的优劣。一般设备勘察分为"查勘"和"测量"两部分，施工图设计中往往是"查勘"和"测量"同时进行。

1.6.1　勘察前的准备工作

勘察工作是整个电源工程设计中的前期工作，是进行资料收集、选择方案的重要步骤。

在接到建设单位设计委托书后，首先要了解工程类别、工程规模、设计内容、设计时限等，以便安排勘察时间，准备勘察工具等工作。

（1）组织人员成立考察小组。

（2）认真阅读所收到的勘察设计委托书，认真听取建设单位对工程建设情况的介绍，做到对工程建设项目的明确了解。

（3）了解拟建通信设备的种类、厂家、容量、供电要求。

（4）在工程设计任务书中或已说明通信设备类型、厂家、容量时，应先计算各局（站）的直流负荷容量。

（5）准备相关设计编制依据。

（6）勘察工作工具准备。一般通用工具有测距仪、地阻测试仪、罗盘仪、皮尺、工具袋等，以及勘察时所需要的表格、纸张、文具等。

（7）准备勘察用表格。通信电源设备安装工程中常用的勘察表格有通信设备用电概况调查表（表1-4），电力设备配置调查表（表1-5），外市电概况调查表（表1-6），气象资料及其他情况调查表（表1-7），各局（站）交、直流负荷统计表（表1-8）和各局（站）交流功率汇总表（表1-9）。

表 1-4　通信设备用电概况调查表

性质＼项目＼类别						
拟建	供电类型					
	工作电压/V					
	工作电压范围/V					
	设备功耗/W					
	接地电阻/Ω					
	杂音					
已建	供电类型					
	工作电压/V					
	工作电压范围/V					
	设备功耗/W					
	接地电阻/Ω					
	杂音/预留压降					
终期	供电类型					
	工作电压/V					
	工作电压范围/V					
	设备功耗/W					
	接地电阻/Ω					
	杂音					

表 1-5　电力设备配置调查表

项目	变压器	调压器	油机	整流器	交流屏	直流屏	蓄电池
总容量							
现用容量							
杂音							

项目	变压器	调压器	油机	整流器	交流屏	直流屏	蓄电池
容量/现用容量							
使用年限							
设备厂家							
运行情况							

表1-6 外市电概况调查表

序号	站名	所属省县	变电站名称	电压/kV	高压线距/km	供电情况	供电方式类别

表1-7 气象资料及其他情况调查表

气象资料			
年平均日照时数		月平均日照时数	
最高气温		最低气温	
最长连续阴雨天数		风暴	
冰雹		沙暴	
雷电		积雪	
其他			
机房类型		土壤电阻率	
海拔高度		经纬度	
地震裂度			

表1-8 各局（站）交、直流负荷统计表

序号	机房（交/直）流负荷	设备1			设备2			...	设备n			功率合计
		设备名称	功率	数量	设备名称	功率	数量		设备名称	功率	数量	
1												
2												

表1-9 各局（站）交流功率汇总表

序号	局（站）名	整流充电功率	整流浮充功率	机房空调功率	机房照明功率	测试仪表功率	办公空调功率	合计

1.6.2　勘察内容

1. 新建局（站）勘察内容

收集外市电供电类别、距离、电压等级、停电最长时间、输电线路每千米造价、土壤电阻率和相关气象资料，了解如下内容：

① 电力部分了解外市电电压等级、供电类型，停电最长时间，并记录。

② 确定交流引入地点。

③ 实测外市电引入电缆长度，了解外市电每千米引入费用，并记录。

④ 绘制局（站）平面图，测量所占用机房的尺寸，绘制简易的平面图，并标注门、窗、柱子的相对位置及尺寸，实测土壤电阻率，并记录。

⑤ 确定机房的楼层，了解机房楼板的承重能力（kg/m^2）。

⑥ 查阅地图，了解海拔高度。

⑦ 在外市电引入距离较长时，应收集所选站址的气象资料。

⑧ 测量层高时注意区分情况，测量为梁下净高，如果有防静电地板，则测量层高要到地面。

⑨ 测量电力线电缆路由长度的时候不需要预留，即为设备间距离。

2. 合建局（站）和扩建局（站）

收集原有变压器、调制器、柴油发电机组及其他通信电源设备的容量。应了解如下内容：

① 了解变压器容量、厂家、型号和现有交流负荷容量，并记录。

② 了解柴油发电机组容量、厂家、型号、使用年限、维护情况和现有交流负荷容量，并记录。

③ 了解整流器、直流屏的型号、规格和厂家；了解蓄电池型号、规格、现有实际容量、使用年限、厂家和直流负荷容量，并记录。

④ 了解调压器型号、规格、带载容量和交流电压波动范围，并记录。

⑤ 了解局（站）内地线系统，并测量接地电阻值，记录日期、天气、土壤干湿、测量的阻值。

⑥ 了解供电系统运行情况，记录故障和遭受雷击时间及运行最大负荷量。

⑦ 绘制电力室、电池室、油机房等设备平面布置图，机房进、出线孔、地沟位置，标注现场实测尺寸。

⑧ 绘制馈电线到相关机房及其通信机房的路由，记录需要开孔洞的位置、尺寸，并记录测量长度。

⑨ 应用最长路由最短路径法测量电力线电缆路由长度。

1.6.3　电源工程勘察记录

本工程勘察勘察为扩容勘察，除应用合建局（站）和扩建局（站）的方法步骤进行勘察外，还应统计已有设备用电需求。

1. 勘察实施

（1）勘察时，应调查气象资料以及其他资料，并整理成表，表格格式见表1-10。

表1-10　气象资料及其他情况调查表

气象资料			
年平均日照时数/h	3 900	月平均日照时数/h	310
最高气温/℃	38	最低气温/℃	-10
最长连续阴雨天数/天	4	风暴/（天·年⁻¹）	1
冰雹/（天·年⁻¹）	2	沙暴/（天·年⁻¹）	0
雷电/（天·年⁻¹）	10	积雪/（天·年⁻¹）	0
其他			
机房类型	通信电源机房	土壤电阻率/Ω	0.8
海拔高度/m	40	经纬度	120°E/43°N
地震裂度	5		

（2）统计其他通信设施交直流负载功率，整理表格见表1-11。

表1-11　交直流负荷统计表

序号	机房名称	设备名称	设备型号	功率/W	数量	共计/kW
1	通信机房	OLT 设备	MA5608T	1 420	4	5.68
2	通信机房	SDH 设备	OSN 3500	1 200	2	2.4
3	通信机房	核心路由器	NetEngine5000E	4 300	1	4.3
4	通信机房	照明		100	8	0.8

2. 绘制勘察草图

综合所有勘测数据，绘制勘察草图，如图1-15所示。

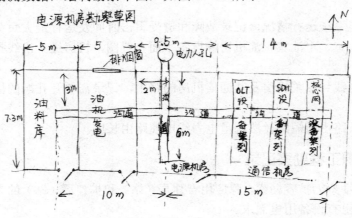

图1-15　勘察草图

1.7　通信电源设备安装工程相关标准

（1）《供配电系统设计规范》GB 50052—2009；

（2）《电力工程电缆设计规范》GB 50217—2018；

（3）《通信电源用阻燃耐火软电缆》YD/T 1173—2010；

（4）《低压配电设计规范》GB 50054—2011；

（5）《通用用电设备配电设计规范》GB 50055—2011；

（6）《电子信息系统机房设计规范》GB 50174—2008；

（7）《电信专用房屋设计规范》YD/T 5003—2005；

（8）《通信电源设备安装工程设计规范》GB 51194—2016；

（9）《通信局（站）防雷与接地工程设计规范》GB 50689—2011；

（10）《通信电源集中监控系统工程设计规范》YD/T 5027—2005；

（11）《通信用配电设备》YD/T 585—2010；

（12）《通信用阀控式密封铅酸蓄电池》YD/T 799—2002；

（13）《通信用高频开关组合电源》YD/T 1058—2000；

（14）《采暖通风与空气调节设计规范》GB 50019—2015；

（15）《通信局（站）节能设计规范》YD 5184—2018；

（16）《电信设备安装抗震设计规范》YD 5059—2018；

（17）《通信用柴油发电机组》YDT 502—2007。

1.8　通信电源设备安装工程方案设计及文档编制

通信电源设备安装工程方案设计包括设备选型及摆放、电力线缆选型以及线缆路由布放设计和其他设计三个方面的内容。

1.8.1　设备选型及安装设计

在进行设备选型前，需要根据通信设备类型确定通行电源系统套数，以满足不同类型、等级的通信设备需求，增加电源系统的可靠性。

设备选型的首要工作是电池整流设备容量的确定，即蓄电池组容量确定和开关电源容量确定。设计时，首先根据各通信用电需求确定蓄电池组容量参数，然后综合蓄电池组容量和通信设备用电需求计算开关电源容量参数，从而完成蓄电池组和开关电源的设备选型。

其次，根据蓄电池组以及开关电源参数，确定直流配电屏容量；根据直流设备配电需求确定配电电路数和电流要求，从而确定直流配电屏选型。

最后，根据已选择电源系统直流设备及通信设备（主要是交流通信设备，因直流设备用电需求包含在选定直流电源设备用电需求中）确定交流配电屏的容量及配电参数，完成交流配电屏选型。此外，如果交流配电屏还需要给机房其他设施，在进行交流配电屏选型时，也必须予以考虑。

对于本工程来说，由于机房的设备所在位置不同且设备类型不同，按基本情况分为三组，为了增强稳定性、可靠性，拟设计三套分立供电设备。

1. 直流负荷电流的计算

对勘察直流负载功率的数据进行分类统计，得到通信设备机房直流配电近期规划容量表，见表 1-12。

表 1-12 通信设备机房直流配电近期规划容量表

机房	专业	电压/V	现期功耗/kW
通信设备机房	OLT 设备	-48	5.68
	SDH 设备	-48	2.4
	核心数据设备	-48	4.3
	照明设备	220	0.8

将表 1-12 转换为直流电流值，以方便统计。如果某一直流设备功率为 P，则其负载电流 I 的计算方法见式（1-1）：

$$I = \frac{P}{48} \tag{1-1}$$

根据式（1-1）对任务书中经实地核实过的负载进行计算，得到设备用电负荷设计表，见表 1-13。

表 1-13 -48 V 设备用电负荷设计表

机房	专业	现期负荷/A	电压/V	现期功耗/kW
南机房 本地设备负荷	OLT 设备	118.33	-48	5.68
	SDH 设备	50	-48	2.4
	核心数据设备	89.58	-48	4.3
	合计	257.91		12.38
	需求估算	260		

表 1-13 中的需求估算表示根据总和量进行的需求估算量，用于计算后续蓄电池容量等相关内容。这个需求估算取定的原则一般为大于合计量。

2. 蓄电池容量的设计

各类通信设施，根据配备发电机数量，蓄电池组的配置应满足最小供电时间的要求，见表 1-14。

表 1-14　自备发电机组台数和蓄电池组放电小时数配置表

市电类型	项目	电信枢纽①	中小型综合通信局	大容量市话局	市话局	光电缆有人站	光电缆无人站③	微波有人站	微波无人站③	移动交换局	移动通信基站	卫星通信地球站	无线电台	邮件处理中心
一类市电	自备发电机组台数	1			1							1	1	
	电池组总放电小时数	0.5		0.5								0.5		
二类市电	自备发电机组台数	2	2	2	1~2	2	2	2	2	1~2		2	2	1
	电池组总放电小时数	1	1~2	1~2	2~1	3	②	3	②	2~1	1~3	1		
三类市电	自备发电机组台数		2		1~2	2	2	2	2	1~2		2	2	2
	电池组总放电小时数		2~3		2~3	6~8	②	6~8	②	2~3	2~3			
四类市电 1	自备发电机组台数					2		2						
	电池组总放电小时数					8~10	②	8~10	②			3~4		
四类市电 2	自备发电机组台数					2	2	2	2					
	电池组总放电小时数					20~24	②	20~24	②					

注：① 包含大型综合通信局。
　　② 无人通信站的电池放电小时数应根据以下因素考虑确定：使用无人值守柴油机发电机的站，接到故障信号后，应有一定的准备时间（不超过 1 h）；从维护点到无人站的行程时间（按汽车正常行驶速度计算）；故障排除时间（一般不超过 1 h）；一般夜间不派技术人员检修（最长等待时间不超过 12 h）；对配备具有延时启动性能的自备发电机组的局（站），延时时间应保证电池放出的容量不超过 20%的储备容量。使用太阳能供电的站，放电小时数按当地连续阴雨天数计算。
　　③ 无人站采用无人值守油机发电时，每站 2 台；采用太阳能电池等新能源时，可视维护条件，多站共用一台。

蓄电池组容量的计算应用式（1-2）进行计算。

$$Q \geqslant \frac{KIT}{\eta\left[1+\alpha(t-25)\right]} \tag{1-2}$$

式中，Q 表示蓄电池容量（Ah）；K 是安全系数，一般取 1.25；I 是负荷电流（A）；T 是放电小时数（h），具体要求见表 1-15；η 是放电容量系数，见表 1-15；t 为实际电池所在地最低环境温度数值；α 是电池温度系数（℃⁻¹），当放电大于 10 h 时，取 $\alpha = 0.006$，当放电小于 10 h 大于等于 1 h 时，取 $\alpha = 0.008$，当放电不足 1 h 时，取 $\alpha = 0.01$。

表 1-15　铅酸蓄电池放电容量系数（η）

电池放电小时数/h		0.5			1		2	3	4	6	8	10	≥20
放电终止电压/V		1.65	1.70	1.75	1.70	1.75	1.80	1.80	1.80	1.80	1.80	1.80	≥1.85
放电容量系统	防酸电池	0.38	0.38	0.35	0.30	0.53	0.40	0.61	0.75	0.79	0.88	0.94	1.00	1.00
	阀控电池	0.48	0.45	0.40	0.58	0.55	0.45	0.61	0.75	0.79	0.88	0.94	1.00	1.00

根据上述条件可以得出本工程中蓄电池容量的参数值，机房配油机发电设备并使用一类市电，蓄电池容量按停电后继续供电时长为 1 h 计算，故取 $\alpha = 0.008$，$\eta = 0.45$ 进行计算。

套用式（1-2）计算，-48 V 直流设备供电的供电设备所需蓄电池组容量：

$$Q_{直流设备} \geq \frac{1.25 \times 260 \times 1}{0.45 \times [1 + 0.008 \times (25 - 25)]} \approx 1\ 666.67 （Ah）$$

根据常用蓄电池容量，选择 2 组 1 000 Ah 的蓄电池组为通信机房设备供电。

3. 开关电源的容量设计

开关电源应按 $n+1$ 冗余方式确定整流器配置，其中 n 只主用，$n < 10$ 时，1 只备用；$n > 10$ 时，每 10 只，备用 1 只。主用整流器的总容量应按负荷电流和电池的均充电流（10 h 率充电电流）（无人站除外）之和确定。

因为在使用过程中会出现直流配电屏向设备供电的同时还给蓄电池组进行充电的最大负载电流情况，故开关电源容量的配置必须根据最大负载电流设计。一般蓄电池的均充电流指的是蓄电池的 10 h 均充电流，计算时只需将蓄电池组容量除以 10 即可。

根据上述原则计算南机房骨干供电设备的开关电源配置情况：

$$I_{开关电源容量} = I_{设备供电} + 2I_{电池均充} = 260 + 2 \times 100 = 460 （A）$$

选用满配 1 000 A 或者 2 000 A 开关电源柜，每个模块整流能力为 100 A，根据冗余配置原则，配置 1 个备用模块，故本开关电源配置 600 A，即 6 个 100 A 开关电源模块。

4. 设备选型方案设计

经过统计设备用电需求，并以此为基础进行蓄电池组、开关电源容量的计算，设备的关键参数设计完毕。

1）空调设备选型

为了保证设备正常运行，应当在通信设备机房安装空调，空调的制冷功率应当考虑设备运行过程中的热负荷，以及外部环境的热负荷。

因此，空调制冷功率应当为：

$$Q_{空调总} = Q_{设备热负荷} + Q_{环境热负荷}$$

式中，设备热负荷应当为设备总功率乘以 0.8（设备功率因数），环境热负荷应当按照负荷系数（0.14～0.18 kW/m²）×机房面积计算，其中负荷系数南方地区取 0.18，北方地区取 0.14，其他地区酌情估测。

本例中设备负荷为 12.38 kW，机房面积为 102.2 m²，环境负荷系数取 0.16。另外，考虑 20%设备增添冗余，空调制冷量应当为：

$$Q_{空调总} = 12.38 \times 0.8 \times (1 + 20\%) + 102.2 \times 0.16$$
$$= 28.24 \, (kW)$$

空调制冷量 1 匹相当于 2 500 W 的制冷功率，则：

$$Q_{空调总} = 28.24 / 2.5 = 11.23 \, (匹)$$

因此，可以选择安装 3 台 5 匹机房专用空调。

2）油机发电机设备选型

油机发电机的输出功率应当能够让设备正常运行，并能够为蓄电池充电，因此，油机发电机的输出功率应当为：

$$I_{48 \, V总} = I_{48 \, V设备} + 2 \times I_{电池均充} = 260 + 2 \times 100 = 460 \, (A)$$
$$P_{48 \, V} = U \times I = 48 \times 460 = 22.080 \, (kW)$$

假设开关电源的转化效率为 90%，则开关电源柜消耗的交流功率为：

$$P_{开关电源柜消耗的交流功率} = \frac{P_{48}}{0.9}$$

除此以外，为保证机房环境，应当保证照明、空调和其他 220 V 交流电设备的正常运行，因此，油机发电功率应当考虑这部分交流功率。常见的 5 匹空调能效比为 2.79，即消耗 1 kW 的电功率产生 2 790 W 的制冷功率。因此 5 匹空调的耗能为：

$$P_{5匹空调电功率} = \frac{5 \times 2 \, 500}{2.79} = 4.5 \, (kW)$$

油机发电机的输出功率应当为：

$$P_{油机} = \frac{P_{48}}{0.9} + P_{照明} + 3 P_{5匹空调} = 38.83 \, (kW)$$

可以选择 40 kW 及以上的油机发电机。

3）开关电源模块选型

电源设备选择集中供电方案，分为交流配电柜、开关电源柜、直流配电柜等。其中开关电源柜的容量应当 ≥600 A，可以选择 1 000 A 或者 2 000 A 容量的开关电源设备，交流配电柜的功率应当大于 40 kW。

综合上述分析得到本工程的设备配置方案，具体见表 1-16。

表 1-16　某电信运营商集团××电信枢纽楼主要设备配置表

设备名称	规格	单位	数量	备注
交流输入屏	300 A 以上	架	1	
直流配电屏	600 A 以上	架	1	
整流柜	500 A	架	1	含电源监测模块
直流蓄电池组	1 000 Ah	组	2	每组由 24 只蓄电池组成

设备名称	规格	单位	数量	备注
机房空调	5 匹	套	3	
油机发电机	40 kW	套	1	
油机转换屏		套	1	

5. 设备安装方案设计

在进行设备安装设计中，尽量将同类型设备、同套设备同列或临近安装，符合国家规定的规范以及设计准则。

本工程中，油机发电机安装到油机发电机机房，交流输入屏、整流柜、直流配电屏、油机转换屏和蓄电池组安装到电源机房，3 台空调设备安装到通信设备机房。

1.8.2　电力线缆选型

1. 直流电力线电缆截面积的选择与计算

对于电源设备安装工程来说，首先安装设备，所以电缆的选型都是在设备位置确定了的基础上统计长度和安排路由，其次进行横截面的设计，完成设备电缆的选型和布放安装。在进行电缆长度测量时，不需要在设计中预留余量，故在测量电缆长度时应考虑自然弯曲，应用最长路由的最短距离法进行测量。

直流供电线路的电力线统计要按照一定顺序进行，一般以直流配电设备为起始端统计。直流供电线路有直流配电设备至电池组、直流配电设备至整流设备、直流配电设备至通信设备等。统计好路由长度后，需进行线缆选型的第二步骤：线缆截面积的确定。线缆截面积计算方法有电流矩法、固定压降分配法、最小金属用量法，现主要采用电流矩法计算，计算时按照允许压降法确定电力线截面积。电流矩法以欧姆定律为依据计算：

$$\Delta U = IR = I\rho \frac{L}{S} = \frac{IL}{rS} \tag{1-3}$$

式中，ΔU 为允许电压降；I 为电流；R 为导线电阻；ρ 为导体电阻率（$\Omega \cdot mm^2/m$）；r 为导体电导率（$m/(\Omega \cdot mm^2)$），铜导体 $r=57$，铝导体 $r=34$；S 为导体截面积（mm^2）；L 为导线长度（m）。

将上面公式变形就可以得到计算电力线电缆截面积的式（1-4）：

$$S = \frac{IL}{\Delta U \cdot r} \tag{1-4}$$

根据式（1-4）与设备间实际测量电力线缆敷设距离，结合整套系统的压降设计，便可以计算出设备间电缆线的横截面积，公式中一个关键因素是 ΔU 的取定。ΔU 的极限值是电源电压最低、电流流经距离最长且能保证设备正常运行的电压压降。这种极限情况就是市电停止供电，由蓄电池经过滞留配电柜给 -48 V 设备供电的情况，如图 1-16 所示。

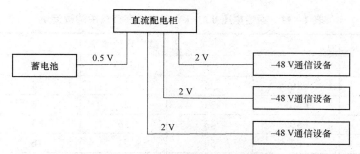

图 1－16　直流电力线允许压降示意图

通常蓄电池放电终止电压为 1.8 V，则 24 块蓄电池最后放电电压为：

$$V_{蓄电池放电终止电压} = 24 \times 1.8 = 43.2（V）$$

48 V 通信设备能正常运行的最低电压为 40 V，因此线路上允许的压降为 3.2 V，通常取 3 V。直流配电柜接入损耗约 0.5 V，直流导线允许压降共 2.5 V。通常蓄电池离直流配电柜较近，此部分直流导线压降取 0.5 V。直流配电柜到用电通信设备之间的距离较远，压降取 2 V。

本工程中以直流配电屏到蓄电池组电缆截面积设计为例讲解。此段路由长度为 3.5 m，在计算时，需要考虑正负极两条线路，本段电力电缆电流最大时为市电停电后，完全由蓄电池组供电的全运转情况下电流值为 260 A，压降按 0.5 V 计算，则电缆的横截面积最小为：

$$S_{蓄电池 \to 直流配电柜电缆} = \frac{2 \times 260 \times 3.5}{0.5 \times 57} = 63.86（mm^2）$$

参照常见电力线横截面积表，选用截面积为 70 mm² 的线缆，由于本工程采用两组蓄电池，因此电力线可以采用 35 mm²。其他直流电力线电缆也是根据此方法进行设计计算的。

2. 交流电力线电缆截面积的选型与布放

交流电缆的选型设计与直流线缆方法一致，都是首先根据设备安放位置选取走线路由，确定好路由后，计算交流线缆的截面积，完成交流线缆设计。交流电力电缆属于低压配电电缆或是交流设备供电电缆，并确定本段电缆位于哪两个设备之间。计算时一般应用导线持续允许电流的方法进行截面积确定。

应用经验式（1－5）～式（1－7）进行设计计算。

$$I_{js三相} \approx P / 660 \tag{1－5}$$

$$I_{js单相} \approx P / 220 \tag{1－6}$$

$$I_{导线持续允许电流} \geqslant 1.42 I_{js} \tag{1－7}$$

式中，P 为功率，单位 W；I_{js} 为最大计算负荷电流，单位 A；$I_{导线持续允许电流}$ 为导线持续允许电流。

计算出导线持续允许电流后查表 1－17，即可得出所需交流电力线电缆横截面积。表 1－17 为某厂家电缆载流量表。

表 1-17　额定电压 0.6/1 kV 软电缆在空气中的载流量

标称截面/ mm²	最大载流量 A				
	1 芯	2 芯	3 芯	4 芯	5 芯
1.5	30	25	21	18	13
2.5	40	33	28	26	18
4	50	43	36	33	24
6	62	59	51	46	43
10	83	71	63	57	52
16	113	98	88	82	75
25	151	133	121	113	103
35	188	162	145	134	122
50	244	207	188	170	155
70	304	248	234	210	191
95	336	275	264	238	217
120	417	361	323	294	268
150	467	427	370	349	314
185	545	487	412	385	347
240	628	522	489	457	411
300	744	—	—	—	—
400	909	—	—	—	—
500	1 065	—	—	—	—

　　本工程配电室到交流配电屏距离为 42 m，此部分供电采用三相交流电，本段传输的最大功率为 40 kW，选择电力线时，允许通过的持续电流如下：

$$I_{导线持续允许电流} \geqslant 1.42 \times 40\ 000 / 660 = 86.06（A）$$

　　查表 1-17 可知，选用载流量大于 86.06 A 的 4 芯电力电缆即可，本设计采用的是截面积为 25 mm² 的电力电缆，其余交流电力电缆截面积选择方法与本电缆相同。

　　在进行电力电缆设计时，由于通信工程中电缆一般不会太长，并且有专用的敷设设施走线架支撑，因此不用考虑机械强度。本工程电力电缆均采用管道或者地下槽道方式，仅需按照持续电流设计即可。

1.8.3　其他相关设计方案

　　地线排的型号与机房设备类型和数量相关，但是目前一般采用标准化的地排，如 1 000 mm×100 mm×10 mm、500 mm×50 mm×5 mm 两种，需要接地设备多时，选用较大的；反之，应用较小尺寸地排。

　　本工程设计地线排两个：一个为工作地排，另一个为保护地排。电池安装方式为使用抗震架方式安装。保护接地线采用黄绿相间导线，工作接地采用黑色或者红色导线，不同厂家规定不尽相同。

　　保护接地导线横截面积选择与交流电力线相线面积有关，应当按照表 1-18 进行选择。

表 1－18　保护接地线横截面积参考表

相线横截面积 S/mm^2	保护接地线 PE 最小横截面积/mm^2
$S \leqslant 16$	S
$16 < S \leqslant 35$	16
$35 < S \leqslant 400$	$S/2$
$400 < S \leqslant 800$	200
$S > 800$	$S/4$

电源系统工作接地线横截面积的选择与直流供电系统的容量有关，应当按照表 1－19 选择。

表 1－19　工作接地线横截面积参考表

直流电源系统容量/A	直流工作接地线最小横截面积/mm^2
系统容量 $\leqslant 300$	35
$300 <$ 系统容量 $\leqslant 600$	70
$600 <$ 系统容量 $\leqslant 1\,000$	120
系统容量 $> 1\,000$	240

另外，截面积大于 10 mm^2 电缆线的连接需要配备接线子，根据统计的电缆条数，配备符合连接尺寸要求的接线子，并分别统计。

工作接地和保护接地应当连接接地排，接地排连接接地母线，接地母线一般使用扁钢（截面积不小于 4 mm×12 mm）或圆钢（直径不小于 6 mm）。接地母线引至室外，连接埋在土壤中的接地体，接地体（又叫接地地极）根据需要进行化学降阻。

1.8.4　电源安装工程方案

综合设备、电力线缆和其他设计的方案内容，得到本电源设备安装工程的设计方案。

1.8.5　通信电源设备安装工程设计文档

1. 概述

本项目工程为×××市局级小型机房新建工程中的电源设备安装工程，主要为通信设备机房中的设备提供不间断运行保障，工程建设内容包含油机发电机一台、油机转换屏一套、集中供电电源设备一套、蓄电池两组以及机房空调三台。

本工程按一阶段方式进行设计，本设计文件为×××市局级小型电源设备安装工程一阶段设计。本设计主要包电力机房交流电源系统设备安装和油机发电设备的设计。

2. 设计依据

①《通信用配电设备》（YD/T 585—1999）。
②《通信电源设备安装设计规范》（YD 5040—97）。
③《通信局（站）电源系统总技术要求》（YD/T 1051—2000）。

④《通信用高频开关组合电源》（YD/T 1058—2000）。

⑤《通信局（站）雷电过电压保护工程设计规范》（YD/T 5098—2001）。

⑥《通信用开关电源系统监控技术要求和试验方法》（YD/T 1104—2001）。

⑦《信息技术设备用不间断电源通用技术条件》（YD/T 1095—2000）。

3. 通信负荷

表 1-20 即为直流配电负荷表。

表 1-20　直流配电负荷

机房	专业	电压/V	现期功耗/kW
通信设备机房	OLT 设备	−48	5.68
	SDH 设备	−48	2.4
	核心数据设备	−48	4.3

4. 设计范围及分工

1）设计范围

① 负责通信电源机房集中供电系统、蓄电池安装、相关工艺布线及直流电源的供电系统设计。

② 负责油机发电设备安装、油机转换屏的安装及电源馈线设计。

③ 负责电源设备所需地线的工艺设计。

④ 负责通信设备机房空调设备的安装。

2）设计分工

① 交流配电柜至低压配电室之间的电力线，距离为 42 m，属于本工程设计范围。

② 直流配电柜引至通信设备机房三列列头柜，距离分别为 12 m、16 m 和 20 m，属于本工程设计范围。

③ 负责为通信机房安装空调。

5. 环境保护

设计中蓄电池组选用阀控式密封铅酸蓄电池，电池在运行中采用低电压恒压充电方式，无酸雾逸出，对环境不产生污染。

6. 市电概况

×××市局级小型局站有两路从公用线路上引入的 10 kV 高压市电，事故停电极少，供电比较可靠，属于一类市电供电方式。

7. 直流供电系统及设备的配置

1）直流供电系统

为保证通信设备运行的安全及可靠性，−48 V 直流供电系统采用集中供电系统，由交流配电屏、直流配电屏、高频开关电源、蓄电池等组成。直流配电屏接两组蓄电池。系统采用微处理机控制，自动实现对电池的均/浮充转换，实现电池的温度补偿功能，实现系统的能远端遥信、遥测、遥控等功能。

高频开关电源系统应采用 PWM 技术、模块化设计，选配灵活。其综合现代电力电子技术与计算机技术，可实时监测、控制整流模块、交流配电单元、直流配电单元和蓄电池的各种参数与状态。设备供应商提供监控软件及通信协议。

蓄电池组自动管理与保护，采用全并联浮充方式给负载供电，实时自动监测蓄电池组的充放电流，并控制蓄电池的均充与浮充。

2）开关电源配置

通信机房设备近期需由开关电源供电的直流负荷最大值为 260 A，充电电流为 200 A，依照"按远期需求规划，按近期需求配置"的原则，本工程开关电源应当配置 6 块 100 A 的开关电源模块，可以考虑容量为 1 000 A 或以上的开关电源柜，开关电源柜应当配置电源监测管理模块。

3）开关电源的技术要求

开关电源的技术要求见表 1–21～表 1–24。

表 1–21　开关电源输入指标

指标名称	额定电压	额定频率/Hz	电压允许变动范围/%	频率允许变动范围/%
取值范围	220 V/380 V AC（三相交流）	50	−20～+20	±10

表 1–22　整流器输出指标

指标名称	充电状态	输出直流电压	输出直流电流/A
取值范围	均充和浮充	40～57.6 V 具有两种状态，在之间连续可调	0～100（每模块）

表 1–23　其他指标

指标名称	负载调整率/%	电网调整率/%	均流不平衡度/%	效率/%	功率因数
取值范围	≤±0.5	≤±0.1	≤±5	≥91	≥0.92

表 1–24　保护特性

指标名称	输入过压保护/V	输入欠压保护/V	输出过压保护/VDC	短路保护特性
取值范围	450～470	295～305	59.5	电流回缩式短路保护

绝缘特性：直流、交流、地之间的绝缘电阻>2 MΩ。

4）交流配电屏的技术要求

① 工作环境：环境温度：0～40 ℃，相对湿度：<90%（25 ℃，无凝露）。

② 技术要求，见表 1–25。

表 1–25　交流配电屏技术要求

指标名称	输入额定电压/V	输入额定电流/A	输入额定频率/Hz	其他
取值范围	220/380（三相五线制，中性线与机壳绝缘）	500	50	交流配电屏应能接入两路交流电源，并可在两路交流电源之间进行手动切换

③ 开关及馈电分路要求，见表 1－26。

表 1－26　交流配电屏总开关及馈电分路

项目	流配电柜	
手动转换开关	630 A/3P	1 只
馈电分路	250 A/3P	4 路
	160 A/3P	4 路
	63 A/3P	3 路
	32 A/3P	3 路
	32 A/1P	3 路
	20 A/1P	3 路

④ 其他要求。

交流配电屏应具有测量显示输入电源电压、总电流及负载分路电流的功能。具有各开关状态指示和过压、欠压、缺相声光告警及市电通、断告警功能。

交流配电屏应具有 RS232 和 RS485 标准通信接口，通信协议应符合《邮电部技术规定（YDN 023—1996)》，信号内容应包括：输入电源电压、电流、频率、功率（电度）、功率因数、各分路负载电流；开关及各断路工作状态（开/关）；市电停电、过压、欠压、缺相告警。

输入电源（三相四线）应提供可靠的防雷击浪涌保护装置，在下列模拟雷电波发生时，保护装置应起保护作用，设备不应损坏。电压脉冲：10/700 μs，5 kV；电流脉冲：8/20 μs，20 kA。

柜内分别设有中性线铜排（N）、接地铜排（PE）。

外形尺寸 2 000 mm（高）× 800 mm（宽）× 600 mm（深），采用上进出线。

5) 直流配电屏的技术要求

① 工作环境：环境温度为 0～40 ℃，相对湿度＜90%（25 ℃，无凝露）。

② 技术要求：输出额定电压 －48 V DC，最大输出容量为 1 000 A。

③ 电分路要求，见表 1－27。

表 1－27　直流配电屏馈电分路

项目	直流配电屏	
馈电分路	100 A	5 路
	200 A	5 路
	300 A	2 路

④ 直流输出欠压告警点为 43.2 V DC（电压恢复为 44 V DC 时，报警解除）；直流输出过压告警点为 58.5 V DC（电压恢复为 58 V DC 时，报警解除）。

⑤ 电池管理：浮充电压为 53.5 V DC，充电电流过大告警点为 225 A（充电电流小于 220 A 时，报警解除）。

⑥ 外形尺寸 2 000 mm（高）× 800 mm（宽）× 600 mm（深），采用上进出线。

6）蓄电池配置及维护要求

根据容量计算方法，确定选用 1 000 Ah 的蓄电池组 2 组。蓄电池选用阀控式密封铅酸蓄电池；浮充电压为 2.23～2.25 V/单体（25 ℃）、2.245～2.265 V/单体（20 ℃）；均充电压为 35 V/单体；放电终止电压为 1.8 V/单体；浮充运行下不低于 10 年（25 ℃），80% 放电深度时，大于等于 600 次。

8. 空调设备

通信设备机房需要安装 3 台空调设备，空调设备制冷功率为 5 匹。机房空调参数应当有以下要求：

① 温度调节范围：17～32 ℃。

② 温度跳接精度：±1 ℃。

③ 适度调节范围：40%～70%RH。

④ 湿度调节精度：±5%RH。

⑤ 机组噪声：≤53 dB。

⑥ 可靠性：MTBF≥10 万小时。

9. 油机发电设备

油机发电室需要安装柴油发电机组一套，输出功率应当大于 40 kW，为通信设备机房设备、照明和空调设备正常运行提供保障。

油机发电机组有以下参数要求：

① 燃油类型：柴油。

② 交流电输出特性：380/220 V；50 Hz；三相四线制星形接法。

③ 电压波动：≤±0.5。

④ 发电机类别：无刷免维护。

⑤ 噪声（距离 7 m）：≤98 dB。

⑥ 频率波动率：≤±0.5。

10. 施工问题的说明

为满足抗震设防要求，工程中所配置的电源设备均采取抗震加固措施，设备机架与地面间采用膨胀螺栓加固，架间采用连接螺栓连成一体。蓄电池采用抗震铁架与地面加固。施工前，施工单位应对所安装设备的相关尺寸进行核实；设备安装时，施工单位根据实际到货设备尺寸及安装说明进行适当调整。导线明细表中所列导线长度不作为施工下料的依据，施工时应根据实际测量长度进行下料施工。楼内穿过楼板的电缆孔洞，敷设后在电缆楼板洞处用非燃烧材料进行封隔。蓄电池出厂时已充好电，安装时应防止极间短路。电池的补充充电参照到货说明书进行。所有可能带电的金属支架、铁架及设备外壳均应接地。

11. 设计图纸

电源工程设计图纸包括××市局级小型机房电源工程设备布放图（图 1－17）、××市局级小型机房电源工程交流电力线及输油管路由图（图 1－18）、××市局级小型机房电源工程直流电力线路由图（图 1－19）、××市局级小型机房电源工程接地线布线图（图 1－20）。

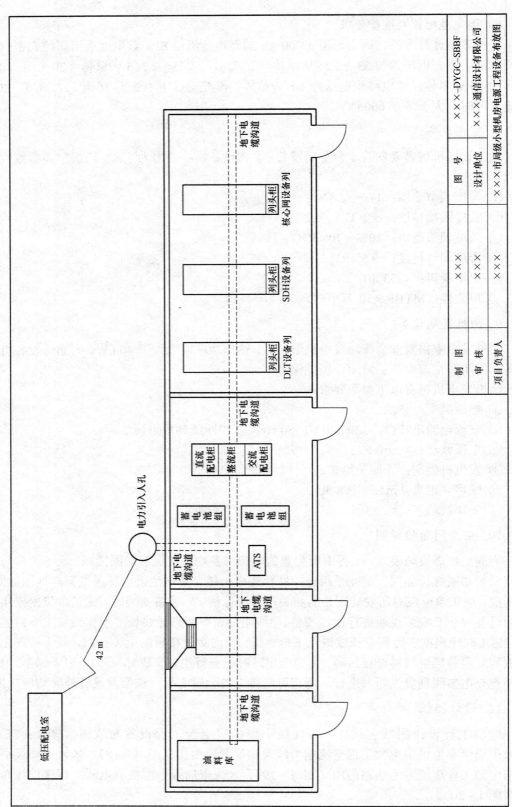

图 1-17　××市局级小型机房电源工程设备布放图

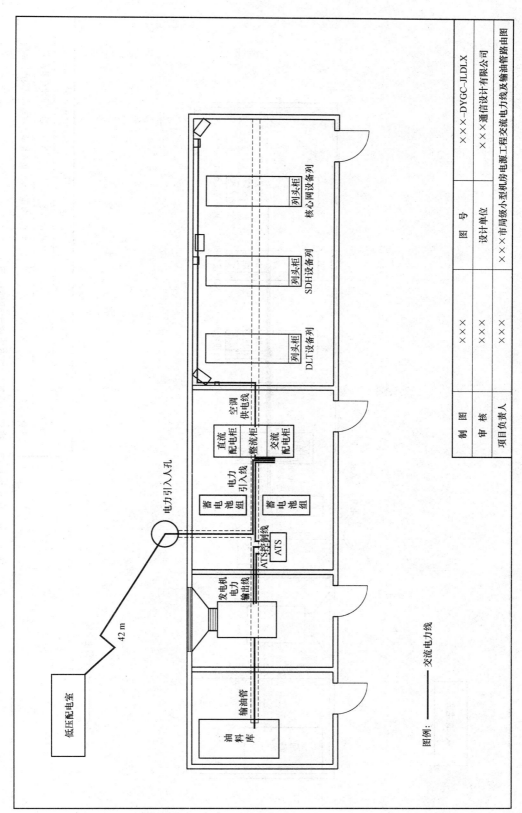

图例：　——— 交流电力线

图 1-18　××市局级小型机房电源工程交流电力线及输油管路由图

制　图	×××	×××	图　号	×××-DYGC-JLDLX
审　核	×××	×××	设计单位	×××通信设计有限公司
项目负责人	×××	×××	××市局级小型机房电源工程交流电力线及输油管路由图	

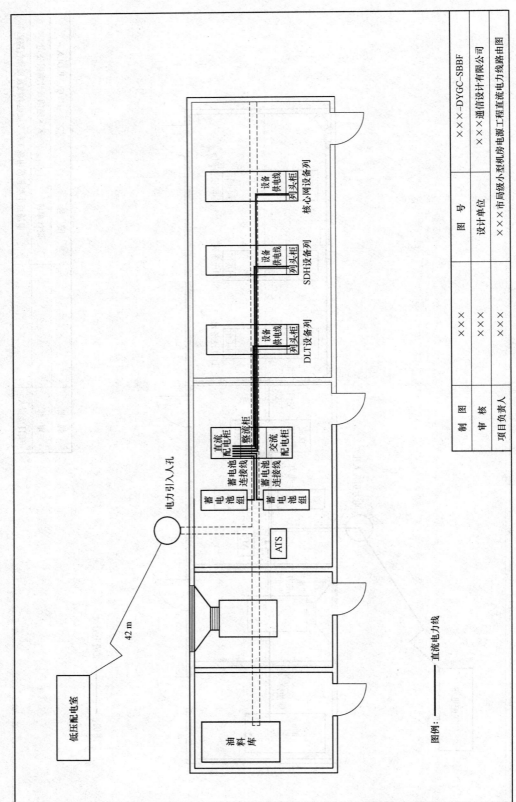

图例：────── 直流电力线

图 1-19　××市局级小型机房电源工程直流电力线路路由图

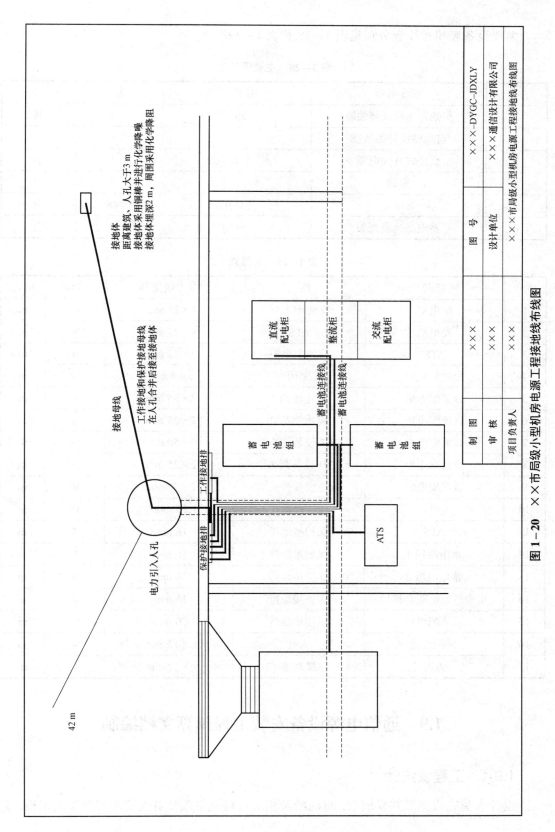

图 1-20　××市局级小型机房电源工程接地线布线图

主要设备表和布线表分别见表 1-28 和表 1-29。

表 1-28 主要设备表

序号	设备名称	规格型号	数量	单位
1	柴油发电机及储油罐	50 kW	1	套
2	自动转换开关 ATS		1	台
3	组合式开关电源	ZTE1000	1	套
4	空调	5 匹	3	台
5	蓄电池	1 000 Ah	48	个
6	蓄电池抗震支架	2.4 m×0.5 m	2	套

表 1-29 布线表

序号	起点	终点	电力线型号	数量	单位
1	配电室	交流配电柜	$4×25 \text{ mm}^2$	42	m
2	发电机	ATS	$4×25 \text{ mm}^2$	8	m
3	ATS	交流配电柜	$4×25 \text{ mm}^2$	6	m
4	交流配电柜	空调	$3×4 \text{ mm}^2$	30	m
5	直流配电柜	蓄电池组 1	$2×35 \text{ mm}^2$	6	m
6	直流配电柜	蓄电池组 2	$2×35 \text{ mm}^2$	6	m
7	直流配电柜	OLT 设备列头柜	$2×50 \text{ mm}^2$	19	m
8	直流配电柜	SDH 设备列头柜	$2×25 \text{ mm}^2$	24	m
9	直流配电柜	核心设备列头柜	$2×50 \text{ mm}^2$	30	m
10	发电机	保护接地排	16 mm^2	10	m
11	ATS	保护接地排	16 mm^2	5	m
12	蓄电池组 1	保护接地排	16 mm^2	8	m
13	蓄电池组 2	保护接地排	16 mm^2	9	m
14	集中供电柜联合接地	保护接地排	16 mm^2	8	m
15	直流配电柜	工作接地排	70 mm^2	13	m
16	保护接地	人孔	4 mm×12 mm 扁钢	4	m
17	人孔	接地体	4 mm×12 mm 扁钢	8	m

1.9 通信电源设备安装工程预算文档编制

1.9.1 工程量统计

设计人员完成图纸并复核后，将图纸及相关资料交单项负责人或项目负责人审核，无问题后进行预算编制。预算编制首先根据图纸进行工程量统计,然后完成预算表格的填写,最后编制预算文档。本工程工程量统计见表 1-30。

表 1-30　×××市局级小型机房电源工程工程量统计表

序号	工程量名称	单位	数量	计算方法
1	安装发电机组、排烟及储油罐	套	1	
2	敷设输油管	m	10	
3	发电机组调试	系统	1	
4	安装电源自动倒换装置及调试	台	1	
5	安装组合式开关电源	套	1	
6	开关电源绝缘调测和系统调测	系统	1	
7	安装蓄电池支架（双层双列）	m	4.8	
8	安装 48 V 蓄电池 1 000 Ah	组	2	
9	蓄电池补充点及容量实验	组	2	
10	电力线引入打墙孔	处	1	
11	室外管道中布防 4 芯电力电缆	m	42	
12	室内布防电力电缆 4 芯电力电缆	m	14	
13	室内布防两芯电力电缆（直流配电柜到蓄电池）35 mm²	m	12	
14	直流配电柜到 OLT 设备 2×50 mm²	m	19	
15	直流配电柜到核心设备 2×50 mm²	m	30	
16	直流配电柜到 SDH 设备 2×25 mm²	m	24	
17	保护接地线 16 mm²	m	70	
18	工作接地线 70 mm²	m	13	
19	铜板接地地极	块	1	
20	化学降阻	处	1	
21	安装室内接地排	个	2	
22	接地电阻测试	组	1	
23	敷设室内接地母线	m	2	
24	敷设室外接地母线	m	10	
25	安装调试空调设备	台	3	

1.9.2　预算编制

1. 预算编制说明

1）预算总值

本预算是××市局级小型机房电源单项工程的预算。本单项工程预算总投资为

389 933 元人民币，其中需要安装的设备费为 273 074 元，工程费为 329 896 元，工程建设其他费为 38 835 元。

2）预算编制依据

① 工信部规〔2017〕451 号《关于发布〈信息通信建设工程费用定额、信息通信建设工程概预算编制规程〉及相关定额的通知》。

② 工信部 2017 年发布的《信息通信建设工程费用定额》《信息通信建设工程施工机械、仪表台班单价》《通信建设工程预算定额　通信电源设备安装工程（分册）》。

③《关于印发〈基本建设项目建设成本管理规定〉的通知》（财建〔2016〕504 号）

④《国家发展改革委关于进一步放开建设项目专业服务价格的通知》（发改价格〔2015〕299 号）。

⑤《关于印发〈企业安全生产费用提取和使用管理办法〉的通知》（财企〔2012〕16 号）。

⑥ 建设单位提供的设备、材料价格。

3）有关费率及费用的取定

本预算按照《通信建设工程概算、预算编制办法》《通信建设工程费用定额》《通信建设工程施工机械、仪表台班费用定额》取定费率、费用；根据建设单位意见，特殊说明的有关费率、费用的取定如下：

① 本工程为一阶段设计，计取预备费。

② 技工费单价取定为 114 元/工日，普工费单价取定为 61 元/工日。

③ 企业距离施工现场距离不足 35 km，设计当中不再计取"施工队伍调遣费""工程排污费"费用。

④ 设备安装工程不计取工程干扰费。

⑤ 本工程不计取国内设备及主材的采购代理服务费等。

⑥ 发电机组与 ATS 之间的控制线，由 ATS 供货商提供并负责安装。

⑦ 本工程全部在室内施工，不计取冬雨季施工增加费。

⑧ 本工程不计取施工用水电蒸汽费。

⑨ 本工程处于非特殊地区，不计取特殊地区施工增加费。

⑩ 本工程主材及设备运输距离均小于 100 m。

2. 预算表

① 工程预算表（表 1-31）。

② 建筑安装工程费用概预算表（表 1-32）。

③ 建筑安装工程量概预算表（表 1-33）。

④ 建筑安装工程机械使用费概预算表（表 1-34）。

⑤ 建筑安装工程仪器仪表使用费概预算表（表 1-35）。

⑥ 国内器材概预算表（设备表）（表 1-36）。

⑦ 国内器材概预算表（主材表）（表 1-37）。

⑧ 工程建设其他费概预算表（表 1-38）。

表1-31 工程预算表（表一）

建设项目名称：××市局级小型机房电源工程
项目名称：××市局级小型机房电源工程
建设单位名称：××通信集团公司
表格编号：-B1
第 页 全 页

序号	表格编号	费用名称	小型建筑工程费	需要安装的设备费	不需安装的设备、工器具费	建筑安装工程费	其他费用	预备费	总价值			其中外币（ ）
					元				除税价/元	增值税/元	含税价/元	
I	II	III	IV	V	VI	VII	VIII	IX	X	XI	XII	XIII
1		建筑安装工程费				51 281			51 281	5 641	56 922	
2		引进工程设备费										
3		国内设备费		237 456					237 456	35 618	273 074	
4		小计（工程费）		237 456		51 281			288 737	41 259	329 996	
5		工程建设其他费					36 598		36 598	2 239	38 836	
6		引进工程其他费										
7		合计		237 456		51 281	36 598		325 334	43 498	368 832	
8		预备费						18 442	18 442	2 766	21 208	
9												
10												
11												
12												
13		总计							343 776	46 264	390 040	
14		生产准备及开办费										

设计负责人：×××　　　编制：×××　　　审核：　　　编制日期：2021年8月

表1-32　建筑安装工程费用概预算表（表二）

工程名称：××市局级小型机房电源工程

建设单位名称：××通信集团公司　　表格编号：-B2　　第　页　全　页

序号 I	费用名称 II	依据和计算方法 III	合计/元 VI
	建筑安装工程费（含税）	一+二+三+四	56 921.848 57
	建筑安装工程费（除税）	一+二+三	51 280.944 65
一	直接费	直接工程费+措施费	39 115.284 65
（一）	直接工程费		37 141.625 45
1	人工费		12 984.6
（1）	技工费	技工总计×114	12 984.6
（2）	普工费	普工总计×61	0
2	材料费	主要材料费+辅助材料费	21 019.025 45
（1）	主要材料费		20 018.119 48
（2）	辅助材料费	主材费×5%	1 000.905 974
3	机械使用费	表三乙-总计	1 059.1
4	仪表使用费	表三丙-总计	2 078.9
（二）	措施项目费	1～15之和	1 973.659 2
1	文明施工费	人工费×0.8%	103.876 8
2	工地器材搬运费	人工费×1.3%	168.799 8
3	工程干扰费	人工费×0%	0
4	工程点交、场地清理费	人工费×2.5%	324.615
5	临时设施费	人工费×3.8%	493.414 8
6	工程车辆使用费	人工费×2.2%	285.661 2
7	夜间施工增加费	人工费×2%	259.692
8	冬雨季施工增加费	人工费×0%	
9	生产工具、用具使用费	人工费×0.8%	103.876 8
10	施工用水电蒸气费		
11	特殊地区施工增加费	（技工总计+普工总计）×0	0
12	已完工程及设备保护费		233.722 8
13	运土费		0
14	施工队伍调遣费	调遣费定额×调遣人数定额×2	
15	大型施工机械调遣费	单程运价×调遣距离×总吨位×2	
二	间接费	规费+企业管理费	8 270.28
（一）	规费	1～4之和	4 374.9
1	工程排污费		
2	社会保障费	人工费×28.5%	3 700.611
3	住房公积金	人工费×4.19%	544.054 74
4	危险作业意外伤害保险费	人工费×1%	129.846
（二）	企业管理费	人工费×30%	3 895.38
三	利润	人工费×30%	3 895.38
四	销项税额	（人工费+乙供主材费+辅材使用费+机械使用费+仪表使用费+企业管理费+措施费+规费+企业管理费+利润）×11%+甲供主材质×17%	5 640.903 912

设计负责人：×××　　审核：　　编制：×××　　编制日期：2021年8月

表 1-33　建筑安装工程量概预算表（表三甲）

工程名称：××市局级小型机房电源工程

建设单位名称：××通信集团公司　　　　表格编号：-B3　　　　第1页

序号	定额编号	项目名称	单位	数量	单位定额值/工日		合计值/工日	
					技工	普工	技工	普工
I	II	III	IV	V	VI	VII	VIII	IX
1	TSD2-002	安装发电机组（容量）75 kW 以下	台	1	11.37		11.37	
2	TSD2-011	安装机组体外排气系统（机组容量）200 kW 以下	套	1	5.09		5.09	
3	TSD2-019	安装储油罐	台	1	16		16	
4	TSD2-029	油管敷设（内径）30 mm 以下	10 m	1	0.38		0.38	
5	TSD2-034	制作安装穿墙套管（内径）50 mm 以下	处	1	0.14		0.14	
6	TSD2-042	发电机系统调试（容量）600 kW 以下	系统	1	3		3	
7	TSD1-051	备用电源自投装置调试	系统	1	4		4	
8	TSD1-046	安装转换、控制屏	台	1	2.22		2.22	
9	TSD3-065	安装组合式开关电源 600 A 以下	架	1	6.16		6.16	
10	TSD3-075	电源系统绝缘测试	系统	1	2.2		2.2	
11	TSD3-076	开关电源系统调测	系统	1	4		4	
12	TSD3-004	安装蓄电池抗震架（列长）双层双列	m	4.8	0.89		4.27	
13	TSD3-015	安装 48 V 铅酸蓄电池组 1 000 Ah 以下	组	2	7.7		15.4	
14	TSD3-034	蓄电池补充电	组	2	3		6	
15	TSD3-036	蓄电池容量试验 48 V 以下直流系统	组	2	7		14	

设计负责人：×××　　　　审核：　　　　编制：×××　　　　编制日期：2021 年 8 月

工程名称：××市局级小型机房电源工程

建设单位名称：××通信集团公司

表格编号：-B3

表1-34 建筑安装工程量预算表（表三甲）

第 2 页

序号	定额编号	项目名称	单位	数量	单位定额值/工日			合计值/工日		
					技工	普工		技工	普工	
I	II	III	IV	V	VI	VII		VIII	IX	
16	TSD5-030	隧道内布放电力电缆（单芯相线截面积）70 mm² 以下	10 m	4.2	0.4			2.18		
17	TSD5-022	室内布放电力电缆（单芯相线截面积）35 mm² 以下	10 m	1.4	0.2			0.36		
18	TSD5-022	室内布放电力电缆（单芯相线截面积）35 mm² 以下	10 m	1.2	0.2			0.26		
19	TSD5-023	室内布放电力电缆（单芯相线截面积）70 mm² 以下	10 m	4.9	0.29			1.56		
20	TSD5-022	室内布放电力电缆（单芯相线截面积）35 mm² 以下	10 m	2.4	0.2			0.53		
21	TSD5-021	室内布放电力电缆（单芯相线截面积）16 mm² 以下	10 m	7	0.15			1.05		
22	TSD5-023	室内布放电力电缆（单芯相线截面积）70 mm² 以下	10 m	1.3	0.29			0.38		
23	TSD6-007	铜板接地板	块	1	1.7			1.7		
24	TSD6-010	化学降阻处理模块	处	1	1.83			1.83		
25	TSD6-011	安装室内接地排	个	2	0.69			1.38		
26	TSD6-015	接地网电阻测试	组	1	0.7			0.7		
27	TSD6-012	敷设室内接地母线	10 m	0.2	1			0.2		
28	TSD6-013	敷设室外接地母线	10 m	1	2.29			2.29		
29	TSD4-004	安装与调试通用空调立式	台	3	1.75			5.25		
		默认页合计						113.91		

设计负责人：×××　　编制：×××　　审核：　　编制日期：2021 年 8 月

40

工程名称：×× 市局级小型机房电源工程

表1-35　建筑安装工程仪表使用费预算表（表三丙）

建设单位名称：×× 通信集团公司　　　　表格编号：-B3B　　　　第　页　全　页

序号	定额编号	工程及项目名称	仪表名称	单位	数量	单位定额值		合价值	
						消耗量台班	单价/元	消耗量台班	合价/元
I	II	III	VI	IV	V	VII	VIII	IX	X
1	TSD2-042	发电机系统调试（容量）600 kW 以下	手持式多功能万用表	系统	1	1	117	1	117
2	TSD2-042	发电机系统调试（容量）600 kW 以下	红外线温度计	系统	1	0.5	117	0.5	58.5
3	TSD2-042	发电机系统调试（容量）600 kW 以下	相序表	系统	1	0.5	117	0.5	58.5
4	TSD2-042	发电机系统调试（容量）600 kW 以下	风冷式交流负载器	系统	1	3	117	3	351
5	TSD2-042	发电机系统调试（容量）600 kW 以下	风速计	系统	1	0.5	119	0.5	59.5
6	TSD1-051	备用电源自投装置调试	手持式多功能万用表	系统	1	1	117	1	117
7	TSD1-051	备用电源自投装置调试	三相精密测试电源	系统	1	1	139	1	139
8	TSD1-051	备用电源自投装置调试	调压器	系统	1	1	117	1	117
9	TSD3-075	电源系统绝缘测试	手持式多功能万用表	系统	1	0.2	117	0.2	23.4
10	TSD3-075	电源系统绝缘测试	绝缘电阻测试仪	系统	1	0.2	120	0.2	24
11	TSD3-076	开关电源系统调测	手持式多功能万用表	系统	1	0.2	117	0.2	23.4
12	TSD3-076	开关电源系统调测	数字式杂音计	系统	1	0.2	117	0.2	23.4
13	TSD3-076	开关电源系统调测	绝缘电阻测试仪	系统	1	0.2	120	0.2	24
14	TSD3-036	蓄电池容量试验 48 V 以下直流系统	直流钳形电流表	组	2	1.2	117	2.4	280.8
15	TSD3-036	蓄电池容量试验 48 V 以下直流系统	智能放电电阻测试仪	组	2	1.2	154	2.4	369.6
16	TSD5-030	隧道内布放电力电缆（单芯相线截面积）70 mm² 以下	绝缘电阻测试仪	10 m	4.2	0.1	120	0.42	50.4
17	TSD5-022	室内布放电力电缆（单芯相线截面积）35 mm² 以下	绝缘电阻测试仪	10 m	5	0.1	120	0.5	60
18	TSD5-023	室内布放电力电缆（单芯相线截面积）70 mm² 以下	绝缘电阻测试仪	10 m	6.2	0.1	120	0.62	74.4
19	TSD5-021	室内布放电力电缆（单芯相线截面积）16 mm² 以下	绝缘电阻测试仪	10 m	7	0.1	120	0.7	84
20	TSD6-015	接地网电阻测试	接地电阻测试仪	组	1	0.2	120	0.2	24
		默认页合计							2 078.9

设计负责人：×××　　　　审核：　　　　编制：×××　　　　编制日期：2021 年 8 月

表1-36 国内器材预算表（表四甲）

（国内需要安装设备）表

工程名称：××市局级小型机房电源工程　　建设单位名称：××通信集团公司　　表格编号：-B4A-E　　第 页 全 页

序号	名称	规格程式	单位	数量	单价/元			合计/元			备注
					除税价	增值税	含税价	除税价	增值税	含税价	
I	II	III	IV	V	VI	VII	VIII	IX	X	XI	XII
1	柴油发电机	玉柴50kW	台	1	25 200	4 284	29 484	25 200	4 284	29 484	
2	储油罐	1 000 L	套	1	2 000	340	2 340	2 000	340	2 340	
3	ATS	800 A	套	1	3 600	612	4 212	3 600	612	4 212	
4	组合式电源柜	ZTE 1 000A	套	1	68 000	11 560	79 560	68 000	11 560	79 560	
5	空调	5匹	台	3	22 000	3 740	25 740	66 000	11 220	77 220	
6	蓄电池	1 000 Ah	块	48	1 300	221	1 521	62 400	10 608	73 008	
7	蓄电池抗震支架	2.4 m×0.5 m	套	2	2 650	450.5	3 100.5	5 300	901	6 201	
8	铜板接地地板		个	1	254	43.18	297.18	254	43.18	297.18	
	小计							232 754			
	运杂费							1 862.032			
	运输保险费							931.016			
	采购及保管费							1 908.582 8			
	合计							237 455.631	35 618.344 6	273 073.975	

设计负责人：×××　　　审核：　　　编制：×××　　　编制日期：2021年8月

表 1-37　国内器材预算表（表四甲）

（国内乙供主要材料）表

工程名称：××市局级小型机房电源工程

建设单位名称：××通信集团公司

表格编号：－B4A－m

第　页全　页

序号	名称	规格程式	单位	数量	单价/元			合计/元			备注
					除税价	增值税	含税价	除税价	增值税	含税价	
I	II	III	IV	V	VI	VII	VIII	IX	X	XI	XII
1	电力电缆	3×4 mm²	m	30.45	21.5	2.37	23.87	654.68	72.01	726.69	
2	电力电缆	70 mm²	m	13.20	172	18.92	190.92	2 269.54	249.65	2 519.19	
3	电力电缆	16 mm²	m	40.6	31	3.41	34.41	1 258.6	138.45	1 397.05	
4	电力电缆	2×25 mm²	m	24.36	40.3	4.43	44.73	981.71	107.99	1 089.70	
5	电力电缆	2×50 mm²	m	49.74	128	14.08	142.08	6 366.08	700.27	7 066.35	
6	电力电缆	2×35 mm²	m	12.18	43.6	4.80	48.40	531.05	58.42	589.46	
7	电力电缆	4×25 mm²	m	14.21	63	6.93	69.93	895.23	98.48	993.71	
8	电力电缆	4×50 mm²	m	42.63	145	15.95	160.95	6 181.35	679.95	6 861.30	
	小计 1（电缆类）							19 138.24			
	运杂费 1（小计 1×1%）							191.382 4			
9	接地母线		m	12.12	8	0.88	8.88	96.96	10.67	107.63	
10	地线排		个	2.02	58	6.38	64.38	117.16	12.89	130.05	
11	降阻模块		块	1.01	240	26.4	266.4	242.4	26.66	269.06	
	小计 2（其他类）							456.52			
	运杂费 2（小计 2×3.6%）							16.434 72			
	小计（小计 1＋小计 2）							19 594.76			
	运输保险费（小计×0.1%）							207.817 12			
	运输保险费（小计×0.1%）							19.594 76			
	采购及保管费（小计×1%）							195.947 6			
	总计							20 018.119 5			

设计负责人：×××　　　审核：　　　编制：×××　　　编制日期：2021 年 8 月

表1-38 工程建设其他费预算表（表五甲）

工程名称：××市局级小型机房电源工程

建设单位名称：××通信集团公司　　　　表格编号：-B5A　　　　第　页　全　页

序号	费用名称	计算依据和计算方法	金额/元			备注
			除税价	增值税	含税价	
I	II	III	IV	V	VI	VII
1	建设用地及综合赔补费					
2	建设单位管理费	工程总概算×2%	1 472.92	88.375 2	1 561.295 2	
3	可行性研究费		0	0	0	
4	研究试验费		0	0	0	
5	勘察设计费	勘察费+设计费	14 400	864	15 264	
	勘察费	计价格【2002】10号规定				
	设计费	计价格【2002】10号规定：（工程费+其他费用）×4.5%×1.1	14 400	864	15 264	
6	环境影响评价费		0	0	0	
7	劳动安全卫生评价费		0	0	0	
8	建设工程监理费	（工程费+其他费用）×3.3%	5 471	328.26	5 799.26	
9	安全生产费	（建安费+其他费用）×1.5%	853.827 728	93.921 050 1	947.748 779	
10	引进技术及引进设备其他费		0	0	0	
11	工程保险费		0	0	0	
12	工程招标代理费		0	0	0	
13	专利及专利技术使用费		0	0	0	
14	其他费		0	0	0	
	合计		36 597.747 7	2 238.556 25	38 836.304	
15	生产准备及开办费（运营费）					

设计负责人：×××　　　审核：　　　编制：×××　　　编制日期：2021年8月

1.10　通信电源设备安装工程设计文件

设计文档与预算文档与扉页、文件分发表、资质证明等合并即为设计文件。

1.11　实做项目及情境教学

实做项目：结合实际，完成一个基站机房电源系统的设计，包括设计蓄电池、整流模块、电力线等设计，包括绘制 CAD 图纸、统计工程量、编制概预算等环节。

目的：通过实际训练，掌握通信电源设备安装工程的勘察设计预算编制。

本　章　小　结

本章主要介绍通信电源设备安装工程设计及预算编制，主要内容包括：

1. 通信电源设备安装工程概述，主要内容包括通信电源系统构成、常用设备、通信机房工艺、通信电源安装工程设计方法。

2. 通信电源安装工设计任务书，这是进行工程设计的直接依据。

3. 通信电源安装工程勘察，主要包括勘察准备工作及具体的现场勘察，涉及人员、计划、工具、测量等。

4. 通信电源安装工程设计方案，主要包括系统方案设计、容量计算、设备安装、电力线电缆选型和布放等。

5. 通信电源安装工程设计文档编制方法及内容。

6. 通信电源安装工程预算文档编制方法及内容。

复习思考题

1-1　简述通信电源系统的构成及实际设备组成。

1-2　简述通信电源安装工程设计的主要任务。

1-3　简述通信机房工艺的构成和要求。

1-4　简述通信电源勘察的步骤及其相关要求。

1-5　简述通信电源设备安装工程设计步骤及具体设计方法。

1-6　试述通信电源设备安装工程设计文档、概预算文档的编制方法及内容。

第 2 章　传输工程设计与概预算

本章内容

- 传输网络基础
- 传输工程勘察与设计
- 设备选型及配置传输
- 传输工程预算文档编制

本章重点

- 传输工程勘察
- 传输工程方案
- 设备选型及配置传输
- 设备安装设计

本章难点

- 传输工程方案
- 设备选型及配置传输
- 有关费率及费用的取定

本章学习目的和要求

- 理解传输网络建设的原理与流程
- 熟悉传输工程的勘察与设计
- 掌握传输工程有关费率及费用的取定

本章课程思政

- 结合传输网络建设案例，了解全程全网的现状，培养学生团队协同、网络协同的意识

本章学时数：建议 8 学时

2.1　传输网络概述

2.1.1　传输网络结构

传输网络的拓扑结构即传输节点与传输线路的几何排列，反映了传输网络的物理连接，传输网络的安全性、可靠性很大程度上与网络拓扑相关。传输网络的基本拓扑类型包括：链型网、星型网、树型网、环型网、网孔型网，现有的传输网络拓扑结构按照网络分层不同，根据基本拓扑类型进行有效组合。

传输网络自上而下分为骨干网、城域网、接入网，传输网络结构图如图 2−1 所示。

骨干网是指在主要节点间建立的网络，全国范围内的骨干网主要指长途网，一般分为省际干线和省内干线，即通常所称的一级干线和二级干线。

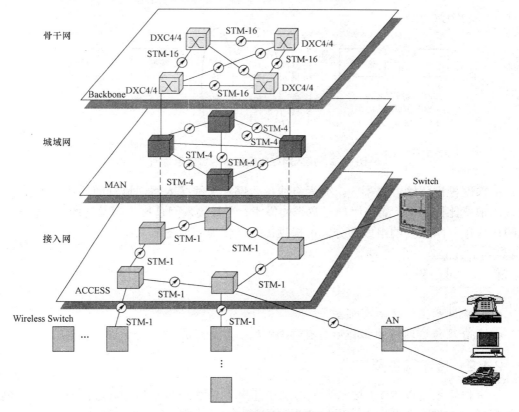

图 2−1　传输网络结构示意图

现有骨干网网络结构经历了链型网→环型网→网孔型网的建设阶段；目前建成了以环型网为主的网络拓扑结构，正在加紧建设网孔型网的传输系统；网孔型网结构在两点间提供了多种路由选择，利于进行恢复，资源利用率高；但结构复杂，管理和运行维护也非常复杂，随着自动交换光网络的提出，将会提高网状网的实用性。

城域网是本地传输网中覆盖中心城市的部分，基本覆盖区域包括城区、郊区以及部分规模较小的市县，也是本地传输网在城市区域的具体表现，负责为同一城市内的固网交换机、移动交换机、数据交换机、路由器，以及不同业务网的业务接入节点提供传输电路，同时也为城市范围内多业务提供传输平台，是承载城域范围内的固定、移动、数据等多种业务的基础传输网络，具有业务需求密集、业务量大等特点，主要采用光纤作为传输介质，有时称为"光纤城域网"。

城域网按网络分层结构，一般分为核心传输层、汇聚传输层、接入传输层。核心层和汇聚层通常采用环型网结构，接入层采用链型网或链型网逐步向环型网升级的结构。

城域网网络结构比较复杂，各城市网络建设根据的城市实际环境不同，业务网结构不同；网络建设形态大不相同，对于规模较小的城市，各市根据情况对网络层次进行了合并，将核心层与汇聚层合并或汇聚层与接入层合并，一般分为两层，简化了网络层次。

接入网是指由网络节点接口（NNI）与相关用户网络接口（UNI）之间的一系列传送实体（例如线路设施和传输设施）组成，为供给电信业务而提供所需承载能力的实施系统，如图 2-2 所示。

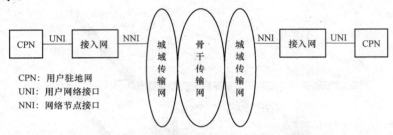

图 2-2　接入网在传输网中的位置示意图

接入网根据传输方式不同，分为有线接入网和无线接入网，运营商的业务类型不同，接入网形式比例不同；随着用户对宽带的需求，光纤接入网是接入网发展的方向，无线接入网作为接入网重要的组成部分，可提供语音及低速率业务接入。

探　讨

- 传输网的主流技术有哪些？
- 现阶段传输网络的拓扑形态有哪些？

2.1.2　传输网主要技术

现有传输系统以 SDH 技术为主，系统速率多为 2.5 Gb/s 和 10 Gb/s；目前骨干网建设主要以 DWDM 技术为主，系统多为 40 波和 80 波，单波速率逐渐从 2.5 Gb/s 升级到 10 Gb/s。

目前骨干网生存性单一，主要采用环型网的保护方式，随着网络中数据业务比例增大，对时间容忍度增大之后，使用 ASON 技术，以增强网络的生存性和智能性，网络形态从环型网逐渐向网状网发展。

城域传送网技术由于接入业务类型多，接入环境复杂多变，采用传输技术多样，目前传输技术基本包括基于 SDH 多业务传送平台（MSTP）、弹性分组环技术（RPR）、城域

WDM 技术（DWDM 和 CWDM）、IP 技术等。

随着数据业务的比例逐渐增大，城域网中技术需综合应用，以调整传统语音业务与数据业务的接入和汇聚，实现数据骨干网及长途网在城市内的延伸。

城域传输网核心层在今后的网络数据业务量大，网络调度频繁的情况下，可在适当时候引入 ASON 技术来解决网络生存性和网络调度灵活性的问题。

OADM 和 CWDM 本质上是 WDM 的技术，RPR 技术引入传输层面后，可解决数据业务量较大的地区的接入和汇聚问题。

早期接入网以铜缆接入的 XDSL 技术为主，当前建设模式主要为光纤到户、光纤到楼、光纤到小区；铜缆接入 XDSL 基本停建，光纤到户是宽带接入的最佳解决方案，是指从城域网到小区用户间的最后接入网全部使用光纤，以实现语音、数据、广播电视及各类智能化系统功能的一种接入方式，采用点到多点（P2MP）结构的单纤双向光接入网，拓扑结构为树型或星型，由网络侧的 OLT、光分配网（ODN）和用户侧的 ONU（ONT）组成。

2.1.3　SDH

同步数字体系（Synchronous Digital Hierarchy，SDH），是由一些 SDH 网元（NE）组成的，在光纤上进行同步信息传输、复用和交叉连接的网络，具有全球统一的网络节点接口（NNI），简化了信号的互通、传输交叉及连接过程。

SDH 具有标准化的块状帧结构，安排较多的开销比特用于网络中的管理单元（OAM），基本速率等级为 STM-1，经同步复用后，可达到 STM-4、STM-16、STM-64、STM-N 等高速率信号。

SDH 基本网络单元包括终端复用器（TM）、分插复用器（ADM）、数字交叉连接设备（DXC）、再生器（REG）、基本网络单元与光缆线路的有效结合组成 SDH 光传输系统。

SDH 具有如下特点：

（1）SDH 传输系统在国际上有统一的帧结构数字传输标准速率和标准的光路接口，使网管系统互通，因此有很好的横向兼容性。

（2）由于采用了较先进的分插复用器（ADM）、数字交叉连接（DXC），网络的自愈功能和重组功能就显得非常强大，具有较强的生存率。

（3）SDH 有传输和交换的性能。它的系列设备的构成能通过功能块的自由组合，实现不同层次和各种拓扑结构的网络。

（4）SDH 是严格同步的，从而保证了整个网络稳定可靠，误码少，并且便于复用和调整。

2.1.4　MSTP

MSTP（Multi-Service Transfer Platform，多业务传送平台）是基于 SDH 的平台，同时实现 TDM、ATM、以太网等多种业务的接入、处理和传送，提供统一网管的多业务节点。因为 MSTP 是基于 SDH 技术的，所以 MSTP 对于 TDM 业务兼容性好；技术的难点是如何利用 SDH 来支持 IP 业务，即如何将 IP 数据映射到 SDH 帧中去。

MSTP 具有如下技术特点：

（1）继承了 SDH 技术的诸多优点：如良好的网络保护倒换性能、对 TDM 业务较好的支持能力等。

（2）支持多种物理接口：由于 MSTP 设备负责业务的接入、汇聚和传输，所以 MSTP 必须支持多种物理接口，从而支持多种业务的接入和处理。常见的接口类型有 TDM 接口、SDH 接口、以太网接口、POS 接口。

（3）支持多种协议：通过对多种协议的支持来增强网络边缘的智能性；通过对不同业务的聚合、交换或路由来提供对不同类型传输流的分离。

（4）支持多种光纤传输：MSTP 根据在网络中位置的不同，有着多种不同的信号类型。

（5）提供集成的数字交叉连接交换：MSTP 可以在网络边缘完成大部分交叉连接功能，从而节省传输带宽以及节省核心层中交叉连接系统端口。

（6）支持动态带宽分配：可以实现对链路带宽的动态配置和调整。

（7）链路的高效建立能力：MSTP 能够提供高效的链路配置、维护和管理能力。

（8）协议和接口的分离：这增加了在使用给定端口集合时的灵活性和扩展性。

（9）提供综合网络管理功能：MSTP 提供对不同协议层的综合管理，便于网络的维护和管理。

2.1.5 PTN

PTN（Packet Transport Network，分组传送网）是指一种光传送网络架构和技术。PTN 在 IP 业务和底层光传输媒质之间设置了一个层面，它针对分组业务流量的突发性和统计复用传送的要求而设计，以分组业务为核心并支持多业务提供，具有更低的总体成本。它继承了光传输的传统优势，具有高可用性和可靠性、高效的带宽管理机制和流量工程、便捷的 OAM 和网管、可扩展、较高的安全性等。

PTN 技术主要应用于城域传输网的接入汇聚层，提供基站、大客户专线等多业务综合承载，详见图 2－3 应用实例。

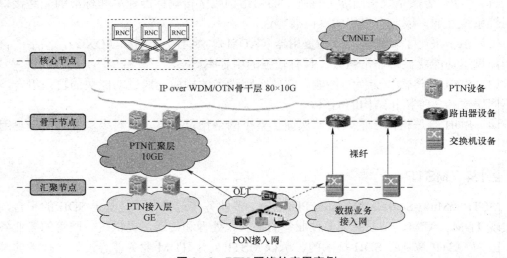

图 2－3 PTN 网络的应用实例

PTN 可以支持多种基于分组交换业务的双向点对点连接，具有适合各种粗细颗粒业务、端到端的组网能力，提供了更加适用于 IP 业务特性的"柔性"传输管道；具备丰富的保护方式，遇到网络故障时，能够实现基于 50 ms 的电信级业务保护倒换，实现传输级别的业务保护和恢复；继承了 SDH 技术的操作、管理和维护机制（OAM）；完成了与 IP/MPLS 多种方式的互连互通，可以无缝承载核心 IP 业务。总之，PTN 具有完善的 OAM 机制、精确的故障定位和严格的业务隔离功能，最大限度地管理和利用光纤资源，保证了业务安全性，结合 GMPLS 技术，可实现资源的自动配置及网状网的高生存性。

2.1.6　IP-RAN

探　讨

● 讨论无线接入网 IP 化的发展趋势。

相对于传统的 SDH 传送网，IP-RAN（IP-Radio Access Network）的意思是"无线接入网 IP 化"，是基于 IP 的传送网。IP-RAN 是随着移动通信的发展而兴起的传输技术，它是针对无线基站回传的应用场景提出的解决方案，是一种基于 IP 包的分组复用网络，以路由器技术为核心，通过提升交换容量，提高了操作维护管理能力和保护能力。IP-RAN 本质为分组化的移动回传，简言之，为 IP 化的移动回传网。

随着移动通信日趋宽带化和 IP 化，基于 TDM 的 MSTP 无论是从容量上还是从技术上，都无法满足移动回传的需求，建设新型的分组化移动回传网势在必行。在此背景下，基于 IP/MPLS 组网的 IP RAN 成为重要的技术选择。IP RAN 采用成熟的 IP 组网技术，同时，吸取了传统传输网的管理理念，是实现移动与固定宽带业务统一承载的重要手段。

IP-RAN 在城域汇聚/核心层采用 IP/MPLS 技术，接入层主要采用二层增强以太技术，或采用二层增强以太与三层 IP/MPLS 相结合的技术方案。设备形态一般为核心汇聚节点采用支持 IP/MPLS 的路由器设备，基站接入节点采用路由器或交换机。其主要特征为 IP/MPLS/以太转发协议、TE FRR（汇聚/核心层）、以太环/链路保护技术（接入层）、电路仿真、MPLS OAM、同步等。IP RAN 技术相比 PTN 技术增加了三层全连接自动选路功能，适用于规模不大的城域网。

2.1.7　DWDM

WDM（Wavelength Division Multiplexing，波分复用）技术是利用单模光纤的带宽以及低损耗的特性，采用多个波长作为载波，根据每一个信道光波的频率（或波长）不同，将光纤的低损耗窗口划分成若干个信道，从而在一根光纤中实现多路光信号的复用传输。

与通用的单信道系统相比，密集波分复用（DWDM）采用光频分复用的方法来提高系统的传输容量，充分利用了光纤的带宽。

密集波分复用（DWDM）系统按一根光纤中传输的光通道是单向的还是双向的，可以分成单纤单向和单纤双向两种；按 DWDM 系统和客户端设备之间是否有光波长转换单元 OTU，分成开放式和集成式两种。DWDM 具有如下特点：

1）超大容量

常用的普通光纤可传输的带宽是很宽的，但其利用率很低。使用 DWDM 技术可以使一根光纤的传输容量比单波长传输容量增加几倍、几十倍乃至几百倍，节省了光纤资源。

2）数据透明传输

由于 DWDM 系统按不同的光波长进行复用和解复用，而与信号的速率和电调制方式无关，即对数据是"透明"的。因此，可以传输特性完全不同的信号，完成各种电信号的综合和分离，包括数字信号和模拟信号的综合与分离。

3）系统升级时能最大限度地保护已有投资

在网络扩充和发展中，无须对光缆线路进行改造，只需升级光发射机和光接收机即可实现，是理想的扩容手段，也是引入宽带业务的方便手段。

上述传输技术各有优势，表 2-1 对它们进行了比较分析。

表 2-1　各类传输技术的对比

序号	SDH/MSTP	传统以太网	PTN	IP-RAN	IP over WDM/OTN
1	以 TDM 业务为主，数据为辅	以数据业务为主	PTN 是基于传输网产品开发的，内核 IP 化，面向分组化业务	IP-RAN 是基于数通平台开发的	面向大颗粒的 IP 业务的超大带宽、超长距离传输
2	刚性带宽分配机制，带宽利用率低	网络成本低廉，网络可扩展性好	带宽动态可分配，带宽利用率高。使用静态标签转发业务，路由功能比 IP-RAN 弱	使用动态路由协议分发标签转发业务，路由功能强于 PTN	刚性带宽分配，带宽利用率较低
3	预留保护带宽的环网保护，50 ms 级的电信级保护	业务难以达到 50 ms 级电信级的保护	PTN 属于 2 层设备。采用点到点业务配置方法，是基于隧道的保护方式。可实现 50 ms 级的电信级保护	使用 L3+L2 的技术，在核心汇聚层用的是 L3VPN，在接入层用的是 L2VPN。这个技术偏向路由器属于 2/3 层的设备。倒换机制比 PTN 丰富安全。可实现 50 ms 级的电信级保护	不具备二次的业务收敛特性
4	技术成熟，网络规模庞大	网络缺乏有效的 OAM 机制	层次化的 QoS 机制，提供差异化的服务。PTN 侧重于传输	IP-RAN 侧重于数据	适用于城域网核心骨干层大颗粒业务的交叉调度

2.1.8　ASON

在传统的网络拓扑中，跨环节点成为业务调度的"瓶颈"。由于数据业务的突发性特点，要求能自动动态按需申请，传统的半静态配置模式无法满足要求；为实现光网络的灵活调度，满足业务的快速提供，实现网络的灵活扩展，降低网络的运营成本，引入了 ASON（Automatically Switched Optical Network，自动交换光网络）。

自动交换光网络是指在选路和信令控制之下完成自动交换功能的新一代的智能光网络，也可以看作是一种具备标准化智能的光传送网。

ASON 不同于传统光传送网的根本点是引入了控制平面，在逻辑上由传送平面、控制平面和管理平面三个平面组成。ASON 是通过提供自动发现和动态连接建立功能的分布式控制平面，在 OTN 或 SDH 网络之上，实现动态的、基于信令和策略驱动控制的一种网络。ASON 的核心技术主要包括信令、路由和自动发现等，以及标准化的控制接口（UNI 和 E-NNI 等）。ASON 网络结构示意图如图 2-4 所示。

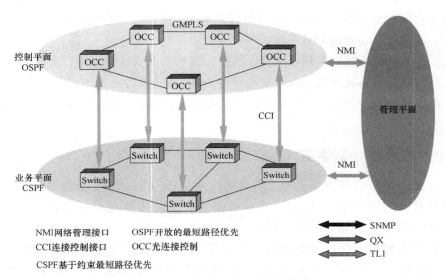

图 2-4　ASON 网络结构示意图

ASON 特点：

（1）ASON 技术可采用信令和路由自动创建电路，增强传送网对电路业务的反应能力。

（2）ASON 技术的引入使多种保护恢复机制得以实现，增强网络自身的生存性。

（3）ASON 技术的引入可促使传送网向业务网发展，提高了物理承载网络的地位。

（4）ASON 技术可对网络传输提供分等级的保护恢复，可提供不同业务质量。

在当前以 IP 为主的数据业务快速增长的形势下，传统的光传送网已经不能满足用户日益增长的业务需求，亟待升级。ASON 技术的发展为当前光传送网的优化、升级提供了一种有效的手段。

思政故事

交通和通信英文中是同一个词，都是 communication。从古至今的中文中，"交通"包括运输和通信两个方面的含义。

秦始皇修驰道解决了中央政府到三十六郡县交通运输的问题，形成了古代通信的邮驿网。

在我党的红色通信史上，红色交通和红色电波缺一不可，那时我党的交通线与通信线是传递重要情报的必要渠道。在秘密战线上涌现出很多像李侠那样的优秀通信机要员，他们用行动诠释了对党的忠诚和坚定信仰，用生命发送着永不消逝的电波。

2.2 传输网络现状分析

2.2.1 核心网络 CN2 现状分析

以某电信运营商为例，介绍传输网的具体情况。某电信运营商 CN2 网络国内网络分为核心层、汇聚层、边缘层和业务层。

核心层在北京、上海、广州、南京、武汉、成都和西安 7 个城市设置核心节点。7 大核心点之间做完全的网状连接，核心节点间用 2 条、4 条或者 6 条 10G 链路互连。天津作为北方辅助核心节点，与北京、上海、广州核心路由器相连，协助实现北方 9 省市间的流量交换。

2.2.2 省级 CN2 网络架构

目前，各省公司 CN2 网络采用三层架构，分为 P、PE、CE 三个层面。

下面以 H 省为例介绍，P 层在 A 市和 B 市为 H 省汇接节点，分别配置 1 台 NE5000E 和 NE80E 作为骨干路由器，4 台设备之间呈 fullmesh 全网状，全部为 10G 链路互连，其中，A 市 2 台 P 设备分别以 10G 链路上连至北京核心节点，上连总带宽为 20G；B 市两台 P 设备分别以 10G 链路上连至天津节点，上连总带宽为 20G。4 台 P 设备共同作为省际流量出口、省内跨地市流量的交换核心，并与 ChinaNet 流量进行交互。

PE 层现状：A 市配置 2 台 ASR9010 设备和 2 台 Cisco 12416 设备，B 市配置 2 台 Cisco GSR 12416 设备和 2 台华为 NE40E-X16 设备，其他地市均为双业务路由器结构，分别配置 2 台华为 NE80E 设备。各地市配置了一定数量的延伸交换机，其中 A 市配置 2 台 T40G 和 2 台 8905，B 市配置 2 台 T40G 和 2 台 9306，其他地市分别配置了 2 台 T40G。

2.2.3 IPRAN 现状

A 市电信 IP RAN 网络分为接入层、汇聚层及核心层三个层面，目前已完成市区及各县的覆盖。

目前，A 市电信 IP RAN 网络核心层为 2 台 RAN ER 设备，分别安装在枢纽楼和振头机房；2 台 BSC CE 设备都安装在 A 市枢纽楼机房。A 市电信移动网共有 BSC 设备 7 个，其中有 3 台 BSC 覆盖市区，4 台 BSC 覆盖县城及以下；B1 设备 158 台、A2 设备 1 364 台、A1 设备 1 712 台，共 342 个 GE 环。A 市电信 IP RAN 网络设置两层 B 设备，其中 B 设备上连 RAN ER 设备，RAN ER 设备上连至 BSC ER 设备，RAN ER 为华为 NE40E-X16 设备，BSC CE 为华为 NE40E-X8 设备，B 为华为 CX600-X3 设备，A1 为华为 ATN910I/ATN950 设备，A2 为华为 ATN950B 设备。

2.3　传输工程任务书

2.3.1　主要内容

传输工程设计任务书一般包括以下内容：
（1）项目的名称、项目编号、项目地点、建设目的和预期增加的通信能力。
（2）建设规模、建设标准、投资规模或投资控制标准。
（3）机房情况、专业分工界面、技术方案选用计划。
（4）设计依据和其他需要说明的事项。

2.3.2　任务书实例

为满足 A 市目前的 5G 业务量，A 市公司急切需要扩展 IPRAN B 设备的容量，以满足 5G 业务的承载。因此，本节就以 IPRAN 传输工程为例。设计任务书如下：

工程设计任务书

××邮电设计有限公司：

　　兹委托你公司完成"A 市 IPRAN B 设备扩容工程"勘察设计工作，本期工程新增华为 CX600-X8 设备 2 台，50 GB 母卡 2 块，5×10 子卡 2 块；华为 NE40E-X8 设备 2 台，100 GB 母卡 6 块，5×10 子卡 12 块；华为 NE40E-X16 设备，100 GB 母卡 9 块，5×10 子卡 18 块。

　　本项目设计内容包括设备配置、网络组织、平面布置、通信系统、电源系统、相应电缆的布放、设备的抗震加固及工程预算等。

　　有关局站机房的土建（包括新建、扩改、机房装修）、空调、外市电引入、光缆引接工程等不属于本设计范围。具体设计范围如图 2-5 所示。

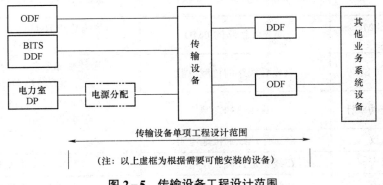

图 2-5　传输设备工程设计范围

暂定于 6 月 25 日设计会审，请提前完成一阶段设计文件。

××公司××市分公司网络发展部

20××年 5 月 12 日

2.4 传输工程勘察

2.4.1 勘察准备

2.4.1.1 事先沟通

（1）项目负责人与建设主管沟通确认项目名称、项目范围、交付时限。

（2）依据项目规模及完成时限要求，确定分工进度表。（如果为综合项目，应明确相关专业的勘察界面，以免漏项。）

（3）准备内外沟通通讯录。

（4）项目组内部统一勘察原则。

2.4.1.2 事先准备

（1）熟悉本工程情况，包括工程规模容量、局站设置、系统安排等。

（2）根据设备合同等相关文件，计算出各站的机架数量、耗电量。

（3）复制本站的设备平面布置图和槽道安装平面图。草拟各局站本期设备平面布置图。

（4）准备勘察用各种表格、工具和有关技术资料。

（5）出发前与建设单位联系，通知现场勘察进度安排。

2.4.1.3 勘察工具

传输工程涉及的勘察工具见表 2-2。

表 2-2 传输工程涉及的勘察工具

仪表/机具	用途	备注
光时域反射测试仪（OTDR）	测线路的长度及衰减	注意工作波长和折射率的设置
偏振模色散（PMD）测试仪	测光纤线路的 PMD	当系统是开 10 Gb/s 及以上速率时需测试
色散（DS）测试仪	测光纤线路的色度色散	当系统需要做色散均衡策划时，需测线路的色散
稳定光源、光功率计	测线路的衰减	当线路非常长、超过 OTDR 测量范围时，可用直读法测量
地阻测试仪	测工作地线的接地电阻	
直流钳流表	在线测量直流工作电流	测量在线荷载电流
交流钳流表	在线测量交流工作电流	测量在线荷载电流
莱卡激光测距仪	测量机房及设备尺寸	
钢卷尺	测量机房及设备尺寸、布放线缆长度等	
数码照相机	拍录设备安装场地及相关实物	

2.4.1.4　资源需求准备

根据设备清单整理各局点的资源需求：

（1）电源：负荷需求，端子规格及数量需求。

（2）纤芯：纤芯方向、类型和数量。

（3）配套 ODF：跳接用型号及数量、熔接用型号及数量。

（4）配套 DDF：阻抗、制式、尺寸、数量。

（5）综合机柜：尺寸、配置。

（6）箱体/柜体：类型、尺寸、配置。

2.4.1.5　勘察方案

某个节点或某个部分的建设方式尚未确定，存在两个或多个可选建设方式时，为避免重复勘察，可针对不同建设方式拟定出不同的勘察方案，记录不同建设方式所需信息资料。对多个方案进行比选，将比选结果提交建设单位，并确定最终建设方案。

2.4.2　现场勘察

2.4.2.1　机房设备摆放的勘察内容与步骤

对新建机房，涉及的设备包含光电设备、数字配线架、光配线架、直流电源设备（交流配电屏、直流配电屏、整流屏、列柜），安排各种设备的安装位置时，不能只考虑目前设备需求，需要进行长远规划。规划原则是：

（1）考虑传输机房与其他机房（移动机房、数据机房、电力机房）楼层间上下连通的孔洞的相互连接关系，以及维护的便利性。

（2）考虑 ODF/DDF 架是一个关键的公共设备，它与架间布线、不同专业之间的布线都有很大关系，要考虑使各种布线尽可能短。

（3）由于各种信号线都要进出 ODF/DDF 架，所以靠近 ODF/DDF 架的槽道的走线特别多，因此，要考虑槽道的容量和负荷的分摊。

（4）在机房空间允许的条件下，光电设备、数字配线架和光配线架分为不同的架列安装。

对现有机房，由于现有机房已安装了不少设备，机房的总体规划早已经做好。现在只是根据原有规划、分区原则等安排本期工程设备位置。一般是考虑机列内的设备布置，设备布置的原则是：

（1）光电设备、数字配线架和光配线架分列安装时，应从机列的同一端（侧）开始排列，尽量避免出现从中间安排的现象。

（2）光电设备、数字配线架和光配线架同列安装时，按光电设备与配线架的适当比例（酌情）确定各自占有的位置，从中间向两端（侧）或从两端（侧）向中间排列，或从机列的同一端（侧）按顺序排列。

机房设备布置的勘察应注意以下事项：

（1）应预先了解本工程项目安装的各种设备的数量、可能采用的厂家设备以及各种设备的机架尺寸（即高、宽、深），同时应注意了解设备是否是背靠背安装。

（2）设备的布置应注意单列设备正面朝向入口处。

（3）应预先准备好机房槽道的平面图，将各种线缆的路由走向用不同颜色线条标示。

（4）要求按照机房现有设备编号方法进行记录。

（5）应注意记录 ODF 和 DDF 面板图，对于利旧设备的面板图，应标明哪些已用、哪些本工程可以占用。

（6）要调查记录现有机房光配线架适配器类型（如 LC/PC、FC/PC、SC/PC 或其他类型等）、DDF 端口阻抗（75 Ω不平衡或是 120 Ω平衡）及端子的类型。DDF、ODF 端子排列方式尽量与原有规则一致，同时，特别注意征求维护人员意见并与建设单位陪同人员确认。

2.4.2.2　机房走线架的勘察内容与步骤

走线架/槽主要是提供不同设备的机架之间、机线之间、不同专业机房之间配线的布放安装。注意跟踪建设单位的新要求。对较小的机房走线槽，包含列走线槽、主走线槽（二层设计）；对较大的标准综合机房走线槽，通常包含列走线槽、主走线槽、过桥走线槽（三层设计），并且还考虑专用走线槽（光纤保护槽、光缆槽、电源槽等）。

目前线槽通常选用铝型材或钢材，侧面固定高度为 200 mm，宽度为 200～1 200 mm，可根据需要选择适合的宽度。通常第一层列槽底部高出机架顶 50 mm，第二层槽道底部与第一层顶部相隔 50～100 mm，第三层底部与第二层顶部相隔 50～100 mm。通常机房按上述要求设计（注：照明光管应与列走线槽平行并在两列槽中间，走线槽高 100 mm）。

列走线槽道有宽度为 300 mm 或 600 mm 等可供选择，机列较长或背靠背的双面机列排列的机列应选用宽度为 600 mm 的槽道。主走线槽根据走线多少，可选择 600～1 000 mm，列光纤尾纤保护线槽一般选用宽度为 100 mm，跨列的光纤尾纤走线槽可选择宽度为 200 mm，电源走线槽可根据电源汇流线多少和粗细，在 200～400 mm 范围内选择适当的宽度。

列走线架/槽是设备安装的上加固点，因此，列走线架/槽的安装加固关系到设备安装的稳固性和抗震效果。根据抗震加固总的要领是"顶天立地、抱柱子"，那么，要求列走线架/槽的端头应直接或间接地终端在机房的柱子上。并根据列槽道的长度，选择适当的加固点，加固点的间隔一般为 1.5 m。采用吊挂方式与上面楼板作永久加固。临时加固方式可采用撑铁与地板加固。

2.4.2.3　机房设备路由布放的勘察内容与步骤

在平面图上将现有走线槽道和需要新增的走线槽道画出，将需要安装的设备和需布放的缆线（含电源线、光纤尾纤或跳线、架间布放的各带宽的信号缆线）标示清楚，然后根据机房走线槽实际情况逐一进行核实，并确定走线路由及具体位置。再将布放的各缆线的长度进行测量。最后将确定的结果记录在图纸和相关的勘察表上。

走线路由确定的原则：一是节约材料，路由选择尽可能短，不交叉或少交叉；二是考虑未来的发展，不要占用预留发展机位的出线位置；三是各行其道，不同线缆走各自的专用槽道；四是在电源线和光纤尾纤/跳线没有专用槽道的机房，同一槽道内电源线和信号线应分开区域布放，相互之间应相隔一定距离，特别应注意光纤尾纤或跳线不要被其他粗大的缆线挤压。

2.4.2.4　供电系统的勘察内容与步骤

1. 开关电源（主要进行容量核算）

对于开关电源的勘察，主要是要了解掌握在用的开关电源设备的配置情况，核算其是否有冗余，其冗余量是否满足本工程增加设备的用电，需要采取的数据见表 2-3。

表 2-3　开关电源勘察记录表

局站名	生产厂家	设备型号	模块型号	电源模块数量	单个电源×模块容量	系统工作电压	系统负载电流	备注
局站 A	艾默生	×××						
局站 B								

目前河北省大量使用的电源设备的生产厂家主要有武汉洲际电源、爱默生电源等。设计人员如果需要了解更加详细的资料，可向厂家索取。

2. 蓄电池（主要进行容量核算）

对于蓄电池的勘察，主要是要了解掌握在用的蓄电池的配置情况及使用情况，核算其是否有冗余，其冗余量是否满足本工程增加设备的用电，需要采集的数据见表 2-4。

表 2-4　蓄电池勘察记录表

局站名	生产厂家	设备型号	投产时间	蓄电池容量/Ah	实际容量/Ah
局站 A					
局站 B					

在用蓄电池的容量与应用环境、使用的时间长短及维护保养的质量有很大关系，一般通信用的蓄电池的标称使用寿命 10 年，有个别的品种（如胶体电池）标称使用寿命 20 年，UPS 使用的蓄电池的寿命为 5～6 年，一般的情况很少有达到标称使用年限的。如果勘察时发现通信用的蓄电池已使用了 5 年以上，那么应特别注意了解是否进行过检修，是否测试过容量，实际的容量是多少。

3. 直流配电屏（PDB）

从图 2-4 电源系统常见的连接方式中我们会发现，不仅电力室有直流配电屏，传输机房也有直流配电屏，对直流配电屏的勘察主要是要了解源头的容量到底是多少。勘察时必须对以下问题进行勘察：可分配的端子冗余情况，即还有多少端子（熔丝）可以使用；这些熔丝型号规格是什么；额定工作电流是多少；允许压降分配等。

工程建设会碰到各种各样的情况，有的只需要从列柜引接电源，有的需要增加列柜，有的需要在传输机房增加 PDB 等，下面分成以下四种情况来介绍：

第一种情况：在现有机列增装新的传输设备，只需要从列柜引接电源。对于正规的通信机楼里的传输机房，以往的工程建设一般是比较规范的，设计需要经过严格的审核批准，勘察时只需要了解列柜使用情况，如共有支路熔丝多少；已用多少；还有多少可使用；熔丝的型号规格以及容量是多少。然后对照新装设备的用电量,确定支路熔丝是否满足要求。如果不满足要求,那么把是只需要更换熔丝,还是也需要更换熔丝座等问题弄清楚,最好能将端子位置图画下来,同时将勘察情况详细记录在表2－5中。

表2－5　列柜勘察记录表

局站名	生产厂家	设备型号	容量/A	支路总数	已用支路	本工程占用端子号	熔丝型号规格	备注

对于小机房或者是接入机房,应特别注意,有可能由于应急项目,设计、施工以及验收都可能不够规范,根据过去曾经发生过的事故情况,如:某机房的列柜输入电源总熔丝是200 A,电缆也很粗,表面上看好像没问题,但是源头仅接在PDB的30 A的熔丝下。这是非常危险的做法。因此,不仅要了解上述情况,还要了解源头情况,即要弄明白列柜的输入电源是从哪里引接的;接在多大的熔丝下。一直追踪到电力室直流配电屏。

在同一机列扩容增装同类设备时,可以利用钳流表测量设备的实际负载电流,并与新装设备的用电电流做比较,以防有误。

第二种情况:需要新装列柜,而且列柜电源只从传输机房直流配电屏引接。首先要了解新装的列柜的型号规格以及需要接入的最大电流,应尽可能和机房内现在使用的列柜的型号规格相一致。其次是了解原设计安装传输机房PDB时的压降分配数据,以便计算电源线的截面。然后了解传输机房直流配电屏使用情况:共有支路熔丝多少;已用多少;还有多少可使用;熔丝的型号规格以及容量是多少。最后对照新装列柜的用电量,确定支路熔丝是否满足要求。如果不满足要求,则更换熔丝,还是也需要更换熔丝座等问题弄清楚,最好能将端子位置图画下来,同时将勘察情况详细记录在表2－6中。

表2－6　传输机房的PDB勘察记录表

局站名	生产厂家	设备型号	容量/A	支路总数	已用支路	本工程占用端子号	熔丝型号规格	蓄电池至电力室PDB压降/V	电力室PDB至传输室PDB压降/V

同样,应注意了解传输机房直流配电屏引入电源的源头情况,确定是否满足增装新的列柜的需求。

第三种情况:需要新装列柜,而且列柜电源直接从电力室PDB引接。

同样首先要了解新装的列柜的型号规格以及需要接入的最大电流,应尽可能和机房内现在使用的列柜的型号规格相一致。

其次是了解原电力设计中蓄电池至电力室PDB的压降分配数据,以便计算电源线的截面。

然后了解电力室的直流配电屏使用情况:共有支路熔丝多少;已用多少;还有多少可使用;熔丝的型号规格以及容量是多少。然后对照新装列柜的用电量,确定选用什么样的支路熔丝。如果发现支路熔丝不满足要求，应确定是只需要更换熔丝，还是也需要更换熔丝座等，最好能将端子位置图画下来，同时将勘察情况详细记录在表 2－7 中。

表 2－7　电力室的 PDB 勘察记录表

局站名	生产厂家	设备型号	容量/A	支路总数	已用支路	本工程占用端子号	熔丝型号规格	蓄电池至 PDB 压降/V

第四种情况：需要在传输室新装 PDB，传输室 PDB 输入电源从电力室 PDB 引接。首先要了解新装的 PDB 的型号规格以及需要接入的最大电流。然后了解原电力设计中蓄电池至电力室 PDB 的压降分配数据，以便计算电源线的截面。新增 PDB 的位置一般考虑有源设备列的中间列的列头或列尾。

对于新装列柜，应记录本期预占用熔丝情况，应了解是否有足够的熔丝；熔丝的型号规格是什么；与熔丝座型号规格是否一致。

对于列柜由 PDB 的单个熔丝或两个熔丝并接，单路电缆供电的情况，应仔细记录、核实负载情况并作重点汇报。

用图纸记录设备安装位置中 PDB 端子位置图，同时将勘察情况详细记录在表 2－8 中。

表 2－8　常用 PDB 规格型号（新增 PDB 时参考）

局站名	生产厂家	型号	尺寸（$H \times W \times D$）	最大输入电流/A	熔丝配置	蓄电池至 PDB 的压降/V

传输机房增加直流分配屏时，应注意其今后的使用情况：只是供列柜的电源引接，还是既供列柜引接，又要供通信设备直接引接，后者应充分考虑有可能的出线数量，当出线较多时，应考虑配置较大尺寸的 PDB，如 800 mm 宽的。同时，应注意分熔丝配置数量和规格，以下几点值得注意：

➢ 一般主要考虑两类应用：列柜引接、设备引接。

➢ 根据机房的布置和机列长度以及可装设备的多少，估算整列设备的用电数量，考虑列柜引接分熔丝的规格，一般为 160～200 A。

➢ 预留少量设备引接用的分熔丝，一般为 63～100 A。

➢ 所有熔丝应按 1＋1 负荷分担供电考虑数量。

➢ 如果机列很长，可装设备数量较多，用电量较大时，也可以考虑列头列尾各装一个列柜的配置方式。对 PDB 有特殊要求（如：上出线/下出线）时，在勘察记录中要详细记录。

探　讨

● 对电源列柜勘察应关注的事项有哪些？

在传输设备安装工程设计的设备供电勘察中，大多数情况是从列柜中引接电源，需要了解列柜的总容量、分熔丝的使用情况，即柜内分熔丝的种类、型号规格，已使用数量，还有多少空端口；这些空端口的熔丝的型号规格；新装设备的耗电电流是多少；是否满足要求；如果不满足要求，该如何处理；更换什么样型号规格的熔丝；熔丝座是否需要更换；更换其他型号规格的熔丝座能否安装等。勘察结果记录在表2-9中。同时应画出总熔丝、分空气开关端子图。标明熔丝、分空气开关编号、规格（额定工作电流等）以及使用情况。

表2-9　列柜勘察记录表

局站名	生产厂家	设备型号	总容量/A	端口数量	已用端口数	冗余端口数	本工程拟占用端口	
							编号	熔丝型号规格

勘察时还要注意以下几个问题：

有些列只有冗余端口，但没有熔丝，需要注意的是所安装的设备需要多大的熔丝。确定需要配置哪种型号规格的熔丝，核实冗余的熔丝座是否合适。直流熔断器的熔丝座和相适应熔丝系列产品见表2-10。

表2-10　熔丝座型号与熔丝系列产品对照表

熔丝座型号	NT00	NT2	NT3
适用熔丝范围/A	6～160	200～400	250～630
熔丝系列产品/A	6、10、16、25、32、63、80、100、160	200、250、325、400	250、325、400、500、630

对于要求两路供电的设备，勘察时应注意列柜是否引接两路独立的电源。如果是独立的两路电源，那么应分别从两路独立电源下的分熔丝引接电源给通信设备；如果列柜只有一路电源引入，那么可根据维护人员的维护习惯安排两个分熔丝引接电源给通信设备。

有些项目需要增加配置列柜，型号规格的选择应注意尽可能与在用设备保持一致。同时，了解在用设备的质量情况，应征求维护人员对新增设备的配置意见。常用列柜的型号规格见表2-11。

表2-11　常用列柜型号规格

序号	型号	尺寸（$H×W×D$）	熔丝配置	备注
1				
2				
3				

探　　讨

● 对保护地线排的勘察事项应注意哪些问题？

对于设备外壳接地的保护地线，引接位置一般在列槽、柱、梁上，以及柱旁边的墙角、PDB 里。勘察时注意向维护人员了解。

但对于光缆的屏蔽层和金属加强芯的防雷接地的引接，就不能随便在上述地线排中引接，必须在机楼的综合接地体源端的地线排上引接。勘察时注意寻找源端地线排的位置，通常在电力室机房的地槽附近，有的可能在柴油发电机房，有的可能在动力（交流）配电房，大多数情况综合接地体源端设在一楼。

勘察时还应注意地线接线排是否有引接地线的孔位。如果没有剩余的孔位可利用，那么应看看是否有增加孔洞或者驳接铜排的可能。一般当剩余孔位只有一两个时，建议采用驳接铜排，以增加更多的孔位，确保持续发展的需求。

2.4.2.5　同步系统勘察

同步系统包括同步时钟系统和同步时间系统。

1. 同步时钟系统

在传输系统工程设计中对同步时钟系统的勘察，主要是针对传输设备需要引接同步时钟的同步源的资源情况的调查，以及引接同步时钟的走线路由的勘察。需要引接同步时钟的传输设备包括 MSTP 设备和分组设备（IPRAN/PTN），MSTP 设备要求具有处理 S1 字节的同步状态信息（SSM）的功能，可接收多个方向的定时信号，按定时信号的优先等级选择跟踪最高等级的定时信号；分组设备要求具有同步以太网功能或 1588V2 功能，通过同步以太网方式或 1588V2 方式进行频率同步，优选简单、高精的同步以太网方式。

那么，在勘察前必须掌握以下情况：

首先应该确定本期工程的同步方案，确定在哪些局点的设备上采用外定时方式及需要外定时源的数量。

其次深入现场进行勘察，勘察的主要内容有以下几点：

（1）调查传输设备安装的局/站的大楼时钟系统（BITS）的等级。我国同步时钟系统分为基准时钟（一级）、二级时钟和三级时钟共三个等级。有些区域时钟引入了 GPS 后成为区域基准时钟，它等同一级时钟。

（2）了解大楼时钟系统（BITS）的终端 DDF 架位置及端口的使用情况，并画出端口面板图记录使用和剩余端口情况，注意区别 2 048 kb/s 端口和 2 048 kHz 端口，根据本工程所安装设备需求时钟的类型核对剩余端子数量是否足够。一般一个 SDH 环或一套分组系统引接 1～2 路外时钟同步信号。如果本工程的 SDH 环或分组系统在 2 个不同的局/站分别引接 BITS 定时信号作为主、备用外定时源，则每个局/站可考虑只引接 1 路 BITS 定时信号；如果本工程 SDH 环或分组系统只在 1 个局/站 BITS 引接外定时信号，则可考虑引接 2 路，分别作主、备用。

（3）如果 BITS 的输出端口不足，一是向建设方建议对 BITS 终端设备扩容。那么需要对 BITS 进行简单勘察，记录 BITS 的设备型号、尺寸、面板图等，以备确定后使用。二是也可以考虑从传输设备外时钟输出口提取定时信号，这时需要进一步了解提供定时信号的传输设备所属的系统名称以及该系统的定时设置。

（4）同步信号线一般采用 SYV-75-2-2 同轴电缆。测量并记录从 BITS 终端 DDF 的相关端口至传输设备的外同步时钟接受端口需要布放的电缆长度。

（5）对于 SDH 设备，采用 MADM 配置，形成环扣环的结构，其定时方案应将相关的所有网元统一考虑。

（6）勘察完成后，应对 BITS 终端端口的勘察资料整理并归档，尽快向建设方运行维护部门进行预占 BITS 端口资源的申请。

2. 时间同步系统

在同步网工程设计中对时间同步系统的勘察，主要是针对时间同步设备的安装以及引接时间同步信号的走线路由的勘察。目前，时间同步网的建设主要是时间同步设备的部署，其主要用于向 LTE 基站提供精确的时间同步信号。需要引接时间同步信号的传输设备主要是分组设备（IPRAN/PTN）和具备 1588V2 功能的 DMDM 设备。

那么，在勘察前需掌握以下情况：

首先应该确定本期工程的时间同步方案，确定在哪些局点建设时间同步设备。因时间同步设备主要是由分组设备向 LTE 基站提供时间信号，因此时间同步设备一般选在各地市有核心分组设备的局站，并且按一主一备两套部署。

其次深入现场进行勘察，勘察的主要内容有以下几点：

（1）勘察时间同步设备的安装位置、GPS 的安装位置及馈线走线方式、电源引接情况、机房环境等。

（2）时间同步设备的输出端口主要是 GE 和 FE，GE 端口的线缆为软光纤，FE 端口的线缆为以太网线。因此，需勘察时间同步设备终端用 ODF 架位置及端口的使用情况，并画出端口面板图记录使用和剩余端口情况。

（3）勘察引接时间同步信号的分组设备的位置，测量并记录从时间同步设备终端 ODF 和 FE 端口至分组设备的 GE、FE 业务侧端口需要布放的线缆型号及长度。

（4）勘察引接时间同步信号的 DWDM 设备的位置，测量并记录从时间同步设备终端 ODF 至 DWDM 设备的外同步输入口需要布放的线缆型号及长度。

（5）时间同步设备的定时信号源主用是 GPS，备用是地面链路。因此，还需调查原大楼时钟同步系统（BITS）2M 输出电路的情况，必要时需提取 1 路 2M 信号作为时间同步设备的地面链路信号源。因此，需勘察原大楼时钟同步系统（BITS）终端用 DDF 的位置，测量并记录从时间同步设备至原大楼 BITS 设备终端用 DDF 需要布放的线缆型号及长度。

勘察完成后，应对时间同步设备（BITS）终端端口的勘察资料整理并归档，尽快向建设方运行维护部门进行预占 BITS 端口资源的申请。

2.4.2.6 传输网管勘察

传输网络管理网可划分为 3 层：网元层（NEL）、网元管理层（EML）、网络管理层

（NML）。相应的传输网络管理系统分为网络级网管、网元级网管、子网管理系统。网络级网管位于网络管理层，网元级网管位于网元管理层。网络管理系统和网元通常采用以太网的连接方式。网络管理系统除了网管服务器之外，有时根据工程情况还会配置本地维护终端、远程反拉终端、LCT 等。图 2-6 和图 2-7 表示了常见的网管连接方式，既有本地连接，也有异地连接。

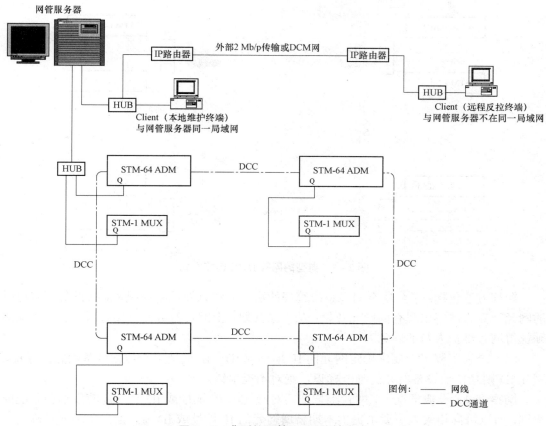

图 2-6　典型的网管 DCC 连接方式

工程设计中经常会遇到两种情况：一是需要新建网管系统，二是利用现有的网管系统，将新建工程的网元接入现有的网管系统，通常也叫利旧。应注意这两种情况的勘察具体内容有所不同。下面分别介绍新建网管和利旧网管的勘察。

1. 利旧网管的勘察

利旧网管勘察时，应注意了解以下一些内容：

（1）应了解现有网管管理的设备，与本工程设备是否为同类同版本设备。

（2）网络管理系统的软件版本对新增设备是否兼容；网管服务器硬件配置的管理能力，例如：可以管理多少网元，如何定义网元等。勘察方法包括：向网管人员了解；从厂家获取；上网管服务器直接看（这种情况必须征得网管维护人员的同意）。

（3）现有网管的安装位置与连接方式是否配置了反拉终端。

（4）网络现有的网元数量。

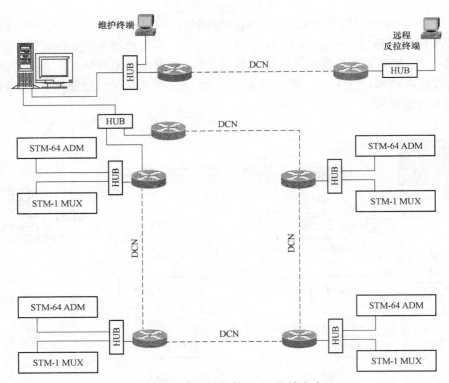

图 2-7 典型的网管 DCN 连接方式

勘察方法包括：了解现有网管系统管理的所有系统以及设备情况，根据设备厂家提供的网元计算方法得出现有的网元数量；从厂家获取；上网管服务器直接查看（这种情况必须征得网管维护人员的同意）。

（5）个别工程可能要求确定网元的 IP 地址或 ID。IP 地址用于传输设备网元的寻址，网元 ID 则是传输设备网元的唯一标识，绝对不能出错。

勘察方法：一般情况下，网管维护部门对网元的 IP 地址或 ID 有一定的规划和分配的原则，所以可向相关人员要求提供本期新增网元的 IP 地址或 ID 号。也存在勘察时确定不了 IP 地址或 ID 的情况，可在勘察之后再通过电话进行了解。

2. 新建网管的勘察

新建网管勘察时，应注意了解以下一些内容：

（1）应确定新装网管设备的安装位置与连接方式；是否利用 DCN 网。确定网线的走线路由。

（2）如需配置路由器、交换机等设备，确定供电方式（交流/直流）。勘察方法包括：

① 所需配置的路由器、交换机采用交流供电方式，一般情况下安装在网管监控室，有专门的集装机架，在集装机架确定路由器、交换机的安装位置；集装机架一般架顶有电源分配单元，供电给架内安装的设备，如架顶没有电源分配单元，则要在附近的交流插座引电。

② 所需配置的路由器、交换机采用直流供电方式，一般情况下安装在设备所在的机房，如有专门的集装机架，优先安装在集装机架，并由集装机架架顶的熔丝分配单元引电；在没有专门的集装机架的情况下，可考虑安装在设备机架中，采用适当的方法固定，并由

设备机架架顶引电。

（3）如需配置 UPS，确定 UPS 的容量、安装位置、引电方式。勘察方法包括：

① 确定 UPS 的安装位置。

② 根据 UPS 的容量确定引接的交流开关的大小，由 AC 屏找到合适的交流开关，确定交流电源线的走线路由，要求尽量避免在设备机房内走交流电源线。无法避免的情况下要加 PVC 管，交流电源线从 PVC 管中通过。

③ UPS 的输出可根据建设方的意见分配到网管监控室的各个交流插座。

（4）个别工程建设单位可能要求确定网元的 IP 地址或 ID。可采取如下方法：

一般情况下，网管维护部门对网元的 IP 地址或 ID 有一定的规划和分配的原则，所以可向相关人员要求提供本期新增网管服务器、维护终端以及新增网元的 IP 地址或 ID 号。

也存在勘察时确定不了 IP 地址或 ID 号的情况，可在勘察之后再通过电话进行了解。

（5）注意考虑网线布线距离的限制，这与网线类型有关。

3. 网管交流电源的引接

网管交流电源引接的勘察主要是要了解清楚在哪里接电源；是否有空余的开关，如果有，应查清楚是什么型号、规格，它的额定电流多大，如果没有，是否有位置可以加装等。至于如何选择电力电缆的导线截面和如何选用保护开关，将在后面的"通信设备的供电与接地"部分做详细介绍。

勘察交流电源时，应注意目前在部分局（所）对电源的管理比较混乱，不顾各种配电屏（柜）的具体使用情况而乱拉电，使用不当的现象较多，特别是对一些用电量较少的设备，如数据、接入网等此类情况更甚。在勘察交流电源时，应特别注意查清源头，不可轻信就近接电。尽可能从通信大楼（或局/所）低压配电室的低压配电屏（柜）接电。如由于条件限制不可能实现，则建议从本工程所在的楼层所配置的低压配电屏（箱）接电。接电的交流输出端子要留有一定的富余量，一般为本工程最大用电量的 20%～30%。在为工程使用的 UPS 申请交流供电端子时，交流端子的额定输出值最少要大于 UPS 设备输出值的 30%，以保证安全用电。

2.4.3　记录分类与要求

2.4.3.1　记录分类

1）纸质类资料

与建设主管沟通记录的资料，现场勘察记录的机房、设备资料，绘制的相关图纸，勘察记录表格，备忘录等。

2）音像类记录

可采用其他方法如现场照相、摄像、录音、彩信等记录现场情况，有助于完善现场记录资料。音像记录资料存储时应做好标记。

2.4.3.2　记录要求

1）机房现场勘察计量工具的要求

现场勘察用计量工具如测距仪、盒尺、皮尺等应为公司现场勘察测量的工具。

2）现场勘察手写记录工具的要求

现场手写记录工具要求使用钢笔、水笔，禁止使用圆珠笔、铅笔，若现场必须使用圆珠笔、铅笔进行记录时，应及时将记录资料进行复印，以利于勘察资料的保存。

3）现场记录质量要求

现场记录纸质资料要求清晰、整洁、规范，确保非勘察参与人员能够看明白，以利于勘察资料的传递和保存。音像资料要求清晰完整。

4）现场勘察的确认

现场勘察记录资料，必要时请勘察陪同人员签字确认。

2.4.3.3 资源情况

对资源勘察情况进行汇总，对于满足项目需求的，应得到建设方确认；不满足的，应将现场资源占用情况详细记录，并将项目需求情况一并提交给建设方，并督促建设方进行落实。

2.4.4 勘察资料整理

2.4.4.1 资料整理

将勘察结果进行汇总，包括节点设置方案、设备方案、网络组织方案、配套方案、资源需求等，并与建设主管进行沟通确认。有不同意见时，及时沟通并达成一致意见。

2.4.4.2 勘察归档

勘察资料归档时，按照勘察资料归档的要求对勘察资料进行有序的编码标示，以便需要时查阅。

2.4.5 勘察注意事项

2.4.5.1 离开勘察现场前的注意事项

（1）对照勘察表检查各项是否记录完全。

（2）检查勘察工具是否带全，避免遗失。

（3）填写出入机房记录，关闭机房照明灯。

（4）锁好机房门。

2.4.5.2 每天需及时做的整理工作

（1）尽量当天把勘察资料整理完毕。

（2）有问题时，要及时与局方及设计方项目负责人、相关领导汇报。

（3）及时汇报勘察进度，项目负责人要结合进度要求，实施勘察工作。

（4）确定第二天勘察计划，并与建设主管联系，进行现场勘察通知，从而提高工作效率。

2.4.6 勘察实例

例如，××市局传输机房新增一套华为 NE40E-X8 设备，机架尺寸 2 200 mm ×

600 mm×800 mm，勘察内容及步骤如下：

（1）准备相关勘察资料及勘察工具。

（2）根据机房现有设备安装情况与摆放原则，确定新增 NE40E-X8 设备安装位置及机架面向，在草图上进行记录。

（3）勘察新增设备列的列头柜资源情况，根据空开规格和空闲情况确定新增 NE40E-X8 设备引接端子。如现有列头柜空闲空开资源无法满足需求，可根据情况选择更换空开、扩容空开组、新增列尾柜等方案；如现本列为新起列，无列头柜可利旧，可直接考虑新增列头柜方案。

（4）新增列头柜需要勘察自本机房分支柜引电或自动力室直流屏引电。

（5）勘察记录电源系统现网负荷情况，根据新增设备功耗，测算电源系统是否满足需求，如不满足，需记录好需求，并提供给电源专业解决。

（6）勘察记录电源线布放路由和长度，并测算新增列头柜所需电源线线径。

（7）勘察记录外线 ODF 位置及所需外线方向的空闲端子。

（8）勘察记录落地 ODF 位置及空闲单元、端子，如不满足需求，需考虑扩容 ODF 单元或新增 ODF 设备，注意记录现有 ODF 设备厂家、型号，作为建设单位采购的依据。

（9）勘察记录光纤布放路由和长度。

（10）根据线缆布放路由，勘察走线架设置及占用情况，对于不能满足布放需求的情况，考虑新增补建走线架，并与机房现有走线架整体规划尽量保持一致。

2.5　传输工程设计方案

2.5.1　传输工程相关标准及设计准则

（1）2021 年 4 月××公司《关于××工程一阶段设计的委托》。

（2）2021 年 3 月××公司《关于××工程的立项批复》。

（3）2021 年 3 月××公司编制的《××工程的可行性研究报告》。

（4）2020 年 9 月《××公司网络投资规划指导意见》。

（5）2014 年 7 月 1 日工业和信息化部发布实施的 2014 年第 32 号 YD 5092—2014《波分复用（WDM）光纤传输系统工程设计规范》。

（6）2014 年 7 月 1 日工业和信息化部发布实施的 2014 年第 32 号 YD 5208—2014《光传送网（OTN）工程设计暂行规定》。

（7）2020 年 1 月 1 日工业和信息化部发布实施的【2019 年第 48 号】公告 YD/T 1990—2019《光传送网（OTN）网络总体技术要求》。

（8）2006 年 10 月 1 日原信息产业部发布实施的信部规【2006】453 号 YD/T 5026—2005《电信机房铁架安装设计标准》。

（9）2006 年 10 月 1 日原信息产业部发布实施的信部规【2006】486 号 YD 5059—2005《电信设备安装抗震设计规范》。

（10）2014 年 7 月 1 日工业和信息化部发布实施的 2014 年第 32 号 YD/T 5211—2014《通信工程设计文件编制规定》。

（11）2010 年 3 月 1 日工业和信息化部令第 11 号《通信网络安全防护管理办法》。

（12）2020 年 1 月 1 日工业和信息化部发布实施的【2019 年第 48 号】公告 YD/T 5054—2019《通信建筑抗震设防分类标准》。

（13）2014 年 7 月 1 日工业和信息化部发布实施的 2014 年第 32 号 YD 5201—2014《通信建设工程安全生产操作规范》。

（14）2008 年 1 月 14 日原信息产业部发布实施的 YD/T 1728—2008《电信网和互联网安全防护管理指南》。

（15）2008 年 1 月 14 日原信息产业部发布实施的 YD/T 1754—2008《电信网和互联网物理环境安全等级保护要求》。

（16）2008 年 1 月 14 日原信息产业部发布实施的 YD/T 1756—2008《电信网和互联网管理安全等级保护要求》。

（17）2010 年 1 月 1 日工业和信息化部发布实施的 YDT 1744—2009《传送网安全防护要求》。

（18）2012 年 5 月 1 日住房和城乡建设部、国家质量监督检验检疫总局联合发布实施的 GB 50689—2011《通信局（站）防雷与接地工程设计规范》。

（19）××公司 2021 年与设备厂家签订的主设备采购清单。

（20）建设单位对本工程建设的建议。

（21）建设单位提供的相关资料。

（22）设计人员现场勘察记录的资料。

2.5.2　传输工程设计原则

（1）WDM/OTN 扩容时，应加强 100G WDM/OTN 系统资源利用率分析，坚持效益优先原则，持续优化网络资源配置。

（2）PeOTN 的覆盖应坚持业务需求导向，聚焦大颗粒、高价值客户场景需求。

（3）持续推动老旧 MSTP/SDH 设备退网。

（4）5G 承载可根据 5G 站址属性、BBU 集中放置点属性，深度推动共建共享合作，充分利旧现有资源，减少投资，实现效益最大化。

（5）充分挖潜利旧现网资源，多维度、多方案对比，保证 TCO 最优。

2.5.3　设计方案

详细分析业务需求，梳理网络资源现状，依据设计原则，定位业务承载方式，充分挖潜利旧现网资源，制订合理建设方案，确定设备配置规模。

例如：A 地市新建 PeOTN 工程设计方案。

A 地市新建 1 个 PeOTN 核心汇聚环，覆盖 2 个核心节点、4 个汇聚节点。光层组采用 40 波 DWDM 系统，组建为 1 个核心汇聚环；电层通过配置 U401 板卡，采用共享波道的方式，组建 1 个 100G 环，并配置 U210 板卡，用于下挂接入层或直连客户端。共计新增 40 波光平台 OSN 9600 设备 12 端、电平台 OSN 9600 M24 设备 6 端、U401 板卡 12 块、U210 板卡 6 块。

拓扑图和波道配置分别如图 2-8（a）和图 2-8（b）所示。

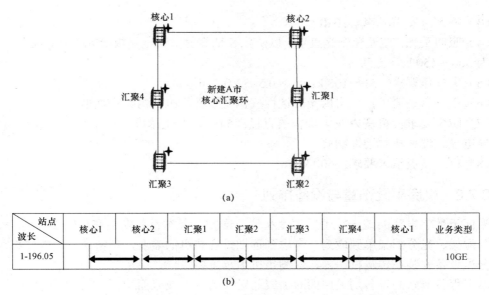

图 2-8　A 地市新建 PeOTN 工程设计拓扑图（a）和波道配置（b）

2.6　设备选型及配置

本工程充分依据业务承载需求进行设备配置，同时考虑网络发展趋势，在满足承载需求的基础上，兼顾网络优化需求并留有一定冗余，保证网络的健壮性和安全性。

主要设备的类型及分局站配置填入表 2-12 中。

表 2-12　设备选型及配置表

局站	项目	厂家	设备型号	单位	数量

2.7　传输设备安装设计

2.7.1　机房环境

机房环境要求清洁无尘，不结露，光线明亮，并辅以紧急照明灯具。机房必须设置自动烟火报警装置，大型机房应设置卤代烷 1301 自动消防系统，并备有 1301 灭火器。严禁使用自动喷洒装置。机房应避免污染、鼠害和虫害。

环境要求具体如下：

（1）机房环境温度：15～30 ℃。

（2）湿度：40%～65%。

（3）噪声：室内噪声≤70 dB。

（4）照明采光：应避免阳光直射，以防止长期照射引起电路板等元件老化变形，平均照度为 300～450 lx，无眩光。

（5）大气压要求：51～108 kPa（−0.5～+0.5 m）。

（6）空气污染要求：机房内无腐蚀性气体及烟雾，机房内禁止抽烟。

（7）防尘要求：机房内灰尘颗粒的直径<5 μm，灰尘浓度<3 万粒/m³，灰尘微粒应为非导电导磁性和非腐蚀性物质。

（8）机房楼板承重要求：600 kg/m²。

2.7.2 机房平面布置与设备排列

为便于数字电路的统一管理、调度和便于维护，各站设备安装在传输/综合机房内，数字分配架、光分配架单独成列。考虑到远期扩容装机的需要，预留了一定的装机位置。新增分组设备安装在传输机房内，应满足机房承重要求。

本工程各局站的设备均采用面对面或面对背的单面或双面排列。设备安装方式原则上与原有机房的安装方式一致。

光纤、电力线、通信线及网管线、时钟线在同一槽道中要分开布放，光纤采用穿保护套管或尾纤槽方式布放，通信线缆布放尽量与原布放方式相同，保证布线顺畅。

2.7.3 机房走线架

走线架/槽主要是提供不同设备的机架之间、机线之间、不同专业机房之间配线的布放安装。对较小的机房，走线槽包含列走线槽、主走线槽（二层设计）；对较大的标准综合机房，走线槽通常包含列走线槽、主走线槽、过桥走线槽（三层设计），并且还考虑专用走线槽（光纤保护槽、光缆槽、电源槽等）。

2.7.4 电源系统

本工程−48 V 直流电源供电系统，可根据机房现有供电方式，采用列辐射方式。−48 V 电源由交直流配电屏引至列头柜，在列内通过列头柜分熔丝按架辐射至各机架。

传输设备功耗及熔丝选用详见表 2−13。

表 2−13　传输设备功耗及熔丝选用表

厂家	设备类型	设备型号	单机最大功耗/W	选用熔丝
华为	波分	OSN 9600		×主×备 63 A
中兴	波分	ZXONE 9700		
烽火	波分	Fonts 6000		

2.7.5　线缆选择与布放

本工程所用传输设备至 ODF 的线缆及传输设备至电源设备间的电力线缆由主设备厂家提供；ODF 之间的跳纤及新增列头柜/电源分支柜自电源分支柜/直流屏引接的电源线由建设单位采购。

本工程所用通信线缆和电力线缆的选用具体型号为：

1）尾纤

LC/PC-FC/PC 软光纤（主设备厂家提供）

FC/PC-FC/PC 软光纤（跳纤，建设单位采购）

2）电力线

RVVZ 1×16 mm^2（主设备厂家提供）

RVVZ 1×25 mm^2（主设备厂家提供）

RVVZ 1×70 mm^2（建设单位采购）

RVVZ 1×95 mm^2（建设单位采购）

RVVZ 1×120 mm^2（建设单位采购）

RVVZ 1×150 mm^2（建设单位采购）

2.8　传输工程预算文档编制说明

2.8.1　概述

本预算为××工程一阶段设计预算。说明本工程预算总值除税价，其中需要安装的主设备费、配套设备费、建筑安装工程费、工程建设其他费、建设期贷款利息各为多少。

2.8.2　预算编制依据

（1）1999 年 9 月 10 日计价格【1999】1283 号国家计委关于印发建设项目前期工作咨询收费暂行规定的通知。

（2）2000 年 3 月 22 日河北省物价局、河北省计划委员会联合下发的冀价经费字【2000】第 10 号关于转发《国家计委关于印发建设项目前期工作咨询收费暂行规定的通知》及附件《建设项目估算投资额 3 000 万元以下分档收费标准》《国家发展计划委员会【1999】1283 号文件》。

（3）2002 年 1 月 7 日国家发展计划委员会、建设部联合下发的《国家计委、建设部关于发布工程勘察设计收费管理规定的通知》（计价格【2002】10 号）。

（4）2010 年 3 月 1 日中华人民共和国工业和信息化部发布实施的 YD 5192—2009《通信建设工程量清单计价规范》。

（5）2012 年 2 月 14 日财企【2012】16 号财政部国家安全生产监督管理总局关于印发《企业安全生产费用提取和使用管理办法》的通知。

（6）2016 年 12 月工业和信息化部印发的工信部通信【2016】451 号《关于印发信息通信建设工程预算定额、工程费用定额及工程概预算编制规程的通知》。

（7）2019年3月工信厅通信函【2019】49号《工业和信息化部办公厅关于做好2019年通信建设安全生产工作的通知》。

（8）运营商下发的关于可行性研究费、设计费、施工费、监理费采购中标折扣的通知。

2.8.3　有关费率及费用的取定

（1）主设备、配套设备及材料费用的取定，采用建设单位与相关厂家签订的供货清单、招标价格或对有关厂家的询价方法计取。

（2）建设期利息按照年利率4.35%计取，计取半年。

（3）建筑安装工程费用预算表规费以人工费为取定基数，不得作为竞争性费用，人工费单价按照技工114元/工日、普工61元/工日计取。

（4）列明可行性研究费、设计费、监理费计取公式。比如设计费（除税价）＝工程费（除税价）×设计费率×专业调整系数×工程复杂程度调整系数×附加调整系数×折扣率。

（5）安全生产费（除税价）＝建筑安装工程费（除税价）原值×1.5%。

2.9　实做项目及教学情境

实做项目一：进行通信传输机房勘察

目的要求：了解通信传输工程勘察的过程，掌握通信传输工程勘察工具的使用方法，了解相关注意事项。

实做项目二：查阅相关的设计规范

目的要求：了解传输工程设计的规范及相关规定，理解概预算文档的编制流程。

本 章 小 结

1. 通信工程设计咨询的作用是为建设单位、维护单位把好工程的"四关"：

（1）网络技术关。

（2）工程质量关。

（3）投资经济关。

（4）设备（线路）维护关。

2. 传输网络自上而下分为骨干网、城域网、接入网。某电信运营商CN2网络国内网络分为核心层、汇聚层、边缘层和业务层，各省公司CN2网络采用三层架构，分为P、PE、CE三个层面。

3. 机房设备布置的勘察应注意以下事项：

（1）应预先了解本工程项目安装的各种设备的数量、可能采用的厂家设备以及各种设备的机架尺寸，同时应注意了解设备是否是背靠背安装。

（2）设备的布置应注意单列设备正面朝向入口处。

（3）应预先准备好机房槽道的平面图，将各种线缆的路由走向用不同颜色线条标示。

（4）要求按照机房现有设备编号方法进行记录。

（5）应注意记录ODF和DDF面板图，对于利旧设备的面板图，应标明哪些已用、哪些本工程可以占用。

（6）要调查记录现有机房光配线架适配器类型、DDF 端口阻抗及端子的类型。DDF、ODF 端子排列方式尽量与原有规则一致，同时注意征求维护人员意见并与建设单位人员确认。

4. 较小的机房走线槽包含列走线槽、主走线槽（二层设计）；较大的标准综合机房走线槽通常包含列走线槽、主走线槽、过桥走线槽（三层设计），并且要考虑专用走线槽。在平面图上将现有走线槽道和需要新增的走线槽道画出，将需要安装的设备和需布放的缆线标示清楚，然后根据机房走线槽实际情况逐一进行核实，并确定走线路由及具体位置。再将布放的各缆线的长度进行测量。最后将确定的结果记录在图纸和相关的勘察表上。

5. 资料整理内容包括：将勘察结果进行汇总，包括节点设置方案、设备方案、网络组织方案、配套方案、资源需求等，并与建设主管进行沟通确认。

6. 传输工程设计原则

（1）WDM/OTN 扩容时，应加强 100G WDM/OTN 系统资源利用率分析，坚持效益优先原则，持续优化网络资源配置。

（2）PeOTN 的覆盖应坚持业务需求导向，聚焦大颗粒、高价值客户场景需求。

（3）持续推动老旧 MSTP/SDH 设备退网。

（4）5G 承载可根据 5G 站址属性、BBU 集中放置点属性，深度推动共建共享合作，充分利旧现有资源，减少投资，实现效益最大化。

（5）充分挖潜利旧现网资源，多维度、多方案对比，保证 TCO 最优。

复习思考题

2-1　主要的传输技术有哪些？

2-2　谈一下主要电信运营商的传输网络架构。

2-3　简述传输系统勘察的内容及注意事项。

2-4　简述传输工程的设计原则。

2-5　传输设备安装设计包括哪些项目？

2-6　简述通信传输工程勘察的流程。

第 3 章　数据中心机房工程设计及预算

本章内容

- 数据中心基础
- 数据中心机房工程勘察与设计
- 数据中心机房设备选型
- 数据中心机房工程设计与概预算文档编制

本章重点

- 数据中心机房工程勘察与设计方法
- 数据中心机房工程的设备和器材选型
- 数据中心机房工程预算编制方法

本章难点

- 数据中心机房工程中设计方案的确定
- 数据中心机房工程中的设备和器材选型
- 数据中心机房工程设计与预算文档的编制

本章学习目的和要求

- 了解数据中心机房的组成
- 理解数据中心机房工程的设计流程
- 掌握数据中心机房工程勘察与设计的方法
- 熟练掌握数据中心机房工程预算编制的方法

本章课程思政

- 结合数据中心的建设案例，介绍云计算、大数据的发展，培养学生终身学习的习惯

本章学时数：建议 8 学时

探　讨

- 简述数据中心机房的作用。
- 列举数据中心机房的主要设备。
- 简述数据中心机房设计的主要内容。

3.1　数据中心机房工程概述

3.1.1　数据中心机房概述

随着数字经济的发展，国内各个行业的数据大规模集中，数据中心作为规划各行业经济发展、企业发展的运营数据的存储载体，指引企业运营与发展的作用日益突出。国内外电子商务公司、互联网公司、电信运营商、金融企业和政府等主体为满足自身需要，在法律规范允许的范围内，建设大量的数据中心。

数据中心（Data Center）通常是指能够实现对数据信息的集中处理、存储、传输、交换等功能的数据信息化管理系统。数据中心的主要设备包括服务器设备、网络设备、通信设备、存储设备等关键设备。数据中心的基础设施是指为确保数据中心的关键设备和装置能安全、稳定和可靠运行而设计配置的机房基础环境。数据中心机房工程的建设可以保障数据中心的系统设备的正常运营管理，保障数据信息安全，为用户对数据的管理和使用提供方便。

1. 相关规范

目前国内外关于数据中心有关的工程建设标准主要包括《电子计算机机房设计规范》（GB 50174—92）、《电信专用房屋设计规范》（YD/T 5003—2005）、美国通信工业协会（TIA）发布的《数据中心的通信基础设施标准》（ANSI/TIA-942—2005）等。这些规范给出了数据中心的建设定位、功能指标、设计技术、施工工艺、验收标准等的具体技术要求，并且为数据中心机房工程的建设提出了新的设计理念、系统构架与技术指标，并给出技术与系统工程的建议与指导。

《数据中心的通信基础设施标准》（ANSI/TIA-942—2005）由美国电信行业协会（TIA）的 TR-42.2 委员会制定，并由美国国家标准协会（ANSI）和电信行业协会（TIA）于 2005年 4 月联合发布该标准的第一个版本。该标准中提到的数据中心包括政府或企业所有的数据中心，也包括运营商用于租赁服务的公用数据中心。此标准描述了各种数据中心或机房中通信基础设施的最低要求。

2. 数据中心机房的分级

在国内标准《电子计算机机房设计规范》（GB 50174—92）中，主要从机房选址、建筑结构、机房环境、安全管理及对供电电源质量要求等方面对机房进行分级，可分为 A（容错型）、B（冗余型）、C（基本型）三个级别。

1）建筑分级

建筑 T1 级别。对于可能引起数据中心瘫痪的人为的或自然灾害不做任何建筑防护措施；设备区地面活荷载不小于 7.2 kPa，同时楼面另需满足 1.2 kPa 的吊挂活荷载。

建筑 T2 级别。T2 机房除应满足所有 T1 机房的要求外，还应有建筑防护用于避免由于自然灾害或人为破坏造成的机房瘫痪；机房区域的隔墙吊顶应能阻止湿气侵入而破坏机械设备的使用；所有安防门应为金属框实心木门，安防设备间和安保室的门应提供 180°全视角观察孔；所有的安防门必须为全高门（由地面到吊顶）；安保设备间及安保室的隔墙必须为硬质隔墙并加装厚度不小于 16 mm 的三合板，至少每隔 300 mm 用螺丝固定；设备区地面活荷载不小于 8.4 kPa，同时楼面另需满足 1.2 kPa 的吊挂活荷载。

建筑 T3 级别。除满足 T2 要求外，还应满足如下要求：需提供备用的出入口和安全监察点；提供备用安全出入道路；机房外墙上不能有外窗；建筑系统应提供电磁屏蔽保护；钢结构应提供电磁屏蔽保护；屏蔽层可以是贴铝箔的板材或金属网；机房入口应设置防跟入系统；对于冗余的设备，应提供物理隔断，以降低同时宕机的可能性；应设置防护栅栏，以控制非正常侵入事件，同时，建筑外围应设置微波探测和视频监控系统；厂区应设置门禁控制系统；机房区、动力区应设置门禁系统，并提供门禁控制中心监控系统；设备区地面活荷载不小于 12 kPa，同时，楼面另需满足 2.4 kPa 的吊挂活荷载。

2）基础设备分级

在美国标准《数据中心的通信基础设施标准》中，根据数据中心基础设施的"可用性（Availability）""稳定性（Stability）"和"安全性（Security）"，把数据中心分为四个等级：Tier I、Tier II、Tier III、Tier IV。在该标准中，依据工程需求与实践，提出了数据中心基础设施的分类等级的体系框架，以期数据中心的关键设备达到 99.999% 的系统应用可用性的需求。为此，对机房场地基础设施（电源配电、暖通空调，以及其他的相关系统）提出了与之相匹配的可用性等级指标。根据 TIA-942 标准，数据中心机房可分为四级：由等级 Tier I 没有冗余部件组成的系统（可提供 99.671% 的可用性）到等级 Tier IV 有冗余部件（能够故障容错）和实现不间断维修的系统（可提供 99.995% 的可用性）。根据该标准，场地的可用性分成四个层级，下面将分别从其数据中心基础设施等方面，分类介绍四个层级各自的特性及要求：

Tier I 即基本数据中心。Tier I 的数据中心对来自有计划和无计划的运营中断反应敏感（影响较大）。数据中心配有计算机电力分配和冷却，但是不一定具备架高的活动地板以及 UPS 或者发电机。在这些系统上，关键的负荷能达 100%。如果具有 UPS 或者发电机，系统是单个模块的系统并且有很多单个故障点。一个年度内场地内基础设施可能因为预防性检修和修理的需要被完全关闭停运，并且在紧急状态下系统可能需要频繁地关闭场内设施。场地内基础设施的器件故障、操作错误等问题将引起数据中心运营的中断。Tier I 和冷却没有多余的组成部分，提供 99.671% 的可用性。

Tier II 即基础设施部件冗余。Tier II 的数据中心采用设备部件冗余要比 Tier II 基本数据中心级别高，因此，有计划和无计划的中断对运营的影响减小。场地内有架高的活动地板，具有一台 UPS 和发电机，动力的能力设计是 $N+1$，采用单一的分配线路。关键的负荷能达到 100%。进行关键线路的维修和场地基础设施的维修时，需要一次性处理关闭中断。Tier Ⅱ 的电力和冷却分配由一条单通路组成，具有冗余组成部分，提供 99.749%的可用性。

Tier Ⅲ 即基础设施同时可维修。Tier Ⅲ 的数据中心在进行任何有计划的场地基础设施维护等活动时，系统运行不中断。有计划的活动包括预防性和程序性的维修、修理和替换零部件、添加或调整部件的容量、部件和系统的测试。对使用冷冻水系统的大型场地有两套独立的管路。具有足够的备份能力，在进行维修或者在其他管路上测试时，系统运行不受影响。在发生突发状况时，例如设备基础设施的零部件在运行中或者自然情况下发生故障，可能引起数据中心的运行中断。在一个系统上，关键的负荷不超过 90%。当客户的业务需要得到正当、合理的额外保护时，Tier Ⅲ 的可以升级成 Tier Ⅳ 的场地。Tier Ⅲ 由多条有效的电力和冷却通路组成，但是只一条通路主用，其余通路是备份，并且同时是可维修的，提供 99.982%的可用性。

Tier Ⅳ 即基础设施故障容错。Tier Ⅳ 的数据中心能够进行任何有计划的活动，不会对关键的负荷造成中断。基础设施故障容错的功能，使得场地基础设施可以维持系统运行，因而在发生无计划的故障或者事件时，不影响关键的负荷。在双电源系统配置中，指定主要通路。电力系统供应表示为每个有 $N+1$ 冗余的两个单独的 UPS 系统。在一个系统上涉及的关键负荷不超过 90%。Tier Ⅳ 需要全部硬件有故障容错的双电源输入。严格的故障容错测验使数据中心具有维持无计划故障或者运行错误时，不发生数据中心机房过程中断的能力。Tier Ⅳ 由多条有效的电力和冷却分配道路组成，有冗余的组成部分，并且当故障发生时具有容错能力，提供 99.995%的可用性。

3）绿色节能等级

数据中心绿色分级根据能源效率、节能技术、绿色管理三个维度进行评估，对能源效率、节能技术、绿色管理三个维度的具体项目进行评分。

能源效率评价的依据为 PUE（PUE＝数据中心总耗电/IT 设备耗电）测量值。对于测量时间和频率，建议以月为周期提供数据中心月总耗电、数据设备月总耗电和当月PUE 值。

节能技术评价的依据为数据中心的数据设备、供配电设备、制冷设备及其他设备是否采用了相关节能技术，并取得了较好的节能效果。

绿色管理评价的依据为是否成立数据中心节能工作小组，有专人负责节能事务；是否进行节能管理方面的工作制定；是否建立日志管理系统，定期统计、计算分析 PUE 等指标，并不断提升等。

在此基础上，设置了加分项目，数据中心建筑获得国内外知名绿色建筑认证（美国LEED、英国 BREEAM 等），或采用自主可再生能源（如太阳能、风能、水能等）进行供电，或对自身产生的热量进行再利用，均可进行加分。

根据评分得到该数据中心对应的等级。数据中心的 5A 能力，是指被认证授权的任何人，在任何有网络的地方，在任何时间，可以用任何终端设备，能安全地消费应用和数据，以完成工作、学习、生活上的需要。

数据中心所体现出来的 5A 能力，就是让用户安枕无忧地消费应用和数据，满足消费应用和数据用户的需求最为关键，为用户提供快速、简单、容错、方便的访问，提升用户体验感。数据中心的绿色等级表见表 3-1。

表 3-1　数据中心绿色等级表

评级	1A	2A	3A	4A	5A
分数	[0, 60]	[60, 75)	[75, 85)	[85, 95)	[95, 110]

由于计算机设备的集成度越来越高，网络化程度也越来越高，所以信息系统更加依赖于高可靠的网络中心的不间断运行。网络中心的高可靠运行需求，给机房场地环境带来了更高的要求，如图 3-1 所示。

图 3-1　数据中心机房图

3.1.2　数据中心机房工程概述

随着数据中心建设水平的提高，数据中心机房建设对环境的要求越来越高。主要涉及电子工艺、建筑结构、空气调节、给水排水、电器技术和消防安全等多个专业。建设中需要综合考虑温湿度、洁净度、电磁场强度、防静电、供配电、接地与防雷、消防安全等问题，为数据中心系统稳定、可靠的运行提供良好的工作环境。该机房组成如图 3-2 所示。

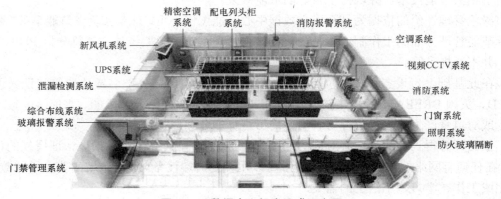

图 3-2　数据中心机房组成示意图

1. 建设内容

数据中心机房建设内容包括机房基础环境装修系统、机房布线系统（网络布线、电话布线、卫星线路等布线），机房屏蔽、防静电系统（屏蔽网、防静电地板等），机房防雷接地系统，机房保安系统（防盗报警、监控、门禁），机房环境监控系统，机房专业（精密）空调通风系统，机房服务器及网络设备机柜/机架，机房照明及应急照明系统，机房配电系统，机房设备远程控制管理系统。

2. 建设标准及要求

工程中的数据中心机房建设是保证计算机网络设备和系统正常运转的关键。为保证系统可靠运行，需按照标准规范科学地设计高标准的建设运行环境。

1）机房标准规范

主机房建设工程必须遵循国家机房设计标准规范的要求。计算机机房在多层建筑或高层建筑物内一般应设于第一、二、三层，水源充足，电力稳定可靠，应远离产生粉尘、油烟、有害气体以及贮存具有腐蚀性、易燃、易爆物品的仓库等；远离强震源和强噪声源；避开强电磁场干扰（如广播发射台、雷达站、高压线等）。此外，还应具备下列条件：

（1）温湿度要求。当机柜或机架采用冷热通道分离方式布置时，主机房的环境温度和露点温度应以冷通道的测量参数为准；当电子信息设备未采用冷热通道分离方式布置时，主机房的环境温度和露点温度应以送风区域的测量参数为准。主机房的环境温度、相对湿度和露点温度有推荐值和允许值，按推荐值设计的主机房，对电子信息设备在可靠性、能耗、使用性能、寿命等方面更有利。当电子信息设备对环境温度和相对湿度可以放宽要求时，主机房环境温度、相对湿度和露点温度可采用允许值进行设计。对环境的温度、湿度要求，建议温度是 18～27 ℃，露点温度为 5.5～15 ℃，相对湿度不大于 60%。

（2）数据机房对空气的洁净度、新鲜度和流动速度的要求。新风量供给按每人每小时不小于 40 m³ 或室内总送风量的 3%。主机房的空气粒子浓度，在静态或动态条件下测试，每立方米空气中粒径大于或等于 0.5 μm 的悬浮粒子数应少于 17 600 000 粒。

（3）数据机房对电源、电压、频率和稳定性、后备时间的要求。电源频率：（50±0.2）Hz、电源电压：380 V/（22±5）V。为增加数据中心备用电源的可靠性，增加后备柴油发电机组性能要求，后备柴油发电机组的性能等级不应低于 G3 级；A 级数据中心发电机组应连续和不限时运行，发电机组的输出功率应满足数据中心最大平均负荷的需要。B 级数据中心发电机组的输出功率可按限时 500 h 运行功率选择。在国家标准 GB/T 2820.1《往复式内燃机驱动的交流发电机组　第一部分：用途、定额和性能》中将发电机组的性能分为G1、G2、G3、G4 级，由于数据中心对发电机组的输出频率、电压和波形有严格要求，故要求发电机组的性能等级不应低于 G3 级。发电机组应连续和不限时运行是 A 级数据中心的基本要求，最大平均负荷是指按需要系数法对电子信息设备、空调和制冷设备、照明等容量进行负荷计算得出的数值。确定发电机组的输出功率还应考虑负载产生谐波对发电机组的影响。在国家标准 GB/T 2820.1《往复式内燃机驱动的交流发电机组　第一部分：

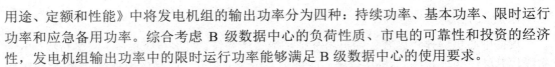

用途、定额和性能》中将发电机组的输出功率分为四种：持续功率、基本功率、限时运行功率和应急备用功率。综合考虑 B 级数据中心的负荷性质、市电的可靠性和投资的经济性，发电机组输出功率中的限时运行功率能够满足 B 级数据中心的使用要求。

（4）从安全角度出发，增加备用电源设计要求和接地做法。3～10 kV 备用柴油发电机系统中性点接地方式应根据常用电源接地方式及线路的单相接地电容电流数值确定。当常用电源采用非有效接地系统时，柴油发电机系统中性点接地宜采用不接地系统；当常用电源采用有效接地系统时，柴油发电机系统中性点接地可采用不接地系统，也可采用低电阻接地系统。当柴油发电机系统中性点接地采用不接地系统时，应设置接地故障报警。当多台柴油发电机组并列运行，且采用低电阻接地系统时，可采用其中一台机组接地方式。我国电力系统常用的接地方式分为两大类，即中性点非有效接地系统和中性点有效接地系统。非有效接地系统包括中性点不接地、谐振接地（经消弧线圈接地）和谐振–低电阻接地、高电阻接地系统。有效接地系统在电压 6～35 kV 时为低电阻接地系统。3～10 kV 柴油发电机系统中性点接地方式与线路的单相接地电容电流数值有关。由于数据中心 10 kV 电气设备及电缆数量有限，其单相接地电容电流一般不超过 30 A，故柴油发电机系统中性点接地方式选择不接地系统。当常用电源采用低电阻接地系统，某一回路发生单相接地故障，保护电器动作跳闸不影响数据中心运行时，柴油发电机系统中性点接地方式也可选择低电阻接地系统。当多台柴油发电机组并列运行，接地方式采用其中一台机组接地时，应核算接地电阻的通流容量。1 kV 及以下备用柴油发电机系统中性点接地方式宜与低压配电系统接地方式一致。多台柴油发电机组并列运行，且低压配电系统中性点直接接地时，多台机组的中性点可经电抗器接地，也可采用其中一台机组接地方式。当多台柴油发电机组并列运行时，为减少中性导体中的环流，采用中性点经电抗器接地，或采用其中一台机组接地方式。

（5）数据机房对照明的照度、眩光、均匀度、稳定性、显色性、光效的要求，以及产生有害电磁波的限制及应急照明的要求。照度机房 300～500 lx，应急≥5～10 lx。

（6）数据机房对各房间楼板荷载的要求。主机房荷载要求是 5.0～7.5 kN/m²，配线间及网络设备间荷载要求是 5.0～7.5 kN/m²，电源室荷载要求根据蓄电池摆放形式确定，为 8.0～12 kN/m²，一般工作间荷载要求是 2.5 kN/m²。

（7）数据机房的消防、电磁干扰、安全保密还必须满足机房工作人员的卫生环境要求和对外的形象要求。噪声主操作员位置≤65 dBA。

（8）接地电阻等要求。直流地接地阻值≤1 Ω，零、地电位差≤1 V（大楼共点接地 0.5 Ω），交流工作接地系统接地电阻＜4 Ω，电力系统安全保护接地电阻及静电接地电阻＜4 Ω，防雷保护接地系统接地电阻＜10 Ω。

2）机房划分

（1）按照功能划分。数据中心机房组成应按计算机运行特点及设备具体要求确定，机房面积可根据计算机设备种类、数量及占地面积进行估算。机房设计要综合考虑主机房和配置房间用房，一般分为以下几类：① 辅助工作间类：如网管监控、终端数据录入、备份介质存储等。② 硬件维护、软件调试、培训教室、办公室等工作用房。③ 配套动力用房，包括配电间、发电机房等。④ 辅助用房，包括厕所、楼梯、电梯等。

（2）按照结构与装修划分。数据中心机房在结构上应设独立的出入口，当与其他部门共用出入口时，应避免人流、物流交叉；宜设门厅、休息室和值班室。人员出入主机房和基本工作间应更衣换鞋。机房与其他建筑物合建时，应单独设防火分区。计算机房安全出口不应少于两个，并尽可能设于机房两端。根据运行负荷的重要性程度确定供电电源等级。机房电气系统包括机房区的动力、照明、监控、通信、维护等用电系统，按负荷性质，分为计算机设备负荷和辅助设备负荷，计算机设备和动力设备应分开供电。供配电系统的组成包括配电柜、动力线缆、线槽及插座、接地防雷、照明箱及灯具、应急灯、照明线管。应独立设置计算机设备专用配电柜和辅助设备配电柜。雷击一般分为直击雷和感应雷，在机房防雷系统设计中主要避免感应雷，在配电柜进线侧面的三条火线、一条零线分别并联一个过电压保护装置。

（3）按照机房空调系统划分。根据数据中心机房环境及设计规范要求，主机房和基本工作间均应设置空气调节系统。其组成包括精密空调、通风管路、新风系统。流送回风所采用下送上回、上送下回、上送侧回等方式。新风宜采用经温湿度、洁净度预处理后的新风，与回风混合后送入机房。

（4）按照机房消防系统划分。机房消防系统由烟感、温感等消防报警系统及自动灭火系统组成。根据《电子计算机机房设计规范》（GB 50174—93），计算机主机房应设置气体消防灭火系统。而工作人员房间等辅助间可采用自动喷淋水消防措施。同时，机房应设置火灾自动报警装置和应急广播。

（5）按照机房环境监控系统划分。机房环境监控系统是对机房中的空调设备、UPS设备、配电柜、空调水管有无漏水、机房环境的温湿度等环境参数进行集中监测管理的系统，是机房管理人员实现机房科学管理的重要手段。其组成包括空调系统监控、UPS系统监控、配电系统监控、漏水监测系统、温湿度监测系统。一套好的机房环境监控系统是机房硬件环境系统建设的有力补充，对保障计算机设备正常运行十分必要。

（6）按照机房安全防范系统划分。机房安全防范系统是保障机房安全的重要措施。它对机房内的重点区域进行实时图像监视和录像，对出入口实施门禁控制管理和考勤管理，对有可能发生入侵的场所实施报警管理。它由图像监控系统、门禁系统、防盗报警系统等子系统构成。各子系统之间实行一定的联动管理控制，以实现更优化的安全防范控制。

（7）按照机房综合布线系统划分。机房综合布线系统是架构在机房内部网络高速路。它连接着机房内部的众多的网络设备，并支持语音、图像、数据等传输。综合布线系统由水平子系统、垂直子系统、管理子系统、设备间子系统和工作区子系统构成。机房内的综合布线主要为水平布线。但 IDC 机房中也多采用多模光纤作为数据主干。目前的综合布线系统多采用超五类或六类系统。按材质又可分为屏蔽系统和非屏蔽系统。

3.2 数据中心机房项目设计任务书

Z 市 F 运营商计划建设 Z 市 F 学校的校园网数据中心机房，委托×设计咨询有限公司对该工程进行设计，其设计任务书见表 3-2。

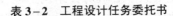

表 3–2　工程设计任务委托书

建设单位：Z 市 F 学校

项目名称：Y 年 Z 市 F 学校校园网数据中心机房项目	
设计单位：X 设计咨询有限公司	
工程概况： 　Z 市 F 学校校园面积 200 亩①，包括教学楼、图书馆、培训楼、宿舍楼、动力楼、办公楼等建筑。Z 市 F 学校计划通过升级线路、更换设备的形式，实现校园升级，满足师生对校园网无纸化办公和网络教学的使用需要。	
主要内容： 　计划升级该覆盖校园的校园网，实现主干线路万兆、汇聚线路万兆、接入线路千兆，并对配套的路由器、交换机等设备进行升级。	
投资控制范围：70 万元人民币	完成时间：20××年××月××日
委托单位（章） 项目负责人：	
主管领导：	年　　月　　日

本章以下各部分出现的"本工程"均指任务书规定的工程。

3.3　数据中心机房项目勘察

3.3.1　准备

勘察前要进行人员、工具和资料等方面的准备，并对相关资料进行研究和分析，为制订初步方案奠定基础。

勘察人员准备。根据项目情况和人员情况确定勘察人员，并进行分工。

勘察工具准备。勘察前要根据需要准备勘察所需全部工具，包括激光测距仪、钢卷尺、笔记本和笔等。

文档资料准备。园区平面图、主要建筑的平面图、数据通信相关规范、施工图纸样例、设备资料、线缆资料、工艺资料等。仔细阅读和分析任务书的要求，并积极与甲方进行交流，明确需求和要求。

3.3.2　现场勘察

勘察前了解和分析用户情况，包括数量、类型及其分布。用户包括设备、学生、教师和管理人员，数量需要按照校园内建筑物分别统计。

勘察前，设计人员需要联系建设单位获得校园平面图，以该图作为勘察底图，在图纸上标明各类型用户及其数量。

从建设单位获取校园平面图和教学楼平面图，如图 3–3 所示。根据该图，完成用户数据分析，以及数据中心机房到各个用户楼宇走线设计。

从建设单位获取教学楼平面图，如图 3–4 所示。

---

① 1 亩 = 666.67 m²。

84

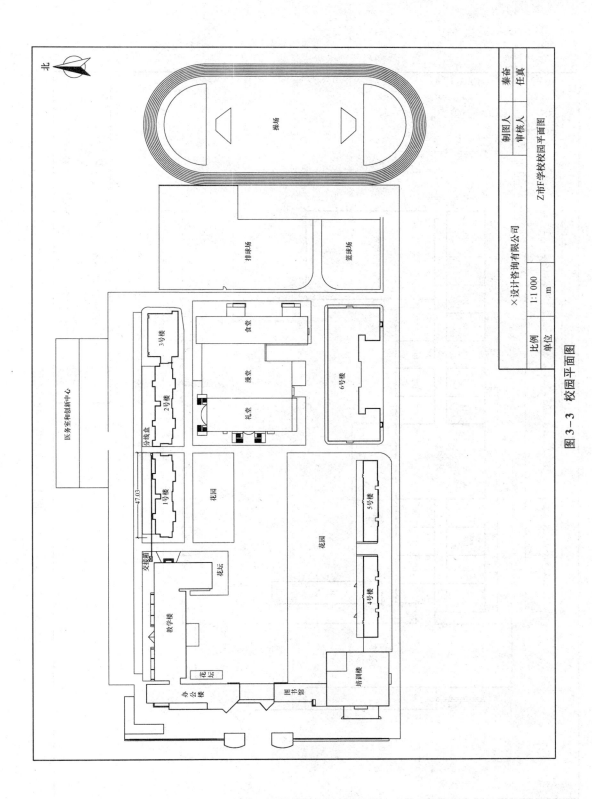

图 3-3　校园平面图

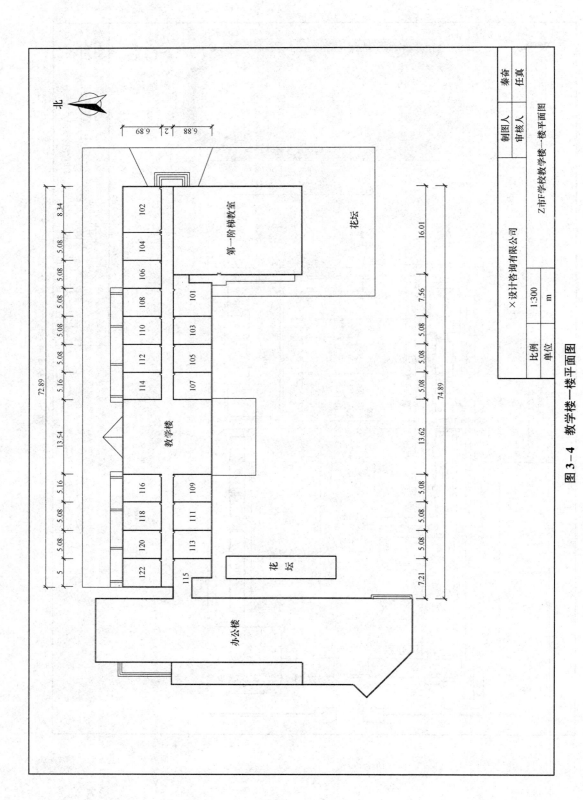

图 3-4　教学楼一楼平面图

教学楼 103 机房内需要布置的设备安装在机柜内，本工程拟选择的机柜为 19 in[①]机柜，该柜的尺寸 0.6 m 宽，1 m 深，2 m 高，机柜内 42 U。

机柜参数中的 19 in 指的是其内部安装设备的宽度。因为机柜内安装的设备的规定的尺寸，参考设备器的宽 48.26 cm，即 19 in。

机柜参数里的 U（Unit 的缩略语）代表内部安装设备的高度，服务器外部尺寸的单位，1 U＝4.445 cm。本工程所选择的 42 U 的机柜，代表其可以安装设备的高度最大为 42 U。设备的高度也经常以 U 为单位给出，方便考虑安装和使用。

网络中心机房组成应按计算机运行特点及设备具体要求确定，一般宜由主机房、基本工作间、辅助房间等组成。网络中心机房的使用面积应根据计算机设备的外形尺寸布置确定。在计算机设备外形尺寸不完全掌握的情况下，电子计算机机房的使用面积应符合下列规定：

$$A = K\sum S \tag{3-1}$$

式中，A 为计算机主机房使用面积（m²）；K 为系数，取值为 5～7；S 计算机系统及辅助设备的投影面积（m²）。

当计算机系统的设备尚未选型时，可按下式计算：

$$A = KN \tag{3-2}$$

式中，K 为单台设备占用面积，可取 4.5～5.5 m²/台；N 为计算机主机房内所有设备的总台数。

基本工作间和第一类辅助房间面积的总和，宜等于或大于主机房面积的 1.5 倍。上机准备室、外来用户工作室、硬件及软件人员办公室等可按每人 3.5～4 m² 计算。

在确定设计网络中心机房面积及位置后，就要确定机房布局，即根据机房平面及用户需求，遵循机房建设规范及相关标准，划分合理的布局。勘察机房布局，需要考虑以下方面：

① 不仅要考虑到增加主机房有效面积的利用率，便于机房设备、服务器机柜的合理摆放；也要兼顾人员和设备的进出通道，避免人员频繁穿越机房区域；还要体现出企业机房的美观、科技形象。

② 机房平面和空间布局应具有适当的灵活性，以便设备增容或扩建。

③ 尽可能合并和减少辅助机房区房间，提高主机房和一类辅助间的利用面积。

④ 便于设备摆放和人员操作，同时满足空调制冷、电源配电的需要。

⑤ 进出通道合理布局，便于机房管理人员维护及参观访问人员合理分流。

⑥ 在做机房布局设计时，需要与用户多沟通，深入了解用户对布局及功能区的需求，最终确定布局后才能进行下一步的工作。

机房的功能布局一般分为主机房、监控室及其他配套机房（配电室、值班室、钢瓶室、硬件维修和软件开发室）等。

功能区布局基本原则：

① 机房系统是一个封闭区域，走廊两端进出设门禁、防火门。

---

① 1 in＝2.54 cm。

② 主机房周围是和机房同等保护区域，应在机房内设立。

③ 配电室、钢瓶室输出管线距离主机房尽可能近一点，管线简洁，节省投资。

④ 监控室与主机房一般是在主机房的隔壁，监控室的主要功能是主机运行的监控管理、环境管理参数监控、摄像监控等。

⑤ 消防、门禁安保监控另设值班室 24 h 适时监控。

检查供电情况。机房的供配电系统是机房工程中的关键项目，是一个综合性供配电系统，在这个系统中不仅要解决计算机设备的用电问题，还要解决保障计算机设备正常运行的其他附属设备的供配电问题，如计算机机房专用恒温恒湿器（空调器）、机房照明系统用电、安全消防系统用电等。机房供配电的指标分为三级，见表 3-3。

表 3-3　机房供配电的指标表

项目	指标		
	A 级	B 级	C 级
稳态电压偏移范围/%	-5～+5	-10～+10	-15～+10
稳态频率偏移范围/Hz	-0.2～+0.2	-0.5～+0.5	-1～+1
电压波形畸变率/%	5	7	10
允许断电持续时间/ms	(0, 4)	[4, 200)	[200, 1 500)

数据中心选址应符合下列规定：电力供给应充足可靠，通信应快速畅通，交通应便捷；采用水蒸发冷却方式制冷的数据中心，水源应充足；自然环境应清洁，环境温度应有利于节约能源；应远离产生粉尘、油烟、有害气体以及生产或贮存具有腐蚀性、易燃、易爆物品的场所；应远离水灾、地震等自然灾害隐患区域；应远离强震源和强噪声源；应避开强电磁场干扰；A 级数据中心不宜建在公共停车库的正上方；大中型数据中心不宜建在住宅小区和商业区内。设置在建筑物内局部区域的数据中心，在确定主机房的位置时，应对安全、设备运输、管线敷设、雷电感应、结构荷载、水患及空调系统室外设备的安装位置等问题进行综合分析和经济比较。

本工程根据勘察情况，进行比较后，机房选址在位于校园用户中心位置的教学楼一楼 103 机房。该房间的建筑情况如图 3-5 所示。该房间长 6.88 m，宽 5.16 m。

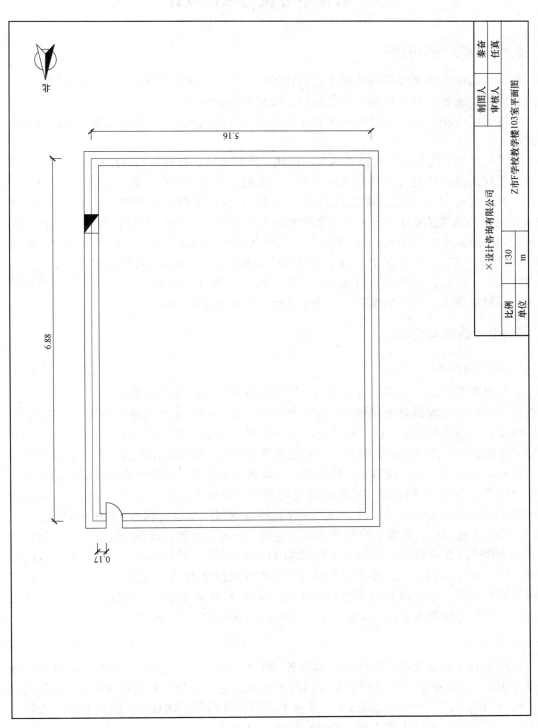

图 3-5　教学楼 103 室平面图

3.4 数据中心机房项目设计

3.4.1 机房的布置

数据中心内的各类设备应根据工艺设计进行布置，应满足系统运行，运行管理，人员操作和安全，设备和物料运输，设备散热、安装和维护的要求。

容错系统中相互备用的设备应布置在不同的物理隔间内，相互备用的管线宜沿不同路径敷设。

当机柜（架）内的设备为前进风（后出风）冷却方式，且机柜自身结构未采用封闭冷风通道或封闭热风通道方式时，机柜（架）的布置宜采用面对面、背对背方式。

主机房内通道与设备之间的距离应符合下列规定：用于搬运设备的通道净宽不应小于1.5 m，面对面布置的机柜（架）正面之间的距离不宜小于1.2 m，背对背布置的机柜（架）背面之间的距离不宜小于0.8 m，当需要在机柜（架）侧面和后面进行维修测试时，机柜（架）与机柜（架）、机柜（架）与墙之间的距离不宜小于1.0 m，成行排列的机柜（架），其长度大于6 m时，两端应设有通道；当两个通道之间的距离大于15 m时，在两个通道之间还应增加通道。通道的宽度不宜小于1 m，局部可为0.8 m。

3.4.2 建筑与结构

1. 建筑与结构

建筑平面和空间布局应具有灵活性，并应满足数据中心的工艺要求。主机房净高应根据机柜高度、管线安装及通风要求确定。新建数据中心时，主机房净高不宜小于3.0 m。变形缝不宜穿过主机房。主机房和辅助区不应布置在用水区域的直接下方，不应与振动和电磁干扰源为邻。设有技术夹层和技术夹道的数据中心，建筑设计应满足各种设备和管线的安装与维护要求。当管线需穿越楼层时，宜设置技术竖井。数据中心的抗震设防类别不应低于丙类，新建 A 级数据中心的抗震设防类别不应低于乙类。改建的数据中心应根据荷载要求进行抗震鉴定，并应符合现行国家标准《建筑抗震鉴定标准》GB 50023 的有关规定。经抗震鉴定后，需要进行抗震加固的建筑，应按国家现行标准《混凝土加固结构规范》GB 50367、《建筑抗震加固技术规程》JGJ 116 和《混凝土结构后锚固技术规程》JGJ 145 的有关规定进行加固。当抗震设防类别为丙类的建筑改建为 A 级数据中心时，在使用荷载满足要求的条件下，建筑可不做加固处理。新建 A 级数据中心首层建筑完成面应高出当地洪水百年重现期水位线 1.0 m 以上，并应高出室外地坪 0.6 m 以上。

2. 出入口

数据中心宜单独设置人员出入口和设备、材料出入口。有人操作区域和无人操作区域宜分开布置。数据中心内通道的宽度及门的尺寸应满足设备和材料的运输要求，建筑入口至主机房的通道净宽不应小于1.5 m。数据中心可设置门厅、休息室、值班室和更衣间。更衣间使用面积可按最大班人数，以 1～3 m²/人计算。

3. 围护结构热工设计和节能措施

数据中心的建筑气候分区和围护结构热工设计应符合现行国家标准《公共建筑节能设计标准》GB 50189 的有关规定。当主机房与外围护结构相邻时，对应部分外围护结构的热工性能应根据全年动态能耗分析情况确定最优值。数据中心围护结构的材料选型应满足保温、隔热、防火、防潮、少产尘等要求。外墙、屋面热桥部位的内表面温度不应低于室内空气露点温度。主机房不宜设置外窗。当主机房设有外窗时，应采用双层固定式玻璃窗，外窗应设置外部遮阳，外窗的气密性应符合现行国家标准《建筑外门窗气密、水密、抗风压性能分级及检测方法》GB/T 7106 的有关规定，遮阳系数应符合现行国家标准《公共建筑节能设计标准》GB 50189 的有关规定。当电池室设有外窗时，应避免阳光直射。

本工程中机房装饰设计方案，以人为本，充分考虑人与环境、人与机、机与环境的亲和性、协调性。在机房装饰设计中，遵循简洁、明快、大方的宗旨，强调规范性、标准性、实用性。机房装饰用材选用气密性好、不起尘、易清洁、变形小及具有防火、防潮性能的材料；宜选用亚光材料，避免在机房内产生各种干扰光线（反射光、折射光、眩光等）。

3.4.3　空气调节

1. 一般规定

数据中心的空气调节系统设计应根据数据中心的等级，按《民用建筑供暖通风与空气调节设计规范》附录 A 执行。空气调节系统设计应符合现行国家标准《民用建筑供暖通风与空气调节设计规范》GB 50736 的有关规定。与其他功能用房共建于同一建筑内的数据中心，宜设置独立的空调系统。主机房与其他房间宜分别设置空调系统。

2. 负荷计算

电子信息设备和其他设备的散热量应根据设备实际用电量进行计算。空调系统夏季冷负荷应包括下列内容：数据中心内设备的散热、建筑围护结构散热、通过外窗进入的太阳辐射热、人体散热、照明装置散热、新风负荷、伴随各种散湿过程产生的潜热。

空调系统湿负荷应包括下列内容：人体散湿、新风湿负荷、渗漏空气湿负荷、围护结构散湿。

3. 气流组织

主机房空调系统的气流组织形式应根据电子信息设备本身的冷却方式、设备布置方式、设备散热量、室内风速、防尘和建筑条件综合确定，并应采用计算流体动力学对主机房气流组织进行模拟和验证。对单台机柜发热量大于 4 kW 的主机房，宜采用活动地板下送风（上回风）、行间制冷空调前送风（后回风）等方式，并宜采取冷热通道隔离措施。在有人操作的机房内，送风气流不宜直对工作人员。

4. 系统设计

采用冷冻水空调系统的 A 级数据中心宜设置蓄冷设施，蓄冷时间应满足电子信息设备的运行要求；控制系统、末端冷冻水泵、空调末端风机应由不间断电源系统供电；冷冻水供回水管路宜采用环形管网或双供双回方式。当水源不能可靠保证数据中心运行需要时，A级数据中心也可采用两种冷源供应方式。数据中心的风管及管道的保温、消声材料和黏结剂应选用非燃烧材料或难燃B1级材料。冷表面应做隔气、保温处理。采用活动地板下送风时，地板的高度应根据送风量确定。主机房应维持正压。主机房与其他房间、走廊的压差不宜小于5 Pa，与室外静压差不宜小于10 Pa。空调系统的新风量应取下列两项中的最大值：按工作人员计算，每人40 m³/h；维持室内正压所需风量。主机房内空调系统用循环机组宜设置初效过滤器或中效过滤器。新风系统或全空气系统应设置初效和中效空气过滤器，也可设置亚高效空气过滤器和化学过滤装置。末级过滤装置宜设置在正压端。设有新风系统的主机房，在保证室内外一定压差的情况下，送排风应保持平衡。打印室、电池室等易对空气造成二次污染的房间，对空调系统应采取防止污染物随气流进入其他房间的措施。数据中心专用空调机可安装在靠近主机房的专用空调机房内，也可安装在主机房内。空调系统设计应采用节能措施，并应符合下列规定：空调系统应根据当地气候条件，充分利用自然冷源。大型数据中心宜采用水冷冷水机组空调系统，也可采用风冷冷水机组空调系统；采用水冷冷水机组的空调系统，冬季可利用室外冷却塔作为冷源；采用风冷冷水机组的空调系统，设计时应采用自然冷却技术。空调系统可采用电制冷与自然冷却相结合的方式。数据中心空调系统设计时，应分别计算自然冷却和余热回收的经济效益，并应采用经济效益最大的节能设计方案。空气质量优良地区，可采用全新风空调系统。根据负荷变化情况，空调系统宜采用变频、自动控制等技术进行负荷调节。采用全新风空调系统时，应对新风的温度、相对湿度、空气含尘浓度等参数进行检测和控制。寒冷地区采用水冷冷水机组空调系统时，冬季应对冷却水系统采取防冻措施。

5．设备选择

空调和制冷设备的选用应符合运行可靠、经济适用、节能和环保的要求。空调系统和设备应根据数据中心的等级、气候条件、建筑条件、设备的发热量等进行选择，并应按《供配电系统设计规范》附录A执行。空调系统无备份设备时，单台空调制冷设备的制冷能力应留有15%～20%的余量。机房专用空调、行间制冷空调宜采用出风温度控制。空调机应带有通信接口，通信协议应满足数据中心监控系统的要求，监控的主要参数应接入数据中心监控系统，并应记录、显示和报警。主机房内的湿度可由机房专用空调、行间制冷空调进行控制，也可由其他加湿器进行调节。空调设备的空气过滤器和加湿器应便于清洗和更换，设计时应为空调设备预留维修空间。

3.4.4 电气

1．供配电

数据中心用电负荷等级及供电要求应根据数据中心的等级，按《供配电系统设计规范》附录A执行，并应符合现行国家标准《供配电系统设计规范》GB 50052的相关规定。电子信息设备供电电源质量应根据数据中心的等级，按本规范附录A执行。当电子信息设备采用直流电源供电时，供电电压应符合电子信息设备的要求。供配电系统应为电子信息系统的可扩展性预留备用容量。户外供电线路不宜采用架空方式敷设。

数据中心应由专用配电变压器或专用回路供电，变压器宜采用干式变压器，变压器宜靠近负荷布置。数据中心低压配电系统的接地形式宜采用TN系统。采用交流电源的电子信息设备，其配电系统应采用 TN-S 系统。电子信息设备宜由不间断电源系统供电。不间断电源系统应有自动和手动旁路装置。确定不间断电源系统的基本容量时，应留有余量。不间断电源系统的基本容量可按下式计算：

$$E \geqslant 1.2P \qquad (3-3)$$

式中，E 为不间断电源系统的基本容量，不包含备份不间断电源系统设备 [kW/(kV·A)]；P 为电子信息设备的计算负荷 [kW/(kV·A)]。

数据中心内采用不间断电源系统供电的空调设备和电子信息设备不应由同一组不间断电源系统供电，测试电子信息设备的电源和电子信息设备的正常工作电源应采用不同的不间断电源系统。电子信息设备的配电宜采用配电列头柜或专用配电母线。采用配电列头柜时，配电列头柜应靠近用电设备安装；采用专用配电母线时，专用配电母线应具有灵活性。交流配电列头柜和交流专用配电母线宜配备瞬态电压浪涌保护器和电源监测装置，并应提供远程通信接口。当输出端中性线与 PE 线之间的电位差不能满足电子信息设备使用要求时，配电系统可装设隔离变压器。

电子信息设备的电源连接点应与其他设备的电源连接点严格区别，并应有明显标识。A 级数据中心应由双重电源供电，并应设置备用电源。备用电源宜采用独立于正常电源的柴油发电机组，也可采用供电网络中独立于正常电源的专用馈电线路。当正常电源发生故障时，备用电源应能承担数据中心正常运行所需要的用电负荷。B 级数据中心宜由双重电源供电，当只有一路电源时，应设置柴油发电机组作为备用电源。

后备柴油发电机组的性能等级不应低于 G3 级；A 级数据中心发电机组应连续和不限时运行，发电机组的输出功率应满足数据中心最大平均负荷的需要。B 级数据中心发电机组的输出功率可按限时 500 h 运行功率选择。

柴油发电机应设置现场储油装置，储存柴油的供应时间应按《供配电系统设计规范》附录 A 执行。当外部供油时间有保障时，储存柴油的供应时间宜大于外部供油时间。柴油在储存期间内，应对柴油品质进行检测，当柴油品质不能满足使用要求时，应对柴油进行更换。柴油发电机周围应设置检修用照明和维修电源，电源宜由不间断电源系统供电。

正常电源与备用电源之间的切换采用自动转换开关电器时，自动转换开关电器宜具有旁路功能，或采取其他措施，在自动转换开关电器检修或故障时，不应影响电源的切换。同城灾备数据中心与主用数据中心的供电电源不应来自同一个城市变电站。采用分布式能源供电的数据中心，备用电源可采用市电或柴油发电机。敷设在隐蔽通风空间的配电线路宜采用低烟无卤阻燃铜芯电缆，也可采用配电母线。电缆应沿线槽、桥架或局部穿管敷设；活动地板下作为空调静压箱时，电缆线槽（桥架）或配电母线的布置不应阻断气流通路。

配电线路的中性线截面积不应小于相线截面积，单相负荷应均匀地分配在三相线路上。

2. 照明

主机房和辅助区一般照明的照度标准值应按照 300~500 lx 设计，一般显色指数不宜小于 80。支持区和行政管理区的照度标准值应符合现行国家标准《建筑照明设计标准》GB 50034 的有关规定。

主机房和辅助区内的主要照明光源宜采用高效节能荧光灯，也可采用 LED 灯。荧光灯镇流器的谐波限值应符合现行国家标准《电磁兼容限值谐波电流发射限值》GB 17625.1 的有关规定，灯具应采取分区、分组的控制措施。

辅助区的视觉作业宜采取下列保护措施：视觉作业不宜处在照明光源与眼睛形成的镜面反射角上；辅助区宜采用发光表面积大、亮度低、光扩散性能好的灯具；视觉作业环境内宜采用低光泽的表面材料。

照明灯具不宜布置在设备的正上方，工作区域内一般照明的照明均匀度不应小于 0.7，非工作区域内的一般照明照度值不宜低于工作区域内一般照明照度值的 1/3。

主机房和辅助区应设置备用照明，备用照明的照度值不应低于一般照明照度值的 10%；有人值守的房间，备用照明的照度值不应低于一般照明照度值的 50%；备用照明可为一般照明的一部分。

数据中心应设置通道疏散照明及疏散指示标志灯，主机房通道疏散照明的照度值不应低于 5 lx，其他区域通道疏散照明的照度值不应低于 1 lx。数据中心内的照明线路宜穿钢管暗敷或在吊顶内穿钢管明敷。技术夹层内宜设置照明和检修插座，应采用单独支路或专用配电箱（柜）供电。

3. 静电防护

数据中心防静电设计应符合现行国家标准《电子工程防静电设计规范》GB 50611 的有关规定。主机房和安装有电子信息设备的辅助区，地板或地面应有静电泄放措施和接地构造，防静电地板、地面的表面电阻或体积电阻值应为 $2.5 \times 10^4 \sim 1.0 \times 10^9 \ \Omega$，并应具有防火、环保、耐污耐磨性能。主机房和辅助区中不使用防静电活动地板的房间，可铺设防静电地面，其静电耗散性能应长期稳定，且不应起尘。辅助区内的工作台面宜采用导静电或静电耗散材料。静电接地的连接线应满足机械强度和化学稳定性要求，宜采用焊接或压接。当采用导电胶与接地导体粘接时，其接触面积不宜小于 20 cm^2。

4. 防雷与接地

数据中心的防雷和接地设计应满足人身安全及电子信息系统正常运行的要求，并应符合现行国家标准《建筑物防雷设计规范》GB 50057 和《建筑物电子信息系统防雷技术规范》GB 50343 的有关规定。保护性接地和功能性接地宜共用一组接地装置，其接地电阻应按其中最小值确定。对功能性接地有特殊要求，需单独设置接地线的电子信息设备，接地线应与其他接地线绝缘；供电线路与接地线宜同路径敷设。

数据中心内所有设备的金属外壳、各类金属管道、金属线槽、建筑物金属结构必须进行等电位连接并接地。电子信息设备等电位连接方式应根据电子信息设备易受干扰的频率及数据中心的等级和规模确定，可采用 S 型、M 型或 SM 混合型。采用 M 型或 SM 混合型等电位连接方式时，主机房应设置等电位连接网格，网格四周应设置等电位连接带，并应通过等电位连接导体将等电位连接带就近与接地汇集排、各类金属管道、金属线槽、建筑物金属结构等进行连接。每台电子信息设备（机柜）应采用两根不同长度的等电位连接导体就近与等电位连接网格连接。

等电位连接网格应采用截面积不小于 25 mm^2 的铜带或裸铜线，并应在防静电活动地板下构成边长为 0.6～3.0 m 的矩形网格。等电位连接带、接地线和等电位连接导体的材料和最小截面积规定如下：等电位连接带采用铜材质，最小截面积 50 mm^2；利用建筑物的钢筋作为接地线采用铁材质，最小截面积 50 mm²；单独设置的接地线采用铜材质，最小截面积 25 mm²；等电位连接导体采用铜材质，最小截面积 16 mm²。

3～10 kV 备用柴油发电机系统中性点接地方式应根据常用电源接地方式及线路的单相接地电容电流数值确定。当常用电源采用非有效接地系统时，柴油发电机系统中性点接地宜采用不接地系统。当常用电源采用有效接地系统时，柴油发电机系统中性点接地可采用不接地系统，也可采用低电阻接地系统。当柴油发电机系统中性点接地采用不接地系统时，应设置接地故障报警。当多台柴油发电机组并列运行，并且采用低电阻接地系统时，可采用其中一台机组接地方式。

1 kV 及以下备用柴油发电机系统中性点接地方式宜与低压配电系统接地方式一致。当多台柴油发电机组并列运行，并且低压配电系统中性点直接接地时，多台机组的中性点可经电抗器接地，也可采用其中一台机组接地方式。

配电图根据需要设计配电柜、电力电缆、电源插座等。本工程的基本配电图如图 3-6 所示。

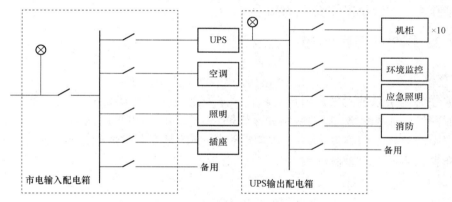

图 3-6　本工程数据机房的配电图

供电系统由于电网范围大，受各种因素的影响，时常会有不正常的现象发生，往往会对计算机系统造成不利的影响，为此，采用 UPS 不间断电源极为重要，它不但能提供稳定可靠的高质量的电源，没有瞬变和谐波。即使当电网断电时，它也可由后备电池支撑，继续供电，使计算机有一定的时间进行处理。所以，中心机房应采用 UPS 不间断电源，防止停电造成计算机设备的损坏和网络通信中断。UPS 电源应提供不低于 2 h 后备供电能力。UPS 功率大小应根据机房使用 UPS 电源设备的总功率进行计算，并具有 20%～30% 的余量。设备间电源设备应具有过压过流保护功能，以防止对设备的不良影响和冲击。

3.4.5　电磁屏蔽

1. 一般规定

对涉及国家秘密或企业对商业信息有保密要求的数据中心,应设置电磁屏蔽室或采取其他电磁泄漏防护措施。对于电磁环境要求达不到规范要求的,应采取电磁屏蔽措施。电磁屏蔽室的结构形式和相关的屏蔽件应根据电磁屏蔽室的性能指标和规模选择。设有电磁屏蔽室的数据中心,建筑结构应满足屏蔽结构对荷载的要求。电磁屏蔽室与建筑（结构）

墙之间宜预留维修通道或维修口。电磁屏蔽室的壳体应对地绝缘，接地宜采用共用接地装置和单独接地线的形式。

2. 结构形式

用于保密目的的电磁屏蔽室，其结构形式可分为可拆卸式和焊接式。焊接式可分为自撑式和直贴式。建筑面积小于 50 m²、日后需搬迁的电磁屏蔽室，结构形式宜采用可拆卸式。电场屏蔽衰减指标大于 120 dB、建筑面积大于 50 m² 的屏蔽室，结构形式宜采用自撑式。电场屏蔽衰减指标大于 60 dB、小于或等于 120 dB 的屏蔽室，结构形式宜采用直贴式，屏蔽材料可选择镀锌钢板，钢板的厚度应根据屏蔽性能指标确定。电场屏蔽衰减指标大于 25 dB、小于或等于 60 dB 的屏蔽室，结构形式宜采用直贴式，屏蔽材料可选择金属丝网，金属丝网的目数应根据被屏蔽信号的波长确定。

3. 屏蔽件

屏蔽门、滤波器、波导管、截止波导通风窗等屏蔽件，其性能指标不应低于电磁屏蔽室的性能要求，安装位置应便于检修。

3.4.6 网络与布线系统

1. 网络系统

数据中心网络系统应根据用户需求和技术发展状况进行规划和设计。数据中心网络应包括互联网络、前端网络、后端网络和运管网络。前端网络可采用三层、二层和一层架构。A 级数据中心的核心网络设备应采用容错系统，并应具有可扩展性，相互备用的核心网络设备宜布置在不同的物理隔间内。

2. 布线系统

数据中心的辅助区、支持区和行政管理区布线系统设计应符合现行国家标准《综合布线系统工程设计规范》GB 50311 的有关规定。数据中心布线系统应支持数据和语音信号的传输。数据中心布线系统应根据网络架构进行设计。设计范围应包括主机房、辅助区、支持区和行政管理区。主机房宜设置主配线区、中间配线区、水平配线区和设备配线区，也可设置区域配线区。主配线区可设置在主机房的一个专属区域内，占据多个房间或多个楼层的数据中心，可在每个房间或每个楼层设置中间配线区，水平配线区可设置在一列或几列机柜的端头或中间位置。

承担数据业务的主干和水平子系统应采用 OM3/OM4 多模光缆、单模光缆或 6 A 类及以上对绞电缆，传输介质各组成部分的等级应保持一致，并应采用冗余配置。主机房布线系统中，所有屏蔽和非屏蔽对绞线缆宜两端各终接在一个信息模块上，并应固定至配线架。所有光缆应连接到单芯或多芯光纤耦合器上，并应固定至光纤配线箱。主机房布线系统中 12 芯及以上的光缆主干或水平布线系统宜采用多芯 MPO 预连接系统。存储网络的布线系统宜采用多芯 MPO/MTP 预连接系统。

A 级数据中心宜采用智能布线管理系统对布线系统进行实时智能管理。数据中心布线系统所有线缆的两端、配线架和信息插座应有清晰耐磨的标签。数据中心存在下列情况之一时，应采用屏蔽布线系统、光缆布线系统或采取其他相应的防护措施：电磁环境要求未达到《综合布线系统工程设计规范》第 5.2.2 条的规定时；网络有安全保密要求时；安装场地不能满足非屏蔽布线系统与其他系统管线或设备的间距要求时。

敷设在隐蔽通风空间的缆线材质选型等应根据数据中心的等级确定。

数据中心布线系统与公用电信业务网络互联时，接口配线设备的端口数量和缆线的敷设路由应根据数据中心的等级，并应在保证网络出口安全的前提下确定。

缆线采用线槽或桥架敷设时，线槽或桥架的高度不宜大于 150 mm，线槽或桥架的安装位置应与建筑装饰、电气、空调、消防等协调一致。当线槽或桥架敷设在主机房天花板下方时，线槽和桥架的顶部距离天花板或其他障碍物不宜小于 300 mm。

主机房布线系统中的铜缆与电力电缆或配电母线槽之间的最小间距应根据机柜的容量和线缆保护方式确定。

本工程中，机房内的数据信息点布线、语音点布线、服务器机柜及小型机与网络机柜之间的光纤布线情况为：每台服务器机柜要求布放 1 个 6 芯以上光缆和 6 根以上六类网线；小型机、存储服务器要求每台布放 1 个 6 芯光缆和 2 根六类网线。采用星型结构汇聚到网络机柜。光缆在两头分别熔接尾纤，上架管理，网络在两头分别端接到六类配线架进行模块化管理。走线图如图 3 - 7 所示。

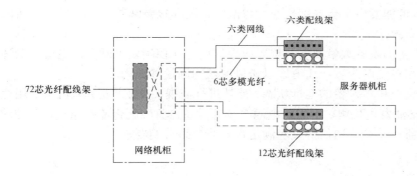

图 3 - 7　走线图

走线模块和带接头线缆的实物如图 3 - 8 所示。

图 3 - 8　走线模块和带接头线缆实物图

3.4.7　智能化系统

1. 一般规定

数据中心应设置总控中心、环境和设备监控系统、安全防范系统、火灾自动报警系统、数据中心基础设施管理系统等智能化系统，各系统的设计应根据机房的等级，按现行国家标准《智能建筑设计标准》GB 50314、《安全防范工程技术规范》GB 50348、《火灾自动报警系统设计规范》GB 50116、《视频显示系统工程技术规范》GB 50464 的有关规定。智能化各系统可集中设置在总控中心内，各系统设备应集中布置，供电电源应可靠，宜采用独立不间断电源系统供电；当采用集中不间断电源系统供电时，各系统应单独回路配电。智能化系统宜采用统一系统平台，系统宜采用集散式或分布式网络结构及现场总线控制技术，并应支持各种传输网络和多级管理。系统平台应具有集成性、开放性、可扩展性及可对外互联等功能。系统使用的操作系统、数据库管理系统、网络通信协议应采用国际上通用的系统和协议。智能化系统应具备显示、记录、控制、报警、提示及趋势和能耗分析功能。

2. 环境和设备监控系统

环境和设备监控系统应符合下列规定：

① 监测与控制主机房和辅助区的温度、露点温度或相对湿度等环境参数，当环境参数超出设定值时，应报警并记录。核心设备区及高密度设备区宜设置机柜微环境监控系统。

② 主机房内有可能发生水患的部位应设置漏水检测和报警装置，强制排水设备的运行状态应纳入监控系统。

③ 环境检测设备的安装数量及安装位置应根据运行和控制要求确定，主机房的环境温度、露点温度或相对湿度应以冷通道或以送风区域的测量参数为准。

设备监控系统宜对机电设备的运行状态、能耗进行监视、报警并记录。机房专用空调设备、冷水机组、柴油发电机组、不间断电源系统等设备自身应配带监控系统，监控的主要参数应纳入设备监控系统，通信协议应满足设备监控系统的要求。

3. 安全防范系统

安全防范系统宜由视频安防监控系统、入侵报警系统和出入口控制系统组成，各系统之间应具备联动控制功能。A 级数据中心主机房的视频监控应无盲区。

火灾等紧急情况时，出入口控制系统应能接收相关系统的联动控制信号，自动打开疏散通道上的门禁系统。

室外安装的安全防范系统设备应采取防雷电保护措施，电源线、信号线应采用屏蔽电缆，避雷装置和电缆屏蔽层应接地，且接地电阻不应大于 10 Ω。

安全防范系统宜采用数字式系统，支持远程监视功能。

4. 总控中心

总控中心宜设置在单独房间，宜接入基础设施运行信息、业务运行信息、办公及管理信息等信号。

总控中心宜设置总控中心机房、大屏显示系统、信号调度系统、话务调度系统、扩声系统、会议系统、对讲系统、中控系统、网络布线系统、出入口控制系统、视频监控系统、灯光控制系统、操作控制台和座席等。

3.4.8　给水排水

1. 一般规定

给水排水系统应根据数据中心的等级设置。数据中心内安装有自动喷水灭火设施、空调机和加湿器的房间，地面应设置挡水和排水设施。数据中心不应有与主机房内设备无关的给排水管道穿过主机房，相关给排水管道不应布置在电子信息设备的上方。进入主机房的给水管应加装阀门。采用水冷冷水机组的冷源系统应设置冷却水补水储存装置，储存时间不应低于当地应急水车抵达现场的时间。当不能确定应急水车抵达现场的时间时，A 级数据中心可按 12 h 储水。

2. 管道敷设

数据中心内的给水排水管道应采取防渗漏和防结露措施。穿过主机房的给水排水管道应暗敷或采用防漏保护的套管。管道穿过主机房墙壁和楼板处应设置套管，管道与套管之间应采取密封措施。主机房和辅助区设有地漏时，应采用洁净室专用地漏或自闭式地漏，地漏下应加设水封装置，并应采取防止水封损坏和反溢措施。数据中心内的给排水管道及其保温材料应采用不低于 B1 级的材料。

3.4.9　消防与安全

1. 一般规定

数据中心防火和灭火系统设计应符合现行国家标准《建筑设计防火规范》GB 50016、《气体灭火系统设计规范》GB 50370、《细水雾灭火系统技术规范》GB 50898 和《自动喷水灭火系统设计规范》GB 50084 的规定执行。

A 级数据中心的主机房宜设置气体灭火系统，也可设置细水雾灭火系统。当 A 级数据中心内的电子信息系统在其他数据中心内安装有承担相同功能的备份系统时，也可设置自动喷水灭火系统。

B 级数据中心和 C 级数据中心的主机房宜设置气体灭火系统，也可设置细水雾灭火系统或自动喷水灭火系统。

总控中心等长期有人工作的区域应设置自动喷水灭火系统。数据中心应设置火灾自动报警系统，并应符合现行国家标准《火灾自动报警系统设计规范》GB 50116 的有关规定。数据中心应设置室内消火栓系统和建筑灭火器，室内消火栓系统宜配置消防软管卷盘。

2. 防火与疏散

数据中心的耐火等级不应低于二级。

当数据中心按照厂房进行设计时，数据中心的火灾危险性分类应为丙类，数据中心内任一点到最近安全出口的直线距离规定包括：单层 80 m，多层 60 m，高层 40 m，地下室 30 m。当主机房设有高灵敏度的吸气式烟雾探测火灾报警系统时，主机房内任一点到最近安全出口的直线距离可增加 50%。

当数据中心按照民用建筑设计时，直通疏散走道的房间疏散门至最近安全出口的直线距离规定包括：疏散门的位置位于两个安全出口之间，单层、多层和高层均为 40 m；位于走道两侧及尽端单层和多层为 22 m，高层为 20 m。各房间内任一点至房间直通疏散走道的疏散门的直线距离应符合规定。建筑内全部采用自动灭火系统时，采用自动喷水灭火系统的区域，安全疏散距离可增加 25%。

当数据中心与其他功能用房在同一个建筑内时，数据中心与建筑内其他功能用房之间应采用耐火极限不低于 2.0 h 的防火隔墙和 1.5 h 的楼板隔开，隔墙上开门应采用甲级防火门。建筑面积大于 120 m² 的主机房，疏散门不应少于两个，并应分散布置；建筑面积不大于 120 m² 的主机房，或位于走道尽端、建筑面积不大于 200 m² 的主机房，且机房内任一点至疏散门的直线距离不大于 15 m，可设置一个疏散门，疏散门的净宽度不应小于 1.4 m。主机房的疏散门应向疏散方向开启，应自动关闭，并应保证在任何情况下均能从机房内开启。走廊、楼梯间应畅通，并应有明显的疏散指示标志。主机房的顶棚、壁板和隔断应为不燃烧体，且不得采用有机复合材料。地面及其他装修应采用不低于 B1 级的装修材料。当单罐柴油容量不大于 50 m³，总柴油储量不大于 200 m³ 时，直埋地下的卧式柴油储罐与建筑物和园区道路之间的最小防火间距除应符合规定，并应符合现行国家标准《建筑设计防火规范》GB 50016、《汽车加油加气站设计与施工规范》GB 50156 和《石油化工企业设计防火规范》GB 50160 有关规定。

3. 消防设施

用管网式气体灭火系统或细水雾灭火系统的主机房，应同时设置两组独立的火灾探测器，火灾报警系统应与灭火系统和视频监控系统联动。

4. 安全措施

设置气体灭火系统的主机房，应配置专用空气呼吸器或氧气呼吸器。数据中心应采取防鼠害和防虫害措施。

3.5　数据中心机房项目设备选型

本工程涉及的设备包括交换机、路由器、服务器、防火墙等，以及机柜、线缆等器材。

1. 交换机

交换机按照功能和定位可以分为核心交换机、汇聚交换机、接入交换机，分别工作在校园的核心层、汇聚层和接入层。本工程的核心层可选设备包括华为 S7706 和 S12704 两种。

经过性价比综合比较，本工程选用华为 S7706 设备，其面板如图 3−9 所示。

华为 S7706 设备的参数见表 3−4。

图 3−9　华为 S7706 面板图

表 3 – 4　华为 S7706 配置参数

主要参数	
包转发率	3 240/26 400 Mp/s
产品类型	路由交换机、POE 交换机
应用层级	三层
传输速率	10/100/1 000 Mb/s
交换方式	存储–转发
背板带宽	19.84/86.4 Tb/s
端口参数	
端口结构	模块化
扩展模块	6 个业务槽位
功能特性	
QoS	支持基于 Layer2 协议、Layer3 协议、Layer4 协议、802.1 p 优先级等的组合流分类 支持 ACL、CAR、Remark、Schedule 等动作 支持 PQ、WRR、DRR、PQ＋WRR、PQ＋DRR 等队列调度方式 支持 WRED、尾丢弃等拥塞避免机制 支持流量整形
VLAN	支持 Access、Trunk、Hybrid 方式 支持 default VLAN 支持 VLAN 交换 支持 QinQ、增强型灵活 QinQ 支持基于 MAC 的动态 VLAN 分配
安全管理	802.1x 认证、Portal 认证 支持 NAC 支持 RADIUS 和 HWTACACS 用户登录认证 命令行分级保护，未授权用户无法侵入 支持防范 DoS 攻击、TCP 的 SYN Flood 攻击、UDP Flood 攻击、广播风暴攻击、大流量攻击 支持 1K CPU 通道队列保护 支持 ICMP 实现 ping 和 traceroute 功能 支持 RMON
组播管理	支持 IGMPv1/v2/v3、IGMP v1/v2/v3 Snooping 支持 PIM DM、PIM SM、PIM SSM 支持 MSDP、MBGP 支持用户快速离开机制 支持组播流量控制 支持组播查询器 支持组播协议报文抑制功能 支持组播 CAC 支持组播 ACL
网络管理	支持 Console、Telnet、SSH 等终端服务 支持 SNMPv1/v2/v3 等网络管理协议 支持通过 FTP、TFTP 方式上传、下载文件 支持 BootROM 升级和远程在线升级 支持热补丁 支持用户操作日志

续表

其他参数	
电源电压	AC 90～290 V；DC−38.4～72 V
电源功率	1 600 W，最大 POE 功率 8 800 W
产品尺寸	442 mm×476 mm×442 mm
产品重量	＜30 kg

华为 S12704 型号交换机面板如图 3−10 所示。

图 3−10　华为 S12704 面板图

华为 S12704 设备参数见表 3−5。

表 3−5　华为 S12704 配置参数

主要参数	
包转发率	3 600/24 000 Mp/s
功能特性	
QoS	支持 256K ACL 支持基于 Layer2 协议、Layer3 协议、Layer4 协议、802.1 p 优先级等的组合流分类 支持 ACL、CAR、Remark、Schedule 等动作 支持 PQ、WRR、DRR、PQ＋WRR、PQ＋DRR 等队列调度方式 支持 WRED、尾丢弃等拥塞避免机制 支持多级 H−QoS 支持流量整形
安全管理	支持 MAC 地址认证、Portal 认证、802.1x 认证、DHCP Snooping 触发认证 支持 MACsec 支持 NAC 支持 RADIUS 和 HWTACACS 用户登录认证 命令行分级保护，未授权用户无法侵入 支持防范 DoS 攻击、TCP 的 SYN Flood 攻击、UDP Flood 攻击、广播风暴攻击、大流量攻击 支持 1K CPU 硬件队列实现控制面协议报文分级调度和保护 支持 RMON 支持安全启动（需使用支持安全启动的主控板） 支持大数据安全协防

续表

其他参数	
电源电压	DC－40～－72 V；AC90～290 V
电源功率	≤2 200 W
产品尺寸	441.7 mm×442 mm×489 mm
产品重量	24.5 kg
环境标准	－60～1 800 m：0～45 ℃ 1 800～4 000 m：海拔每升高 220 m，最高工作温度降低 1 ℃ 4 000 m：0～35 ℃ 相对湿度：5%～95%（非凝露）
其他特点	交换容量：28.8/102.4 Tb/s 主控板槽位：2 交换网槽位：2 业务板槽位：4 风扇框：2 缓存容量：支持每端口 200 ms 数据缓存 冗余设计：主控、交换网板、电源、风扇（前后及左后风道） 虚拟化：支持 CSS2 交换网硬件集群，集群主控 1＋N 备份，1.92 T 集群带宽，4 µs 跨框时延 散热方式：抽风散热，风扇自动调速

汇聚层交换机可选设备包括华三 5800、华为 S5720－36C－EI－AC 等型号。

经过性价比综合比较，本工程选用华三 5800 设备，其前面板如图 3－11 所示，设备参数见表 3－6。

图 3－11　华三 5800 交换机前面板图

表 3－6　华三 5800 配置参数

主要参数	
包转发率	156 Mp/s
MAC 地址表	32K
产品类型	万兆以太网交换机
应用层级	三层
传输速率	10/100/1 000 Mb/s
交换方式	存储－转发

续表

端口参数	
端口结构	非模块化
端口数量	28 个
端口描述	24 个 100/1 000M SFP 端口、4 个 1/10G SFP＋端口
控制端口	1 个 Console 口、1 个带外网管口
扩展模块	1 个业务槽位数
传输模式	全双工/半双工自适应
功能特性	
网络标准	IEEE 802.3、IEEE 802.3u、IEEE 802.3ab、IEEE 802.3z、ANSI/IEEE 802.3、IEEE 802.3x
VLAN	支持基于端口、协议、MAC、IP 子网的 VLAN 支持 QinQ 和灵活 QinQ 支持 Voice VLAN 纠错
QoS	支持 L2～L4 包过滤功能 支持时间段的包过滤 支持大容量双向 ACL 支持对端口接收报文的速率和发送报文的速率进行限制 支持报文重定向 每个端口支持 8 个输出队列 支持灵活的队列调度算法，可以同时基于端口和队列进行设置，支持 SP、WDRR、WFQ、SP＋WDRR 四种模式 支持报文的 802.1p 和 DSCP 优先级重新标记 支持 WRED 拥塞避免机制
组播管理	支持 IGMP Snooping v2/v3 支持 IGMPv1/v2/v3 支持组播 VLAN、组播 VLAN＋ 支持组播策略 支持 MLD Snooping v1/v2 支持 MLDv1/v2
网络管理	支持命令行接口（CLI）、Telnet、Console 口进行配置 支持 SNMPv1/v2/v3 支持 RMON（Remote Monitoring）告警、事件、历史记录 支持 iMC 网管系统、支持 Web 网管 支持系统日志、分级告警 支持集群管理 HGMPv2 支持电源的告警功能 支持风扇、温度告警 支持 NTP
安全管理	支持用户分级管理和口令保护 支持 AAA 认证、RADIUS 认证 支持 MAC 地址认证、802.1x 认证、Portal 认证 支持 HWTACACS 支持 SSH 2.0

功能特性	
安全管理	支持 IP＋MAC＋端口绑定 支持 IP Source Guard 支持 HTTPs、SSL 支持 PKI 支持 EAD 支持 ARP Detection 功能 支持 DHCP Snooping，防止欺骗的 DHCP 服务器 支持 BPDU guard、Root guard 支持 OSPF、RIPv2 报文的明文及 MD5 密文认证
其他参数	
电源电压	AC 100～240 V，50～60 Hz；DC－48～60 V
电源功率	空载 DC 58 W，AC 67 W，满载 DC 136 W，AC 146 W
产品尺寸	441 mm×427 mm×43.6 mm
产 品 重 量	8.5 kg
环境标准	工作温度：0～45 ℃ 工作湿度：10%～90%（非凝露）

华为 S5720－36C－EI－AC 的设备前面板如图 3－12 所示。

图 3－12　S5720－36C－EI－AC 交换机前面板图

华为 S5720－36C－EI－AC 设备参数见表 3－7。

表 3－7　华为 S5720－36C－EI－AC 交换机参数表

主要参数	
产品类型	千兆以太网交换机
应用层级	三层
传输速率	10/100/1 000 Mb/s
背板带宽	598 Gb/s/5.98 Tb/s
包转发率	222 Mb/s
MAC 地址表	64
端口参数	
端口数量	36 个
端口描述	28 个 10/100/1 000M Base－T 以太网端口

续表

端口参数	
扩展模块	提供 1 个扩展插槽，可扩展支持业务插卡： 2 端口万兆 SFP＋接口板 2 端口万兆 RJ45 接口板 8 端口万兆 SFP＋接口板 8 端口万兆 RJ45 接口板 2 端口 QSFP＋接口板 或堆叠卡
功能特性	
堆叠功能	可堆叠
VLAN	支持 4K 个 VLAN 支持 Guest VLAN、Voice VLAN 支持 GVRP 协议 支持 MUX VLAN 功能 支持基于 MAC/协议/IP 子网/策略/端口的 VLAN 支持 1:1 和 N:1 VLAN Mapping 功能 支持协议透明 VLAN
QoS	支持对端口接收和发送报文的速率进行限制 支持报文重定向 支持基于端口的流量监管，支持双速三色 CAR 功能，每端口支持 8 个队列 支持 WRR、DRR、SP、WRR＋SP、DRR＋SP 队列调度算法 支持 WRED 支持报文的 802.1p 和 DSCP 优先级重新标记 支持 L2（Layer 2）～L4（Layer 4）包过滤功能，提供基于源 MAC 地址、目的 MAC 地址、源 IP 地址、目的 IP 地址、TCP/IP 协议源/目的端口号、协议、VLAN 的包过滤功能 支持基于队列限速和端口整形功能 支持 1:1、N:1、N:4 端口镜像
组播管理	支持 IGMPv1/v2/v3 Snooping 和快速离开机制 支持 VLAN 内组播转发和组播多 VLAN 复制 支持捆绑端口的组播负载分担 支持可控组播 支持基于端口的组播流量统计 支持 IGMPv1/v2/v3、PIM－SM、PIM－DM、PIM－SSM 支持 MSDP
网络管理	支持智能 iStack 堆叠 支持虚拟电缆检测（Virtual Cable Test） 支持 SNMPv1/v2/v3 支持 RMON/RMON2 支持网管系统、支持 WEB 网管特性 支持系统日志、分级告警 支持 sFlow 支持 802.3az 能效以太网 EEE
安全管理	用户分级管理和口令保护 支持防止 DoS、ARP 攻击功能、ICMP 防攻击 支持 IP、MAC、端口、VLAN 的组合绑定 支持端口隔离、端口安全、Sticky MAC

功能特性	
安全管理	支持 MFF 支持黑洞 MAC 地址 支持 MAC 地址学习数目限制 支持 IEEE 802.1x 认证，支持单端口最大用户数限制 支持 AAA 认证，支持 Radius、TACACS＋、NAC 等多种方式 支持 NAC 功能 支持 SSH V2.0 支持 HTTPS 支持 CPU 保护功能 支持黑名单和白名单 支持 MACSec
其他参数	
电源电压	可插拔双电源，交流或直流供电，默认配置一个 AC 电源或 DC 电源 AC： 额定电压：100～240 V AC，50/60 Hz 最大电压：90～264 V AC，47/63 Hz DC： 额定电压：−48～60 V DC 最大电压：−36～72 V DC
电源功率	39.5 W
产品尺寸	442 mm × 420 mm × 44.4 mm

2. 路由器

路由器可选设备包括华为 AR3260 路由器和华为 AR2240 路由器。

经过性价比综合比较，本工程选用的华为 AR3260 设备前面板图如图 3－13 所示。

图 3－13　设备面板图

华为 AR3260 设备的详细参数见表 3－8。

表 3－8　华为 AR3260 参数表

主要参数	
产品类型	企业级路由器
端口	3 个 GE（2 个 Combo） 2 个 USB 2.0 端口 1 个 Mini－USB 控制台端口 1 个串行辅助/控制台端口

续表

	主要参数
扩展模块	4 个 SIC 插槽＋2 个 WSIC 插槽＋4 个 XSIC 插槽＋1 个 EXSIC 插槽＋3 个 DSP 插槽
	功能参数
网络安全	ACL、防火墙、802.1x 认证、MAC 地址认证、Web 认证、AAA 认证、RADIUS 认证、HWTACACS 认证、广播风暴抑制、ARP 安全、ICMP 反攻击、URPF、IP Source Guard、DHCP Snooping、CPCAR、黑名单、攻击源追踪
网络管理	升级管理、设备管理、Web 网管、GTL、SNMP、RMON、RMON2、NTP、CWMP、Auto－Config、U 盘开局、NetConf
其他功能	内置防火墙、支持 QoS、支持 VPN
	其他参数
产品内存	2 GB
电源电压	AC 100～240 V
电源功率	350 W
产品尺寸	442 mm×470 mm×130.5 mm
产品重量	11 kg（不含电源及插卡）
环境标准	工作温度：0～40 ℃ 工作湿度：5%～90%（不结露）
其他特点	支持 3G
其他性能	整机交换容量：160 Gb/s

华为 AR2240 的设备前面板如图 3－14 所示。

图 3－14　设备面板图

华为 AR2240 设备的详细参数见表 3－9。

表 3－9　华为 AR2240 参数表

	主要参数
产品类型	企业级路由器
端口	3 个 GE（2 个 Combo） 2 个 USB 2.0 端口 1 个 Mini－USB 控制台端口 1 个串行辅助/控制台端口
扩展模块	4 个 SIC 插槽＋2 个 WSIC 插槽＋4 个 XSIC 插槽＋1 个 EXSIC 插槽＋1 个 DSP 插槽

续表

功能参数	
网络安全	ACL、防火墙、802.1x 认证、MAC 地址认证、Web 认证、AAA 认证、RADIUS 认证、HWTACACS 认证、广播风暴抑制、ARP 安全、ICMP 反攻击、URPF、IP Source Guard、DHCP Snooping、CPCAR、黑名单、攻击源追踪
网络管理	升级管理、设备管理、Web 网管、GTL、SNMP、RMON、RMON2、NTP、CWMP、Auto－Config、U 盘开局、NetConf
其他功能	内置防火墙、支持 QoS、支持 VPN
其他参数	
产品内存	2 GB
电源电压	AC 100～240 V，50/60 Hz
电源功率	350 W
产品尺寸	442 mm×470 mm×88.1 mm
产品重量	8.85 kg（不含电源及插卡）
环境标准	工作温度：0～40 ℃ 工作湿度：5%～90%（不结露）
其他特点	支持 3G
其他性能	整机交换容量：80 Gb/s

3. 服务器

服务器可选设备包括华为 FusionServer RH2288H V3（Xeon E5－2609 v4×2/16 GB×2/12 盘位）和浪潮英信 NF5270M5（Xeon Bronze 3106/16 GB/1TB/4×HSB）。

经过性价比综合比较，本工程选用华为 FusionServer RH2288H V3（Xeon E5－2609 v4×2/16 GB×2/12 盘位），如图 3－15 所示。

华为 FusionServer RH2288H V3 服务器参数见表 3－10。

图 3－15　服务器前面板图

表 3－10　华为 FusionServer RH2288H V3 服务器参数表

基本参数	
产品类别	机架式
产品结构	2U
处理器	CPU 型号 Xeon E5－2609 v4，CPU 频率 1.7 GHz，最大 CPU 数量为 2，制程工艺 14 nm，三级缓存 20 MB，总线规格 QPI 6.4 GT/s，CPU 核心八核，CPU 线程数八线程
主板扩展槽	最多支持 9 个 PCIe 扩展插槽
内存	内存类型 DDR4，内存容量 32 GB，内存插槽数量 24，最大内存容量 1.5 TB

续表

基本参数	
存储	内部硬盘架数 12 个 3.5 in SAS/SATA 硬盘
网络	4×GE 接口
散热系统	热插拔风扇模组，支持 $N+1$ 冗余
系统管理	采用华为 Hi1710 管理芯片，独立接口，支持 SNMP、IPMI，提供 GUI、虚拟 kVM、虚拟媒体、SOL、深度预故障检测（PFA）、智能电源、远程控制、硬件监控等特性，集成触控式 LCD 诊断面板。支持华为 eSight 管理软件，支持被 VMWare vCenter、微软 SystemCenter、Nagios 等第三方管理系统集成
系统支持	Microsoft Windows Server、Red Hat Enterprise Linux、SUSE Linux Enterprise Server、CentOS、Citrix、XenServer、VMware ESXi
安全认证	CE、UL、FCC、CCC、RoHS 等
电源功率	460 W
产品尺寸	447 mm×748 mm×86.1 mm
工作温度	5～45 ℃

浪潮英信 NF5270M5（Xeon Bronze 3106/16 GB/1 TB/4×HSB）服务器如图 3-16 所示。

图 3-16　浪潮英信 NF5270M5 服务器前面板图

浪潮英信 NF5270M5（Xeon Bronze 3106/16 GB/1 TB/4×HSB）服务器设备的详细参数见表 3-11。

表 3-11　浪潮英信 NF5270M5 服务器参数表

基本参数	
产品类别	机架式
产品结构	2U
处理器	CPU 型号 Xeon Bronze 3106，CPU 频率 1.7 GHz，最大 CPU 数量为 2，制程工艺 14 nm，三级缓存 11 MB，CPU 核心八核，CPU 线程数八线程
主板	主板芯片组 Intel C621，最大支持 6 个标准 PCIe
内存	内存类型 DDR4，内存容量 16 GB，内存插槽数量 16，最大内存容量 1 TB
存储	硬盘接口类型 SATA，标配硬盘容量 1 TB，内部硬盘架前置支持 12 块 3.5 in 硬盘或 25 块 2.5 in 硬盘，后置 2 块 M.2 硬盘或 2 块 2.5 in SATA 硬盘，4 个热插拔硬盘槽位
网络	主板通过 PHY 集成 2 个高性能千兆网口，不支持 10/100 Mb/s
显示芯片	AST2500 BMC 芯片

基本参数	
标准接口	1 个前置 USB 3.0＋1 个前置 USB 3.0（支持 USB 2.0 和外插 LCD 液晶管理模块），2 个后置 USB 3.0 2 个 VGA（1 个前置，1 个后置） 1 个后置千兆管理网络接口 1 个双口千兆网卡只支持千兆，不支持 100 Mb/s
散热系统	4 个 4 Pin PWM 8038 风扇
系统管理	主板集成 BMC 管理芯片，标配 kVM 功能，提供 1 个独立的 1 Gb/s 网络 RJ45 型管理端口，网口速率支持 10/100/1 000 Mb/s 自适应切换 支持外插自研网卡提供 NCSI 功能
系统支持	Microsoft Windows Server Red Hat Enterprise Linux SUSE Linux Enterprise Server VMware SUSE Neokylin Orcal Citrix Ubuntu
安全认证	ISO9001 国际质量管理体系 ISO14001 国际环境管理体系
电源电压	AC 100～240 V
产品尺寸	87 mm×447 mm×720 mm
产品重量	26.8 kg
工作温度	5～45 ℃

4. 防火墙

防火墙可选设备包括华为 USG6625E－AC 和华为 USG6395E－AC。

经过性价比综合比较，本工程选用防火墙采用的华为 USG6625E－AC，如图 3－17 所示。

图 3－17　防火墙华为 USG6625E－AC 前面板图

华为 USG6625E－AC 防火墙的参数见表 3－12。

表 3－12　华为 USG6625E－AC 防火墙参数表

主要参数	
设备类型	下一代防火墙
网络端口	6×10 GE（SFP＋）、6×GE（SFP）、16×GE
控制端口	1×USB 2.0

主要参数	
VPN 支持	支持丰富高可靠性的 VPN 特性，如 IPSec VPN、SSL VPN、L2TP VPN、MPLS VPN、GRE，提供自研的 VPN 客户端 SecoClient，实现 SSL VPN、L2TP VPN 和 L2TP over IPSec VPN 用户远程接入，支持 DES、3DES、AES、SHA、SM2/SM3/SM4 等多种加密算法
入侵检测	入侵防御与 Web 防护：第一时间获取最新威胁信息，准确检测并防御针对漏洞的攻击。可防护各种针对 Web 的攻击，包括 SQL 注入攻击和跨站脚本攻击等
管理	应用识别与管控：可识别 6 000 多种应用，访问控制精确到应用功能。应用识别与入侵检测、防病毒、内容过滤相结合，提高检测性能和准确率。 云管理模式：设备自行向云管理平台发起认证注册，实现即插即用，简化网络创建和开局。远程业务配置管理、设备监控故障管理，实现海量设备的云端管理。 带宽管理：在识别业务应用的基础上，可管理每用户/IP 使用的带宽，确保关键业务和关键用户的网络体验。管控方式包括限制最大带宽或保障最小带宽、修改应用转发优先级等
安全标准	防病毒：病毒库每日更新，可迅速检出超过 500 万种病毒。 APT 防御：与本地/云端沙箱联动，对恶意文件进行检测和阻断，支持流探针信息采集功能，对流量信息进行全面的信息采集，并将采集的信息发送到网络安全智能系统（CIS）进行分析、评估，识别网络中的威胁和 APT 攻击，加密流量无须解密，联动 CIS，实现对加密流量威胁检测，主动响应恶意扫描行为，并通过联动 CIS 进行行为分析，快速发现，记录恶意行为，实现对企业威胁的实时防护。 数据防泄漏：对传输的文件和内容进行识别过滤，可准确识别常见文件的真实类型，如 Word、Excel、PPT、PDF 等，并对内容进行过滤
一般参数	
电源	AC 100～240 V
外形设计	1 U
产品尺寸	442 mm × 420 mm × 43.6 mm
产品重量	7.6 kg
适用环境	工作温度：0～45 ℃ 工作湿度：5%～95%（非凝露） 储存温度：−40～70 ℃ 储存湿度：5%～95%
整机功耗	104.5 W

华为 USG6395E – AC 防火墙的图片如图 3 – 18 所示。

图 3 – 18 防火墙华为 USG6395E – AC 前面板图

华为 USG6395E – AC 防火墙的参数见表 3 – 13。

表 3－13　防火墙华为 USG6395E－AC 参数表

主要参数	
设备类型	防火墙
产品结构	1 U
网络端口	6×10 GE（SFP＋）、6×GE Combo、16×GE
控制端口	1×USB 2.0、1×USB 3.0
应用管理	识别 6 000 多种应用，访问控制精度到应用功能，例如：区分微信的文字和语音。应用识别与入侵检测、防病毒、内容过滤相结合，提高检测性能和准确率
带宽管理	在识别业务应用的基础上，可管理每用户/IP 使用的带宽，确保关键业务和关键用户的网络体验。管控方式包括限制最大带宽或保障最小带宽、应用的策略路由、修改应用转发优先级等
云管理	设备自行向云管理平台发起认证注册，实现即插即用，简化网络创建和开局，远程业务配置管理、设备监控故障管理，海量设备云端管理
一体化管理	集传统防火墙、VPN、入侵防御、防病毒、数据防泄漏、带宽管理、Anti－DDoS、URL 过滤、反垃圾邮件等多种功能于一身，全局配置视图和一体化策略管理。　入侵：第一时间获取最新威胁信息，准确检测并防御针对漏洞的攻击。可防护各种针对 Web 的攻击，包括 SQL 注入攻击和跨站脚本攻击等
APT 安全标准	可与本地/云端沙箱联动，对恶意文件进行检测和阻断。　加密流量无须解密，联动大数据分析平台 CIS，实现对加密流量威胁的检测。　主动响应恶意扫描行为，并通过联动大数据分析平台 CIS 进行行为分析，快速发现，记录恶意行为，实现对企业威胁的实时防护
云管理安全标准	可对企业云应用进行精细化和差异化的控制，满足企业对用户使用云应用的管控需求
一般参数	
电源	AC 100～240 V，35 W
外形设计	1U
产品尺寸	442 mm×420 mm×43.6 mm
产品重量	5.8 kg
适用环境	工作温度：0～45 ℃ 存储温度：－40～70 ℃ 工作湿度：5%～95%（非凝露） 储存湿度：5%～95%
存储	外置存储选配，2.5 in 硬盘，支持 SSD 240 GB 或 HDD 1 TB

5. 机柜

本工程需要安装路由器、交换机、防火墙、服务器等设备，设备一般安装在机柜内部。

本工程的机柜选用常用的 19 in 42 U 机柜，配置机柜专用电源。

本工程选用机柜是大唐卫士 T1－88 型机柜，该机柜的正面图如图 3－19 所示。

大唐卫士 T1－88 型机柜的参数见表 3－14。

图 3－19　大唐卫士 T1－88 型机柜
正面图

表 3-14　大唐卫士 T1-88 型机柜参数表

主要参数	
产品型号	T1-8842（前后网门带线槽，后门双开）
类型	服务器机柜
标配	托盘×3/脚轮×4/风扇×4/普通插排×1/扳手×1/螺母若干
材质	SPCC 优质冷轧钢材，脱脂静电塑喷
可安装的设备	
设备类型	交换机、路由器、配线架、防火墙、服务器、kVM 切换器等
设备尺寸	建议宽度 700 mm 以内、深度 700 mm 以内的设备
其他参数	
产品尺寸	42 U 800 mm 宽×800 mm 深×2 000 mm 高
立柱间距	485 mm（19 in 标准）
立柱厚度	2.0 mm
柜门厚度	1.2 mm
侧板厚度	1.2 mm
最大承重	700 kg
托盘承重	50 kg

6. 电源模块

本工程采用的电源模块是 19 in 机柜专用的奥盛 3U-01 配电模块，如图 3-20 所示。

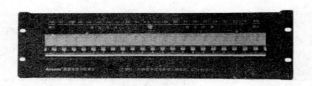

图 3-20　奥盛 3U-01 配电模块面板图

奥盛 3U-01 配电模块的参数见表 3-15。

表 3-15　奥盛 3U-01 配电模块参数表

主要参数	
输入	48 V DC 或 220 V AC/380 V AC，一路或两路电源输入，额定电流最大可以达到 100 A
输出	48 V DC 或 220 V AC/380 V AC，容量最大可以达到 20 支路，额定电流（1～63 A）可由用户指定
功能特性	
温度	通过 100 A 电流温升小于 1 ℃

续表

功能特性	
结构紧凑	在保证安全操作空间的基础上，采用了紧凑的结构设计，确保设备在安全运行状态下的结构紧凑
安装维护方便	只需单面操作，只需四个螺栓固定在 19 in 标准机柜上即可。 接线时，只要拆开面板上的螺钉就可以进入设备内部，接线位置一目了然，工作地和 −48 V（交流：零线和保护地线）一一对应，方便各种电缆的连接。 工作地排（或零线排）输入/输出可选配铜线耳供用户接线。安装螺钉易于装拆，一把十字螺丝刀可以完成整个单元的维护
其他参数	
产品	4 U
重量	3.5 kg
机箱厚度	1.5 mm
材质	优质冷压钢板，金属烤漆
导轨	加厚钢制 1.2 mm
铜排	20 mm × 20 cm 电镀加宽加厚铜排

7. 光缆

本工程使用的光缆采用大唐电信公司的室内多芯圆形配线光缆，其规格是 DTT−GJ01−0105−OV，光缆的外观及其规格参数如图 3−21 所示。

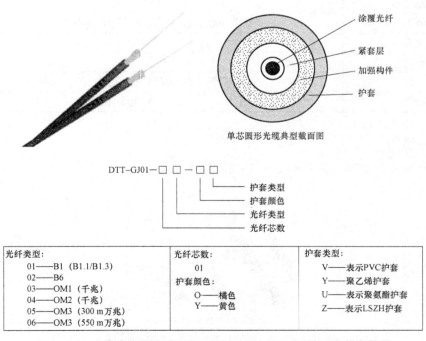

图 3−21　大唐室内用光缆 DTT−GJ01−0105−OV 外观及其参数图

8. 摄像头

本工程使用的摄像头采用网络摄像机，其规格是 S–2DC4223IW–D，其外观如图 3–22 所示。

9. 多媒体信息箱

本工程使用多媒体信息箱，其外观如图 3–23 所示。

图 3–22 网络摄像机   图 3–23 多媒体信息箱

多媒体信息箱产品特点，见表 3–16。

表 3–16 媒体信息箱参数表

基本参数	
产品类型	多媒体箱
外形	宽度 600 mm，高度 500 mm，深度 120 mm
毛重	1.0 kg
板材	1.0 mm 厚
开门	静电喷塑，防锈耐腐蚀，美观实用；双开门
附件	带支架和电源插座

10. 电缆

本工程使用的电缆，其外观如图 3–24 所示。

图 3–24 电缆外观图

电缆产品特点见表 3–17。

表 3 – 17　电缆参数表

基本参数				
标准截面积 /mm²	绝缘厚度 /mm	护套厚度 /mm	近似外径 /mm	参考质量 / (kg·hm⁻¹)
1.5	0.7	1.8	10.1	13.1
2.5	0.7	1.8	11.0	17.0
4	0.7	1.8	12.0	22.4
16	0.7	1.8	18.0	62.1
25	0.9	1.8	21.3	92.8
50	1	1.8	26.9	161.5

11. 7 类网线

本工程使用的网线为绿联 7 类纯铜网线，其外观如图 3 – 25 所示。

图 3 – 25　7 类网线外观图

3.6　数据中心机房项目方案设计

首先根据需要完成整个园区的系统设计，再分专业具体设计。本工程的校园网的拓扑图如图 3 – 26 所示。

在整体设计基础上，根据需要分专业完成详细设计，一般分专业设计需要考虑的内容包括机房防雷统设计、接地系统设计、气体消防系统、照明及应急照明系统、安保系统等。

机房防雷统设计与电源防雷一样，通信网络的防雷主要采用通信避雷器防雷。通常根据通信线路的类型、通信频带、线路电平等选择通信避雷器，将通信避雷器串联在通信线路上，并要有良好的接地线。防雷系统需要具备防雷资质的专业公司才能设计施工，所以本系统一般采用合作方式进行，由专业公司提供技术支持。目前比较常用的防雷设备厂家有地凯、盾牌等。

接地系统设计根据国家规范以及机房接地要求，机房接地系统最好采用综合接地方式，在机房内用扁钢把所有接地点都连成一体，将三种接地引下线接入地桩。交流接地和安全工作接地合二为一，与直流接地、防雷接地分别用三根接地引线引至大楼的地面。再将它们与避雷地桩 E1 接成综合接地网。这样它们就有同样的电位，在发生雷击时，不会发生雷电反击而损坏设备。同时，要求接地电阻小于 1 Ω，可保证接地线间不产生电位差、不相互干扰。这是目前工程上最常见的做法。为了保证接地电阻小于 1 Ω，我们将采用优质的接地体和引下线，根据实际情况综合运用深埋、添加降阻剂、增大接地线横截面面积、增加接地体数量等方法来降低接地电阻，以达到国家标准的要求。接地系统设计图如图 3－27 所示。

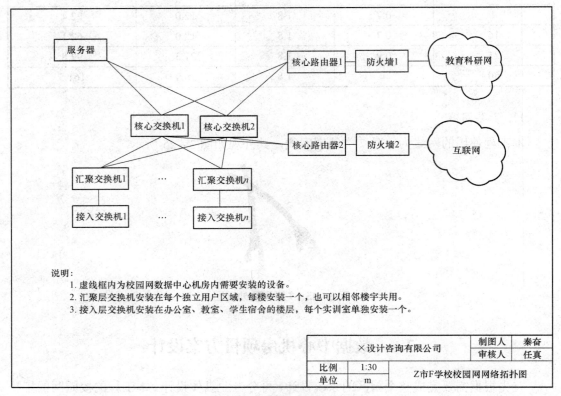

图 3－26　校园网网络拓扑图

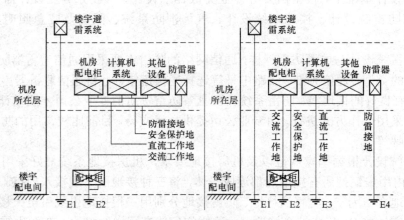

图 3－27　接地系统图

118

气体消防系统与防雷系统一样，都是需要具备消防资质的专业公司才能进行设计及施工，所以本系统一般采用合作方式进行，由专业公司提供技术支持。由于气体灭火属于全淹没的灭火系统，对人体会造成毁灭性伤害，所以建议只在设备较多且无人值班的功能区采用气体消防，在需要人员值班的功能区还是采用普通喷淋消防系统比较保险。一般采用七氟丙烷自动灭火系统，根据机房面积确定使用管网或者无管网灭火方式，一般面积较小的机房（小于 50 m²）采用无管网方式，面积较大的机房需要采用管网方式。消防系统还要具备火灾报警功能，灭火装置具有自动、手动及机械应急操作三种方式。气体消防要求消防区域空间必须密封，如图 3-28 所示。

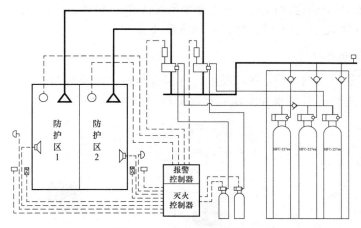

图 3-28　气体消防系统图

本工程在机柜内配置电源模块。采用的型号是奥盛 3U-01 型 19 in 机柜配电箱，双路输出通信架顶电源交直流分配单元。

照明及应急照明系统。计算机房内的照明要求在离地面 0.8 m 处，照度不应低于 200 lx，其他房间的照明不应低于 5 lx，主要通道及有关房间可根据需要设置，但其照度要求是在离地面 0.8 m 处不低于 1 lx。考虑照明质量均匀度、对比度，防止眩光影响。机房照明使用明装式菱纹灯盘连续安装，防止直射眩光。正常照明系统由 220 V 市电单电源供电，现场开关控制。应急照明由 UPS 电源供电，照度作为正常照明的一部分，平时由现场开关控制，消防自动报警时由消防信号强制开启。其照度宜为一般照明的 1/10。计算机机房应设置疏散照明和安全出口标志灯，其照度不应低于 0.5 lx。电子计算机机房照明线路宜穿钢管暗敷或在吊顶内穿钢管明敷。大面积照明场所的灯具宜分区、分段设置开关。技术夹层内应设照明，采用单独支路或专用配电箱（盘）供电。

安保系统。中心作为信息系统的核心重地，需要保证绝对的安全，所以需要一个结合视频监控、红外报警以及门禁管理的综合安保系统，可以实时监控到进入机房的人员以及对非法闯入进行报警和录像，为机房的安全提供保障。系统要求实现与动力环境监控系统的联动，一旦发生安防告警，可以切换到相应摄像机画面，并启动录像功能。

1. 机房门禁系统

机房门禁系统的检测装置一般安装在机房入口和各功能区出入口，对人员进出进行授权、记录、查询，并可与防盗、报警、保安等系统结合成综合管理系统，既方便内部人员按权限自由出入，又杜绝外来人员随意进出。门禁系统可以采用指纹、IC 卡或双重认证方式。门禁系统设备包括以下内容：① 管理软件用于门禁系统的发卡、授权、维护、查询开门事件等管理，配置 1 套即可。② 门禁控制器分为单门、双门、4 门、8 门等，根据门禁数量配置相应的控制器。③ 读卡器读取认证数据如 IC 卡或指纹等。一般每个门配 1 台，有些特殊要求进出都要读卡开门的场所，每个门要配 2 台。④ 电锁分为电磁锁、电控锁或电插锁，根据不同需要选择不同类型的电锁，每个单门配置 1 套，双门需要配 2 套。⑤ 开门按钮用于从内开门的开关，每个门配 1 个。⑥ 门磁用于检测门的开关状态，每个门配 1 个。⑦ IC 卡用于授权凭证，每人配 1 张。

2. 视频监控系统

视频监控在各机房出入口、各功能区出入口及重点区域安装摄像机，通过视频电缆传到硬盘录像机，进行实时监视和录像。视屏监控系统如图 3-29 所示。

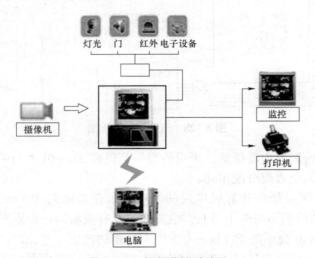

图 3-29 视频监控系统图

视频监控系统设备包括以下内容：监控管理软件用于对视频信号进行处理、录像、回放，安装在硬盘录像机上，可以把视频信号实时显示在显示器上。硬盘录像机分为 4 路、6 路、8 路、16 路，用于视频信号的记录，根据监控点数量配置相应的硬盘录像机。一般硬盘录像机不配置硬盘，需要根据录像时间确定硬盘容量。摄像机安装在监控现场，用于把现场画面转换成视频信号，传输给硬盘录像机。录像机分为半球形、枪机、球机等，按照需要配置相应数量及型号的摄像机。需要视频电缆和电源线，用于连接摄像机到硬盘录像机，以及所有摄像机所用电缆的总和。

本工程的供电、照明、防雷、接地保护等内容已具备，本设计中直接使用不涉及需要设计和建设的内容。原有房间没安装监控系统，按照校园的数据中心机房管理使用要求，该机房内需要安装摄像机，并配置录像服务器等设备，保存录像，便于查询和管理。

3.7　数据中心机房项目设计文档编写

根据该项目建设单位需求，需要选取数据中心机房位置，并进行设备选型和布局，在此基础上完成走线方案的设计。

本项目中，机房需要位于用户分布中心附近的一栋楼宇，根据设备安装的需要、房间面积情况，以及管理和维护的方便，计划选择教学楼的一个房间作为本工程所需的数据中心机房。综合考虑教学楼各楼层情况，根据设备的安装、维护和管理等方面的要求，以及经过计算得出的机房总面积不小于 26 m² 等限定条件，选择位于一楼的 103 室作为数据中心机房，该机房长 6.88 m，宽 5.16 m，该房间仅有一个门并且没有吊顶，满足本工程对于机房的全部要求。

本项目所使用的设备清单见表 3-18。

表 3-18　校园数据中心机房设备清单

序号	设备名称	型号	尺寸/ (mm × mm × mm)	单位	数量	备注
1	机柜	19 in 42 U 机柜	600 × 1 000 × 2 000	架	1	
2	交换机	华为 S7706	442 × 476 × 442	台	2	
3	路由器	华为 AR3260	442 × 470 × 130.5	台	2	
4	服务器	华为 FusionServer RH2288H V3	447 × 748 × 86.1	台	1	
5	防火墙	华为 USG6625E - AC	442 × 420 × 43.6	台	1	
6	交流配电箱	220 V/32 A	550 × 250 × 500	台	1	利旧
7	接地排			组	2	利旧
8	摄像头			台	2	
9	环境监控箱			台	1	

根据设备清单上设备安装要求合理选择设备安装位置。机柜安装在机房主要位置，机柜内安装路由器、交换机、服务器、防火墙等设备。该房间原有交流配电箱和接地排满足本工程需要，利旧使用。摄像头和环境监控箱在机房内按照要求安装。设备布局设计完成后得到设备布局图，如图 3-30 所示。

机柜分为机柜 1 和机柜 2。同型号路由器，安装在机柜 1 中的是路由器 1，安装在机柜 2 中的是路由器 2；同样道理，交换机分别安装在机柜 1 和机柜 2 中，分为交换机 1 和交换机 2；防火墙分为防火墙 1 和防火墙 2。

本工程所需设备（表 3-18），除了安装在机柜中的路由器、交换机、防火墙、服务器等设备之外，还有机房原有的配电箱和接地排，能够满足数据机房要求，可以利旧使用。还有摄像头、环境监控箱需要在机房选址安装，2 个摄像头采用吸顶安装方式，环境监控箱采用壁挂方式。

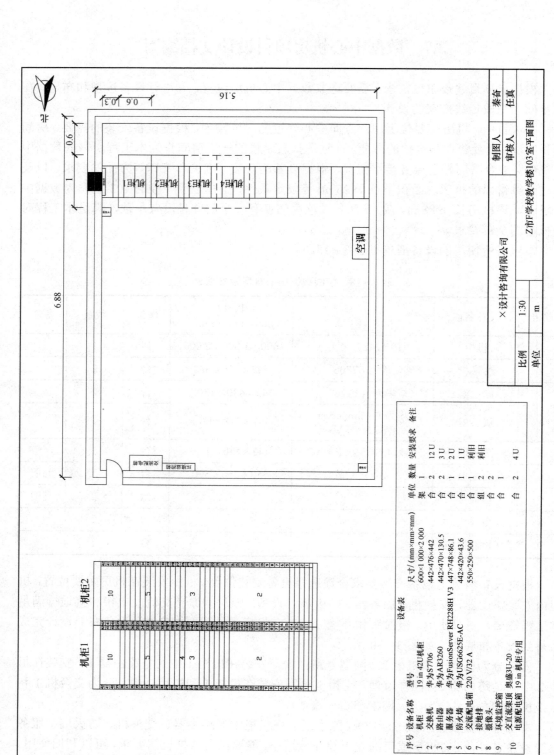

图 3-30 数据机房设备布局图

思政故事

数据中心是支持我国智能业务开展的基础。而数据中心能耗水平将成为数据中心的关键指标之一，一般采用 PUE 值作为衡量数据中心能耗效率的主要指标。PUE 值是总能耗与 IT 负载能耗之比，越接近 1，说明其能耗效率越高。我国超大型数据中心的 PUE 值平均为 1.46，而华为数据中心的平均值一般为 1.12，其能耗效率全球领先。未来数据中心还有很多技术和工程问题等待我们去解决和提高，作为通信专业的学生，应努力学好专业知识，为科技强国为祖国通信事业贡献自己的一份力。

在设备安装方案确定后，接下来需要确定所需敷设的线缆的种类、数量、敷设方式和敷设位置。本工程所需使用线缆统计见表 3-19。

表 3-19　线缆统计表

序号	线缆名称	起止位置	规格	单位	数量	备注
1	电力电缆	交流配电箱至机柜 1	RVVZ 2×16 mm²	m	9.9	1.4+1+5.2+0.6+0.7
2	电力电缆	交流配电箱至机柜 2	RVVZ 2×16 mm²	m	10.5	1.4+1+5.2+1.2+0.7
3	电力电缆	交流配电箱至环境监控箱	RVVZ 2×4 mm²	m	1	0.2+0.6+0.2
4	电力电缆	交流配电箱至摄像头 1	RVVZ 2×1.5 mm²	m	7.8	0.7+0.6+5.2+0.3
5	电力电缆	交流配电箱至摄像头 2	RVVZ 2×1.5 mm²	m	5.1	0.7+4.2+0.2
6	保护地线	交流配电箱至接地排	RVVZ 1×16 mm²	m	6.5	0.7+0.6+5.2
7	保护地线	环境监控箱至接地排	RVVZ 1×4 mm²	m	7.1	1.3+0.6+5.2
8	保护地线	机柜 1 至接地排	RVVZ 1×16 mm²	m	0.9	0.6+0.3
9	保护地线	机柜 1 至接地排	RVVZ 1×16 mm²	m	1.5	1.2+0.3
10	光缆	防火墙 1 到核心路由器 1	GYTS-2	m	0.5	
11	光缆	防火墙 2 到核心路由器 2	GYTS-2	m	0.5	
12	网线	核心路由器 1 到核心交换机 1	7 类网线	m	1	
13	网线	核心路由器 1 到核心交换机 2	7 类网线	m	3.6	1.8+0.6+1.2

续表

序号	线缆名称	起止位置	规格	单位	数量	备注
14	网线	核心路由器 2 到核心交换机 1	7 类网线	m	3.6	1.8 + 0.6 + 1.2
15	网线	核心路由器 2 到核心交换机 2	7 类网线	m	1	

根据线缆用途分类统计各类线缆后，接下来需要合并同类型，分类汇总得到线缆汇总表，见表 3-20。

表 3-20　线缆汇总表

序号	线缆名称	规格	单位	数量	备注
1	电力电缆	RVVZ 2×16 mm²	m	21.4	
2	电力电缆	RVVZ 2×4 mm²	m	1	
3	电力电缆	RVVZ 2×1.5 mm²	m	12.9	
4	电力电缆	RVVZ 1×16 mm²	m	8.9	
5	电力电缆	RVVZ 1×4 mm²	m	7.1	
6	光缆	GYTS-2	m	1	
7	网线	7 类网线	m	10.2	

3.8　数据中心机房项目预算编制

3.8.1　预算说明

1. 预算概况

Y 年 Z 市 F 学校校园网数据中心机房项目预算 645 619 元人民币，包括国内设备费 567 697 元人民币、建筑安装工程费 10 780 元人民币、工程建设其他费 49 906 元人民币、预备费 17 236 元人民币。

2. 编制依据

① 设计委托书。

② 建设单位提供的设备、材料价格。

③ 工业和信息化部《关于印发信息通信建设工程预算定额、工程费用定额及工程概预算编制规程的通知》（工信部通信〔2016〕451 号）。

④ 工业和信息化部《关于调整通信工程安全生产费取费标准和使用范围的通知》（工信部通函〔2012〕213 号）。

3．工程量清单

本工程工程量清单见表 3-21。

表 3-21　工程设备清单表

编号	项目名称	规格	单位	数量
1	安装机柜	落地式机柜	架	2
2	安装配电模块	交直流架顶电源配电箱	台	1
3	安装交换机	华为 S7706	台	2
4	安装路由器	华为 AR3260	台	2
5	安装防火墙	华为 USG6625E-AC	台	2
6	安装服务器	华为 FusionServer RH2288H V3	台	1
7	安装摄像头		台	2
8	安装环境监控箱		台	1
9	敷设电缆	RVVZ 2×16 mm^2	m	21.4
10	敷设电缆	RVVZ 2×4 mm^2	m	1
11	敷设电缆	RVVZ 2×1.5 mm^2	m	12.9
12	敷设电缆	RVVZ 1×16 mm^2	m	8.9
13	敷设电缆	RVVZ 1×4 mm^2	m	7.1
14	敷设光缆	室内用光缆	m	1
15	敷设网线	7 类网线	m	10.2

4．设备清单

本工程设备清单见表 3-22。

表 3-22　工程设备清单表

编号	设备名称	规格	单位	数量	单价/元
1	机柜	落地式机柜	架	2	3 450
2	机柜配电模块	交直流架顶电源配电箱	台	2	1 450
3	交换机	华为 S7706	台	2	124 800
4	路由器	华为 AR3260	台	2	21 324
5	防火墙	华为 USG6625E-AC	台	2	79 002

编号	设备名称	规格	单位	数量	单价/元
6	服务器	华为 FusionServer RH2288H V3	台	1	11 987
7	摄像头	DS－2DC4223IW－D	台	2	1 588
8	环境监控箱	带支架和电源插座	台	1	389
9	电缆	RVVZ 2×16 mm²	米	21.4	36.61
10	电缆	RVVZ 2×4 mm²	米	1	10.61
11	电缆	电线 RVVZ 2×1.5 mm²	米	12.9	4.83
12	电缆	RVVZ 1×16 mm²	米	8.9	16.9
13	电缆	RVVZ 1×4 mm²	米	7.1	4.5
14	光缆	大唐 DTT－GJ01－0105－OV	米	1	1.5
15	网线	7 类网线	米	10.2	118.0

3.8.2　预算费用

1. 定额

本工程使用安装定额，依据工信部颁发的通信建设工程预算定额，本工程使用其中的两册：第二册《有线通信设备安装工程》和第四册《通信线路工程》。

2. 其他主要费率

临时设施费按 35 千米以内计，无线取 3.8%；施工队伍调遣费按照 $L \leqslant 100$ km 标准计取施工队伍调遣费；可行性研究费不计取；工程监理费＝按照监理费计费额（工程费＋其他费用）×3.3%；安全生产费＝（建安费＋其他费用）×1.5%；工程质量监督费根据工信厅、建设单位要求不计取；工程定额测定费根据工信厅、建设单位要求不计取；建设期贷款利息依据集团要求，本期不计取。

3.8.3　预算表格

预算表格见表 3－23～表 3－29。

表 3-23　工程预算表（表一）

建设项目名称：Y 年 Z 市 F 学校校园网数据中心机房项目
项目名称：Y 年 Z 市 F 学校校园网数据中心机房项目　　建设单位名称：Z 市 F 学校
表格编号：-B1　　第　页全　页

序号	表格编号	费用名称	小型建筑工程费	需要安装的设备费	不需安装的设备、工器具费	建筑安装工程费	其他费用	预备费	总价值			其中外币（ ）
									除税价/元	增值税/元	含税价/元	
I	II	III	IV	V	VI	VII	VIII	IX	X	XI	XII	XIII
1		建筑安装工程费				9 711			9 711	1 068	10 780	
2		引进工程设备费										
3		国内设备费		485 211					485 211	82 486	567 697	
4		小计（工程费）		485 211		9 711			494 923	83 554	578 477	
5		工程建设其他费					47 074		47 074	2 832	49 906	
6		引进工程其他费										
7		合计		485 211		9 711	47 074		541 997	86 386	628 383	
8		预备费						16 260	16 260	976	17 236	
9												
10												
11												
12												
13		总计		485 211		9 711	47 074	16 260	558 257	87 362	645 619	
14		生产准备及开办费										

设计负责人：张一　　审核：任真　　编制：秦奋　　编制日期：2021 年 7 月

表3-24　建筑安装工程费用概预算表（表二）

工程名称：Y年Z市F学校校园网数据中心机房项目　　　　建设单位名称：Z市F学校

表格编号：-B2　　　　　　　　　　　　　　　　　　　序号：-B2　　　第　页　全　页

序号 Ⅰ	费用名称 Ⅱ	依据和计算方法 Ⅲ	合计/元 Ⅵ
	建筑安装工程费（含税价）	一+二+三+四	10 779.75
	建筑安装工程费（除税价）	一+二+三	9 711.49
一	直接费	直接工程费+措施费	6 720.32
（一）	直接工程费		6 096.92
1	人工费		3 688.7
（1）	技工费	技工总计×114	3 606.96
（2）	普工费	普工总计×61	81.74
2	材料费	主要材料费+辅助材料费	1 504.04
（1）	主要材料费	见（国内乙供主要材料）表	1 460.23
（2）	辅助材料费	主材费×5%	43.81
3	机械使用费	表三乙-总计	
4	仪表使用费	表三丙-总计	904.18
（二）	措施项目费	1~15之和	623.4
1	文明施工费	人工费×0.8%	29.51
2	工地器材搬运费	人工费×1.1%	40.58
3	工程干扰费	人工费×0%	
4	工程点交、场地清理费	人工费×2.5%	92.22
5	临时设施费	人工费×3.8%	140.17
6	工程车辆使用费	人工费×2.2%	81.15
7	夜间施工增加费	人工费×2.1%	77.46
8	冬雨季施工增加费	人工费×1.8%	66.4
9	生产工具用具使用费	人工费×0.8%	29.51
10	施工用水电蒸汽费	不涉及	0
11	特殊地区施工增加费	（技工总计+普工总计）×0	0
12	已完工程及设备保护费	不涉及	66.4
13	运土费	不涉及	0
14	施工队伍调遣费	调遣费定额×调遣人数定额×2	0
15	大型施工机械调遣费	单程运价×调遣距离×总吨位×2	0
二	间接费	规费+企业管理费	2 253.43
（一）	规费	1~4之和	1 242.73
1	工程排污费	不涉及	0
2	社会保障费	人工费×28.5%	1 051.28
3	住房公积金	人工费×4.19%	154.56
4	危险作业意外伤害保险费	人工费×1%	36.89
（二）	企业管理费	人工费×27.4%	1 010.7
三	利润	人工费×20%	737.74
四	销项税额	（人工费+乙供主材费+机械使用费+仪表使用费+辅材费+措施费+规费+企业管理费+利润）×11%+甲供主材费×17%	1 068.26

设计负责人：张一　　　审核：任真　　　编制：秦备　　　编制日期：2021年7月

表 3-25 建筑安装工程量预算表（表三甲）

工程名称：Y年Z市F学校校园网数据中心机房项目　表格编号：-B3　建设单位名称：Z市F学校　第　页 全　页

序号	定额编号	项目名称	单位	数量	单位定额值/工日		合计值/工日	
					技工	普工	技工	普工
I	II	III	IV	V	VI	VII	VIII	IX
1	TXL7-004	安装机柜、机架落地式	座	2	1.25	0.67	2.5	1.34
2	TSW2-105	无线局域网交换机安装	台	2	1.25		2.5	
3	TSW2-106	无线局域网交换机调测	台	2	2.4		4.8	
4	TSW2-109	路由器安装	台	2	2		4	
5	TSW2-110	路由器调试	台	2	5		10	
6	TSY3-038	安装服务器低端	台	1	1.8		1.8	
7	TSY3-063	安装网络安全设备低端（防火墙）	台	2	1.05		2.1	
8	TSY5-014	安装摄像机室内	台	2	0.35		0.7	
9	TSD4-012	安装壁挂式外围告警监控箱	个	1	1.5		1.5	
10	TSY1-003	安装电源分配架（柜）、架顶式	架	1	0.6		0.6	
11	TSD5-021	室内布放电力电缆（单芯相线截面积）16 mm² 以下双芯芯线缆	10 m	3.53	0.15		0.58	
12	TSD5-021	室内布放电力电缆（单芯相线截面积）16 mm² 以下	10 m	1.6	0.15		0.24	
13	TXL5-074	桥架、线槽、网络地板内明布光缆	100 m	0.01	0.4	0.4	0	0
14	TSY5-011	布放线缆室内	10 m	2.06	0.15		0.31	
		默认页合计					31.64	1.34

设计负责人：张一　　审核：任真　　编制：秦备　　编制日期：2021 年 7 月

129

表 3-26　建筑安装工程仪表使用费预算表（表三丙）

工程名称：Y 年 Z 市 F 学校校园网数据中心机房项目　　建设单位名称：Z 市 F 学校

表格编号：-B3B　　第　页　全　页

序号	定额编号	工程及项目名称	单位	数量	仪表名称	单位定额值		合价值	
						消耗量/台班	单价/元	消耗量/台班	合价/元
I	II	III	IV	V	VI	VII	VIII	IX	X
1	TSW2-106	无线局域网交换机调测	台	2	网络测试仪	0.6	166	1.2	199.2
2	TSW2-106	无线局域网交换机调测	台	2	操作测试终端（电脑）	2.2	125	4.4	550
3	TSW2-110	路由器调试	台	2	误码测试仪	0.05	524	0.1	52.4
4	TSW2-110	路由器调试	台	2	协议分析仪	0.07	127	0.14	17.78
5	TSW2-110	路由器调试	台	2	网络测试仪	0.07	166	0.14	23.24
6	TSD5-021	室内布放电力电缆（单芯相线截面积）16 mm² 以下 双芯线线缆	十米条	3.53	绝缘电阻测试仪	0.1	120	0.353	42.36
7	TSD5-021	室内布放电力电缆（单芯相线截面积）16 mm² 以下	十米条	1.6	绝缘电阻测试仪	0.1	120	0.16	19.2
		默认页合计							904.18

设计负责人：张一　　编制：秦奋　　审核：任真　　编制日期：2021 年 7 月

表 3-27　国内器材预算表（表四甲）

（国内需要安装设备）表

工程名称：Y 年 Z 市 F 学校校园网数据中心机房项目　　表格编号：-B4A-E　　建设单位名称：Z 市 F 学校　　　第　页　全　页

序号	名称	规格程式	单位	数量	单价/元			合计/元			备注
					除税价	增值税	含税价	除税价	增值税	含税价	
I	II	III	IV	V	VI	VII	VIII	IX	X	XI	XII
1	机柜	19 in 42 U	台	2	3 450	586.5	4 036.5	6 900	1 173	8 073	
2	机柜配电模块	交直流架顶电源	台	2	1 450	246.5	1 696.5	2 900	493	3 393	
3	交换机	华为 S7706	台	2	124 800	21 216	146 016	249 600	42 432	292 032	
4	路由器	华为 AR3260	台	2	21 324	3 625.08	24 949.08	42 648	7 250.16	49 898.16	
5	防火墙	华为 USG6625E-AC	台	2	79 002	13 430.34	92 432.34	158 004	26 860.68	184 864.68	
6	服务器	华为 FusionServer	台	1	11 987	2 037.79	14 024.79	11 987	2 037.79	14 024.79	
7	摄像头	海康威视	台	2	1 588	269.96	1 857.96	3 176	539.92	3 715.92	
8	环境监控箱	圣滨牌（带支架）	台	1	389	66.13	455.13	389	66.13	455.13	
	运杂费							3 804.83	228.29	4 033.12	0.008
	运输保险费							1 902.42	114.14	2 016.56	0.004
	采购及保管费							3 899.95	234.00	4 133.95	0.008 2
	采购代理服务费										
	默认页合计							485 211.2	81 429.11	566 640.3	

设计负责人：张一　　　审核：任真　　　编制：秦备　　　编制日期：2021 年 7 月

表3-28 国内器材预算表（表四甲）

（国内乙供主要材料）表

工程名称：Y年Z市F学校校园网数据中心机房项目　　　　建设单位名称：Z市F学校

表格编号：-B4A-M　　　　第　页　全　页

序号	名称	规格程式	单位	数量	单价/元 除税价	增值税	含税价	合计/元 除税价	增值税	含税价	备注
I	II	III	IV	V	VI	VII	VIII	IX	X	XI	XII
1	线缆		m	21.01	11.8	1.30	13.10	(247.94)	(27.27)	(275.22)	
2	网线	7类网线	m	21.01	11.8	1.30	13.10	247.92	27.27	275.19	
3	光缆		m	1.02	1.5	0.17	1.67	1.53	0.17	1.70	
4	电力电缆		m	52.07				(0)	(0)	(0)	
5	电源分配柜（架）/箱		架	1							
6	膨胀螺栓	M10×80	套	4.04	3.2	0.35	3.55	12.93	1.42	14.35	
7	机柜（机架）		个	2				(0)	(0)	(0)	
8	电力电缆	RVVZ 2×16 mm²	m	21.4	36.61	4.03	40.64	783.45	86.18	869.63	
9	电力电缆	RVVZ 2×4 mm²	m	1	10.61	1.17	11.78	10.61	1.17	11.78	
10	电力电缆	RVVZ 2×1.5 mm²	m	12.9	4.83	0.53	5.36	62.31	6.85	69.16	
11	电力电缆	RVVZ 1×16 mm²	m	8.9	16.9	1.86	18.76	150.41	16.55	166.96	
12	电力电缆	RVVZ 1×4 mm²	m	7.1	4.5	0.50	5.00	31.95	3.51	35.46	
13	光缆	大唐 DTT-GJ 01	m	1	1.5	0.17	1.67	1.5	0.17	1.67	
14	网线	7类网线	m	10.2	11.8	1.30	13.10	120.36	13.24	133.60	
	运杂费（光缆）							0.02	0.00	0.02	0.01
	运杂费（电缆）							21.13	1.27	22.40	0.015
	运杂费（钢材及其他）							0.47	0.03	0.49	0.036
	运杂费（塑料及其制品）										0.043
	运杂费（木材及其制品）										0.084
	运杂费（水泥及其制品）										0.18
	运输保险费							1.42	0.09	1.51	0.001
	采购及保管费							14.23	0.85	15.08	0.01
	采购代理服务费										
	默认页页合计							1 460.23	158.76	1 618.99	

设计负责人：张一　　审核：任真　　编制：秦奋　　编制日期：2021 年 7 月

表 3-29 工程建设其他费预算表（表四乙）

工程名称：Y 年 Z 市 F 学校校园网数据中心机房项目　　表格编号：-B4A-E

建设单位名称：Z 市 F 学校

第 页全 页

序号	费用名称	计算依据和计算方法	金额/元			备注
			除税价	增值税	含税价	
I	II	III	IV	V	VI	VII
1	建设用地及综合赔偿费					
2	建设单位管理费	工程总概算 × 2%	10 627.39	637.64	11 265.03	531 369.72 × 1.5%
3	可行性研究费					
4	研究试验费					
5	勘察设计费	勘察费 + 设计费	24 498.67	1 469.92	25 968.59	0 + 24 498.67
	勘察费	计价格【2002】10 号规定				
	设计费	计价格【2002】10 号规定：（工程费 + 其他费用）× 4.5% × 1.1	24 498.67	1 469.92	25 968.59	（9 711.49 + 485 211.2 + 0）× 4.5% × 1.1
6	环境影响评价费					
7	劳动安全卫生评价费					
8	建设工程监理费	（工程费 + 其他费用）× 3.3%	6 853.46	411.21	7 264.67	（9 711.49 + 485 211.2 + 0）× 3.3%
9	安全生产费	（建安费 + 其他费用）× 1.5%	145.67	16.02	161.69	（9 711.49 + 0）× 1.5%
10	引进技术及引进设备其他费					
11	工程保险费					
12	工程招标代理费		4 949.23	296.95	5 246.18	
13	专利及专利技术使用费					
14	其他费用					
	总计		47 074.42	2 831.75	49 906.17	
15	生产准备及开办费（运营费）					

设计负责人：张一　　审核：任真　　编制：秦备　　编制日期：2021 年 7 月

3.9 实做项目及教学情境

实做项目：模仿本章案例，完成本校园的校园网中心的建设方案、图纸并编制预算。

目的：熟悉数据中心机房所使用的主要设备，掌握其主要内容和设计要求，能够制订数据中心机房建设方案并编制预算。

本 章 小 结

本章主要内容包括：

1. 数据中心机房的定义。按照机房选址、建筑结构、机房环境、安全管理及对供电电源质量要求等方面对其进行分级和分类。

2. 路由器、交换机、防火墙、服务器等设备数据中心机房的主要设备。

3. 机房布局、空气调节、布线等数据中心机房设计的内容和设计方法。

4. 数据中心拓扑图和数据中心机房施工图等工程图纸的绘制方法。

5. 数据中心机房工程量统计和预算编制方法。

复习思考题

3-1 列举数据中心机房的主要设备及其功能。

3-2 简述数据中心机房工程勘察要点。

3-3 简述数据中心机房工程预算编制方法和步骤。

第4章 交换工程设计及概预算

本章课程思政

● 从电话交换、数据交换、移动交换、软交换的发展历程，启发学生对新技术发展趋势的思考，培养学生对数字化转型战略的责任与担当

本章学时数：8 学时

4.1　交换网络概述

交换网络的基本功能是根据用户的呼叫要求，通过控制部分的接续命令，建立主叫与被叫用户间的连接通路。公共交换电话网最早是从由贝尔发明的电话开始建立的。PSTN（Public Switched Telephone Network，公共交换电话网络）经历了磁石交换、纵横制交换、程控交换、软交换等阶段，由于技术的不断进步，目前形成了以软交换技术为主叠加 IMS 的网络架构，未来将逐渐向 IMS 核心网演进。

4.1.1　固定电话网络

1. 固定交换网络的结构

电话交换网按服务地域分为三类：本地电话网、长途电话网、国际电话网。

我国电话网原来的网络等级为五级，为了简化网络结构，"九五"期间，我国电话网的等级结构由五级演变为三级，现有交换网络按三级交换的网络结构组织，第一、二级为长途交换网，第三级为本地交换网。

全国设若干个一级长途交换区，每个一级长途交换区设一级长途交换中心（DC1）。

每个一级长途交换区划分为一个或若干个二级长途交换区，每个二级长途交换区设二级长途交换中心（DC2）。

每个二级长途交换区划分为一个或几个本地网，本地网一般分为汇接局（TM）和端局（DL）两个等级的交换中心，也可只设置一个等级的交换中心。不同电信业务经营者的网间互通，通过关口局（GW）互连。

根据网络规模、业务流量流向，考虑网络安全，按技术经济原则划分长途交换区和本地网范围。一个省、自治区、直辖市的范围不宜划分为一个以上的一级长途交换区，一个地市级的区域范围不宜划分为一个以上的本地网。

交换网络结构如图 4 – 1 所示。

DC1 设置在省会城市，如果在本区内话务量高于规范所定，可设置两个以上 DC1，长途电话网中各 DC1 间采用网状网络形式相连，以下各级主要是逐级汇接，并设置有一定数量的直达路由。

DC1 为省（自治区、直辖市）长途交换中心，主要是汇接所在省（自治区、直辖市）的省际长途，去话务和疏通本交换区的长途转接话务，DC1 可以兼有本交换区内一个或若干个 DC2 的功能，疏通相应的长途终端话务。

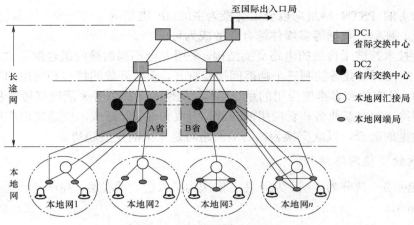

图 4-1　交换网络结构图

DC2 是本地网的长途终端交换中心，一般设置在地市本地网的中心城市，其主要功能是疏通本交换区的长途终端话务，同一省的 DC2 之间以不完全网状相连，当话务量较大时，相邻省之间的 DC2 之间可设置直达路由。

本地电话网是指在同一个长途编号区范围以内所有交换设备、传输设备和用户终端设备组成的电话网络。本地网结构一般采用汇接局加端局的二级结构。汇接局的功能是汇接本地网端局之间的话务，也可以汇接本地网端局或关口局与长话局之间的长市中继话务。本地网端局的功能是疏通本局用户的终端话务。汇接局可以兼有端局功能。

端局和 DC2 大多已被大容量汇接局替代，逐渐退网。

不同电信业务经营者网间互通的关口局的功能是疏通不同电信业务经营者的网间话务，它也可以兼有端局或汇接局功能。

2. 交换节点设备

现有的固定电话网络的交换节点设备主要是程控交换机。它是利用现代计算机技术，完成控制、接续等工作的电话交换机。其中，通话接续部分是利用交换机中的数字交换网络，采用 PCM 方式实现数字交换的，控制部分是通过软件由计算机来实现的。目前在网程控交换机已不再进行扩容，逐步被软交换所替代。

程控交换具有如下特点：

（1）实时通信，可靠性高。

（2）接口统一，易于扩容。

探　讨

● 国内电话网分级的演进。

● 本地网的地域范围。

4.1.2　软交换网络

现有交换网络中以程控交换技术为主，随着软交换技术的逐步成熟，实现了传统的以电路交换为主的 PSTN 网络向以分组交换为主的 IP 电信网络的转变，从而使在 IP 网络上发展语音、视频、数据等多媒体综合业务成为可能。

软交换技术打破了传统的电路交换结构，采用完全不同的横向组合的模式，将传送交换硬件、呼叫控制和业务控制三个功能间接口打开，采用开放的接口和通用的协议，构成一个开放的、分布的和多维度应用的系统结构，可使业务提供者灵活选择最佳和最经济的组网构建网络，加速新业务和新应用的开放、生成和部署，低成本快速实现广域覆盖，推进语言与数据的融合，以软交换为核心的网络将是未来的发展趋势。

1. 固网软交换网络结构

软交换网络一共分为 4 层，从下往上依次为接入层、承载层、控制层、业务/应用层，如图 4-2 所示。

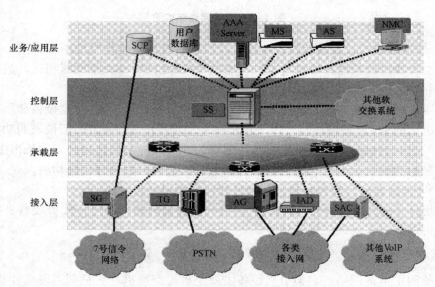

图 4-2　固定软交换网络结构图

1）接入层

接入层的主要作用是利用各种接入设备实现不同用户的接入，并实现不同信息格式之间的转换。

2）承载层

承载层也称作传送层，负责软交换网络内各类信息由源到目的地的传送，通常为基于 IP 的分组承载网。

3）控制层

提供呼叫控制和路由解析等功能，支配网络资源。主要设备为软交换机。

4）业务/应用层

提供软交换网络各类业务所需要的业务逻辑、数据资源及媒体资源。主要为业务应用服务器等。

从图 4-2 可见，软交换网由软交换机（SS）、路由服务器/转接软交换机、中继网关（TG）、信令网关（SG）、接入网关（AG）、综合接入设备（IAD）、软交换业务接入控制设备（SAC）、应用服务器（AS）、Web 服务器、媒体服务器（MS）、用户数据库（SDB）等节点以及连接这些节点的 IP 分组承载网组成。

基本业务节点的功能如下：

SS：位于软交换网的控制层，主要完成呼叫控制、媒体网关接入控制、资源分配、协议处理、路由、认证、计费等主要功能，并向用户提供各种基本业务和补充业务。

TG：位于软交换网的接入层，跨接在电路交换网和软交换网之间，负责 TDM 中继电路和分组网络媒体信息间的相互转换。

SG：位于软交换网的接入层，跨接在 7 号信令网和 IP 网之间，负责对 7 号信令消息进行转换、翻译或终结处理。

AG：位于软交换网的接入层，直接连接用户终端和接入网设备，实现用户侧语言、传真信号和分组网络媒体信息的转换。

IAD：位于软交换网的接入层，用于将用户的语言、数据及视频等应用综合接入软交换网中。

SAC：位于软交换网的接入层，用于接入软交换网中不可信任的设备，以及软交换网与因特网的互通。

2. 移动软交换网络结构

下面以 WCDMA 移动网络典型结构（R4 版本）为例，介绍移动系统交换网络的示意图（图 4-3）。

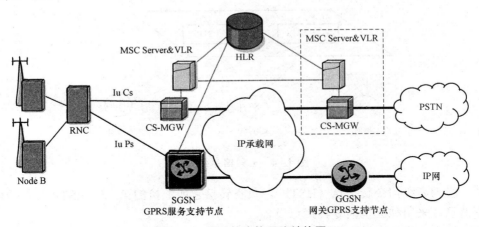

图 4-3　移动软交换网络结构图

由图 4-3 可见，MSC 功能通过 MSC Server（移动交换服务器）和 MGW（媒体网关）两个功能实体实现，实现了核心网络的承载与控制分离。

MSC Server：完成呼叫控制、移动性管理、用户业务数据等信令处理功能。

MGW：与 MSC Server、GMSC Server 配合完成核心网络资源的配置（即承载信道的控制）。同时，完成回声消除、（多媒体数字）信号的编/解码以及通知音的播放等功能。

3. 软交换的特点

软交换是下一代网络的控制功能实体，它独立于传送网络，主要完成呼叫控制、资源分配、协议处理、路由、认证、计费等主要功能，同时，可以向用户提供现有电路交换机所能提供的所有业务，并向第三方提供可编程能力，它是下一代网络呼叫与控制的核心。

软交换具有如下特点：

（1）应用层和控制层与核心网络完全分开，以利于快速、方便地引进新业务。

（2）传统交换机的功能模块被分离为独立的网络部件，各部件功能可独立发展。

（3）部件间的协议接口标准化，使自由组合各部分的功能产品组建网络成为可能，使异构网络的互通方便灵活。

软交换具有标准的全开放应用平台，可为客户定制各种新业务和综合业务，最大限度地满足用户需求。

4.1.3 信令网

1. 七号信令网

目前我国七号信令网采用三级结构，如图 4-4 所示。

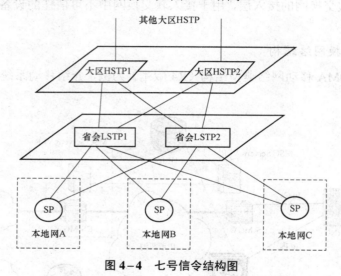

图 4-4 七号信令结构图

第一级为高级信令转接点（HSTP），负责转接它所汇接的第二级 LSTP 和第三级 SP 的信令消息，采用独立型信令转接点设备。

第二级为低级信令转接点（LSTP），负责转接它所汇接的第三级 SP 的信令消息，可采用独立式信令转接点设备，也可采用与交换局合设的综合式信令转接点设备。

第三级为信令点（SP），是信令网传递各种信令消息的源点或宿点，由各种交换局和特种服务中心组成。

2. IP 信令网

IP 信令可以采用网状全连接的方式实现，但是全连接的方式下 IP 信令的配置、维护和管理异常复杂，可能会导致网络拥塞、效率低下，因此需要部署 DRA（路由代理节点），由 DRA 节点负责 Diameter 信令目的地址翻译和转接。DRA 的部署类似于 HSTP 和 LSTP，一般在总部节点部署根 DRA，大区（或省内）部署大区 DRA，地市一级一般没有 DRA 节点。

4.1.4　5G核心网

1. 移动核心网演进

移动网络经历 2G/3G/4G 三个阶段，目前已经进入 5G 时代。在 4G 核心网建设过程中，国内各大运营商基本选择 2G/3G/4G 共用共建核心网的建设方式，对部分具备升级条件的原有 3G 网元升级为 4G 网元，同时新建 4G 网元，以增强网络容量、功能和服务能力，新建网元均具备向下兼容及互操作的能力。

5G 网络建设初期，由于通信协议及通信设备尚未成熟，部分运营商首先采用 NSA（非独立组网）方式建设网络，非独立组网，顾名思义，就是指 5G 与 4G LTE 联合组网，在利用现有的 4G 设备基础上进行 5G 网络的部署，可以快速开通 5G 网络。SA（独立组网）即新建 5G 网络，与 NSA 最大的差别就在于 SA 拥有 5G 核心网。在 SA 组网下，5G 网络独立于 4G 网络，5G 与 4G 仅在核心网级互通互连，网络更加简单。SA 模式建网投资大，建设周期长，但在 NSA 模式下，5G 依赖于 4G 网络，不能单独工作，也不能共建共享，除了满足 eMBB（增强移动宽带）场景外，对 uRLLC（超高可靠超低时延通信）和 mMTC（大连接物联网）等场景无能为力，最终还是要将方向转为 SA 组网建设。目前国内各大运营商均已开通 SA 模式 5G 网络，部分运营商后继将逐渐停止对 NSA 模式的支持。

2. 5G 核心网架构

5G 核心网控制面网元采用基于服务的接口进行交互，网络架构如图 4－5 所示。

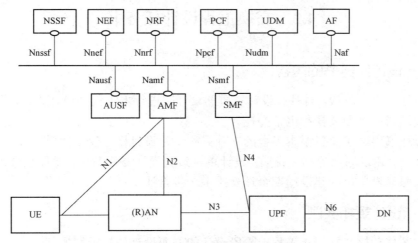

图 4－5　5G 核心网逻辑架构图

主要网元功能：

AUSF：鉴权网络功能。

AMF：接入和移动性管理网络功能。

SMF：会话管理网络功能。

NSSF：网络切片选择功能。

NEF：能力开放网络功能。

NRF：服务注册、发现、授权等功能。

UDM：统一数据库，存放用户的签约数据等。

PCF：策略决策功能。

AF：应用功能。

UPF：用户面功能，执行用户面数据的转发等功能。

5G 核心网网元众多，但是可以大致分为控制面网元和用户面网元两类，UPF 属于用户面网元，除 UPF 之外的网元都可归类为控制面网元。

3. 5G 核心网建设情况

5G 核心网网元采用 NFV 的方式部署。NFV（网络功能虚拟化，Network Functions Virtualization），通俗地讲，就是将通用的硬件设备虚拟成为网络定义软件功能的资源，从而实现电信功能软件化。通用硬件一般包括计算、存储、网络等设备，例如 X86 服务器、大容量存储设备、高速路由和组网设备等。同时，为了实现对硬件进行管理、调度、虚拟及编排等，还需在硬件之上部署云管理软件，形成云资源池，核心网的各网元部署在云资源池上。

5G 核心网一般采用大区制组网方案，比如把全国分为几个大区，在大区中心城市建设核心节点，部署控制面设备。对于用户面设备 UPF，应接近用户部署，以便于减少时延以及数据迂回，一般部署在省会及地市级的核心机房。UPF 对于数据转发和路由能力要求较高，通用硬件设备性能暂时不能满足大容量转发要求，因此 UPF 多采用通信设备制造商的专用转发设备。

4.2 交换工程设计任务书

4.2.1 设计任务书的内容

建设单位在设计阶段，对具有设计资质的设计院进行本工程的设计委托，设计委托通常包括两种形式：书面委托和电话委托。

设计委托书内容主要包括本工程的立项名称、建设目标、建设性质、投资控制额度、委托设计部门、建设周期等相关说明；设计单位接到设计委托书后，要仔细分析工程建设内容，并按照建设单位的建设周期合理安排下一步设计安排。

4.2.2 设计委托实例

××大区移动核心网新建工程一阶段设计的书面设计委托示例如下：

××集团网建部【2020】001 号

关于委托编制 2020 年××集团××大区

移动核心网（5GC）新建工程一阶段设计的函

××设计院（设计单位全称）：

为了应对竞争压力和自身业务发展需求，同时在 5G 时代占领市场先机，需要通过新建移动核心网（5GC-SA）网络，形成 5G 业务全网部署中核心网相关系统的业务能力，××集团公司启动了"2020 年××集团××大区移动核心网（5GC）新建工程"的建设，根据已批复的可研报告，项目拟建规模 AMF 配置容量××万注册用户；UDM 配置容量××万动态用户容量；SMF 配置容量××万 PDU Session；PCF 配置容量××万 PDU Session。上述网元在大区中心省进行建设，大区中心内分省共设置××套 UPF，UPF 总建设规模为××Gb/s。

一、工程具体安排如下：

（1）项目名称：2020 年××集团××大区移动核心网（5GC）新建工程。

（2）项目编号：20200001。

（3）资金来源：××集团公司自筹。

（4）建设性质：新建、改造。

（5）项目内容及投资：××万元；主设备投资：××万元。

（6）建设单位：××集团公司网络发展部。

（7）建设工期：

开工时间：2020 年 1 月 1 日。

竣工时间：2020 年 4 月 30 日。

二、委托范围：

工程的建设方案、网络组织、设备配置、勘察、预算编制、设计说明编制、提出对其他专业的需求、施工图纸等。相关通信云、承载网、传送网、网管、计费和机房配套等专业建设内容由其他工程解决，建设单位另行委托。

三、设计取费：按照双方框架协议执行。

四、设计交付时间：2019 年 12 月 25 日。

五、其他事项由双方协商解决。

×集团网建部（盖章）

20××年××月××日

4.3　交换工程勘察

交换工程勘察分为三个基本步骤：勘察准备、现场勘察、勘察资料整理。

工程设计必须严格遵守基本建设程序，初步设计的勘察工作依据是工程设计任务书或建设单位的设计委托书；施工图设计的勘察工作依据是经过批准的工程初步设计文件或工程建设的其他批复文件。

4.3.1　勘察准备

在现场勘察中要做好调查研究，及时整理资料，如果发现与设计任务书有较大出入的问题，应逐级汇报，给予重新审定，保证勘察工作的顺利进行，交换工程勘察准备包括勘察工具的准备和勘察资料的准备。

1. 人员组织及工具准备

（1）进行设计委托书的分析，并根据工程设计任务量组织勘察及设计人员。

（2）勘察人员根据工程的基本资料，包括可行性研究报告、厂家设备资料等内容，确定本期工程勘测内容。

（3）设计人员应根据工程勘察需要配备盒尺、数码相机、GPS等设备（表4-1），为保证测量数据的准确性，所需勘测设备在准备阶段应调整校准，测量精度符合国家标准。

表4-1　勘测工具列表

序号	仪表	用途	备注
1	盒尺	测量机房尺寸，设备安装距离	可用测距仪替代
2	数码相机	拍摄机房环境、设备实际情况	作为勘测信息补充
3	GPS	记录机房地理信息	

2. 勘测资料准备

（1）提前与建设单位工程负责人确认机房是否具备勘测条件、工程方案是否有变化等问题。

（2）设计负责人对勘察人员明确设计任务和签订合同有关注意事项的要求，明确工程范围、工程性质、期限、规模大小、建设理由及近远期规划，预先拟定勘察提纲，明确勘察内容，以及对其他专业的配合等。

（3）相关厂家设备资料勘察记录基础表格，扩容机房勘察可带原有设计图纸进行勘察。

4.3.2　现场勘察

1. 机房环境的勘测

机房的荷载、净高、照度、照明类型、门、窗及墙面等是否满足交换工艺对土建要求。对于原有机房，还须了解机房已使用的年限，必要时对机房的荷载要有专业设计院进行技术验证。

了解城市的地震等级、现有交换机房的抗震等级、采用的抗震加固措施。

了解交换机房的防火是否满足《电信专用房屋设计规范》中程控交换机房的防火要求。

根据本工程（新建或扩容）所用设备的型号、机架尺寸、机架数量，考虑机房设计面积能否满足本期工程设备安装的要求，能否满足扩容或终局容量设备安装的需求。

对于扩容局，要了解扩容设备的安装位置及其合理性。

对于设备的出线以及至相关专业的线缆，要详细了解其具体走线路由、孔洞分配位置以及至相关专业机房内的具体位置，并根据现场情况初步计算出线缆长度。

2. 其他技术房屋的勘察

了解现有空调系统的设备配置和运行情况。

了解传输室的设备配置，数字配线路架的位置，信令接口设备的种类、数量和位置。

了解电源室内设备配置，电源荷载、接地，接地电阻值及接地导线的路由。

核对相关机房房屋的孔洞位置。

3. 对交换设备综合的业务技术勘察

了解原有通信网网络组织，通信网网络规划和将来发展趋势。

勘测现有设备型号、容量、中继方式、信号方式、网线光纤数量。

了解本期工程的工程规模，预留未来扩容容量。

4. 新建局、站土建方案的勘察

根据长、市话交换局站网点布局组织和规划，应对新建局、站建设场地的占地面积、工程地质、水文地理、供电方案、交通、环境条件、城区等基本情况进行勘察。

对主楼建筑以外的附属生产房屋的面积、位置的确定和勘察。

对现有各局的业务量、话务量、长途电路数，设备型号容量、设备的排列、设备的配置及现有机房社会化服务体系位置进行勘察。

根据所取得的资料确定新建局的话务量、初装设备数量、终装最大容量，以便为绘制各楼层平面和总平面布置图创造条件。

5. 勘察表格

首先应明确需要安装设备的信息，包括新增设备和扩容设备情况，填写设备信息表（表 4-2），表中应尽可能详细描述本项目安装所需信息。

表 4-2　设备信息样表

设备列表	厂家	型号	机柜尺寸/(mm×mm×mm)	功耗/W	机柜颜色	电源类型	电源端子需求	承载网端口	城域网端口	网管接口	计费接口	新增/扩容
UPF1	华为	E9000	600×1 200×2 200	4 500	黑	直流	双 4 路	4 个百 G 光口	4 个百 G 光口	2 个网口	2 个网口	新增
设备 2	××											
设备 3	××											
××												

根据设备的信息，编制勘察信息表（表 4-3），为防止遗漏，每勘察完一项后打勾。

表 4-3　勘察信息样表

机房名称			地址			
设备 1	机房位置是否满足	□是/□否	机房承重是否满足	□是/□否	机房高度是否满足	□是/□否
	走线架是否满足	□是/□否	尾纤槽是否满足	□是/□否	空调是否满足	□是/□否
	电源端子是否满足	□是/□否	电源容量是否满足	□是/□否	承载网端口是否满足	□是/□否
	城域网端口是否满足	□是/□否	网管交换机端口是否满足	□是/□否	计费交换机端口是否满足	□是/□否
	是否有防静电地板	□是/□否	××是否满足	□是/□否	××	××
设备 2						
×××						

勘察人员：　　　　　　　　　　　　　　　　　　　　　　日期：

6. 勘察记录

勘察过程中做好记录，对于本项目占用的各种资源，如电源接线端子、交换机、路由器设备的端口等，应贴标签，防止其他项目占用，或者与机房负责人共同确认，由机房管理人员预留。对于不具备条件的资源，应记录清楚，提交其他专业解决。现场绘制草图，草图应详细标明机柜安装位置、本项目利旧使用的其他设备位置、走线路由等信息。对机房进行拍照，重点包括机房全景、设备安装位置、走线路由、其他需要用到的相关设备等。

4.3.3　勘察资料整理

设计人员勘察机房后，将纸质版资料与电子版资料同时编号，按照勘测资料存档的要求整理资料，同一类型的勘测表格、勘测图纸统一装订，并与设计编号形成对应，在设计过程中，防止勘测资料损坏、丢失现象的发生。

（1）应仔细审阅草图，如果发现草图中有不清楚或错误的地方，要及时改正。

（2）将草图与工程方案、设备合同中的设备数量、型号及配套材料的配置等进行对应，如果发现工程方案、设备合同等有问题，应及时与建设方工程负责人进行沟通，由建设方负责人进行工程协调，解决工程中的问题。

4.3.4　勘察注意事项

1. 安全事项

勘察扩容工程及改造工程机房时，机房内设备处于在网运行状态，勘测人员进入机房勘测应严格遵守机房规章制度，不得随意触摸设备，避免引起设备故障，勘测电源设备时更要加强安全意识，避免人身伤害、设备故障。

2. 绘制草图

草图绘制过程中，图形符号要与国标严格一致，如没有相应图符，要用文字备注，避免形成电子制图时引起歧义；如草图上未能记录完整的信息，要用照片做必要的补充，在草图上记录照片序号。

4.3.5　勘察实例

本期工程勘察 UPF 设备安装情况，机房原有承载网路由器和城域网路由器端口满足，PDF 电源柜电源端子满足，网管、计费交换机端口满足，走线路由满足，可直接设计施工。本次机房勘察绘制的草图包括机房平面勘察草图 01，如图 4-6 所示，设备走线路由图 02，如图 4-7 所示。

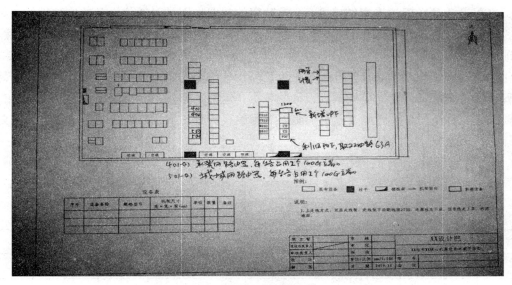

图 4-6　机房平面勘察草图 01

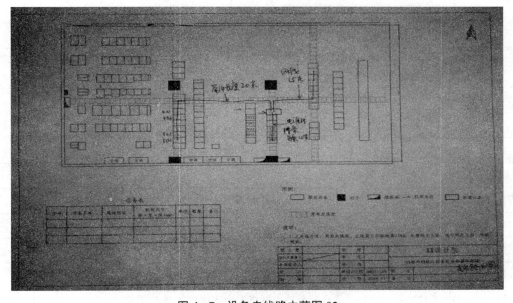

图 4-7　设备走线路由草图 02

● 勘测表格根据不同工程性质可灵活合并。
● 勘测草图与现有机房信息的完整性保持一致。

4.4 交换工程设计方案

工程设计是在现场勘察结束之后，对勘察的数据特别是对通信设备的安装地址、安装方式、安装结构、安装设计等的一个工程规划的设计程序，是设计工程师依据建设工程所在地的自然条件和社会要求、设备性能、有关设计规范，将拟建工程的要求及潜在要求，转化为建设方案和图纸。每个通信专业的工程设计都遵循本专业的工程设计流程，做交换工程设计方案之前，搜集交换工程设计的依据，包括国家规范、行业规范、企业建设的具体要求等文件资料，并与建设方明确交换工程的设计分工界面，然后进行详细的工程交换设计。

为便于工程设计，将截至 2019 年 12 月份的部分常用交换设备工程设计应遵循的国家标准举例列于表 4-4。

表 4-4 交换工程设计国家标准列表

序号	标准编号名称
1	GB/T 51391—2019 《通信工程建设环境保护技术标准》
2	GB 50689—2011 《通信局（站）防雷与接地工程设计规范》
3	GB 8702—2014 《电磁环境控制限值》
4	GB 50016—2014 《建筑设计防火规范》
5	GB/T 6995.4—2008 《电线电缆识别标志方法第 4 部分：电气装备电线电缆绝缘线芯识别标志》
6	GB/T 6995.5—2008 《电线电缆识别标志方法第 5 部分：电力电缆绝缘线芯识别标志》
7	GB 51194—2016 《通信电源设备安装工程设计规范》
8	GB 51199—2016 《通信电源设备安装工程验收规范》
9	GB 51120—2015 《通信局（站）防雷与接地工程验收规范》
10	GB 50217—2018 《电力工程电缆设计标准》
11	GB 50011—2010（2016 年）《建筑抗震设计规范》
12	GB 50223—2008 《建筑工程抗震设防分类标准》
13	GB/T 51369—2019 《通信设备安装工程抗震设计标准》
14	GB/T 22239—2019 《信息安全技术网络安全等级保护基本要求》

除国家标准外，在设计过程中，还要遵循通信工程的行业标准，部分常用交换设备工程设计应遵循的行业标准举例见表 4-5。

表 4-5　交换工程设计行业标准

序号	标准编号名称
1	YD/T 1734—2009 《移动通信网安全防护要求》
2	YD/T 1746—2014 《IP 承载网安全防护要求》
3	YD/T 1756—2008 《电信网和互联网管理安全等级保护要求》
4	YD/T 1731—2008 《电信网和互联网灾难备份及恢复实施指南》
5	YD/T 1754—2008 《电信网和互联网物理环境安全等级保护要求》
6	YD/T 1748—2008 《信令网安全防护要求》
7	YD/T 2040—2009 《基于软交换的媒体网关安全技术要求》
8	YD/T 2198—2010 《租房改建通信机房安全技术要求》
9	YD/T 5184—2018 《通信局（站）节能设计规范》
10	YD 5003—2014 《通信建筑工程设计规范》
11	YD/T 5026—2005 《电信机房铁架安装设计标准》
12	YD/T 5054—2019 《通信建筑抗震设防分类标准》
13	YD/T 1821—2018 《通信局（站）机房环境条件要求与检测方法》
14	YD 5221—2015 《通信设施拆除安全暂行规定》

此外，设计还应遵循建设单位下发的相关企业标准，企业标准一般仅在企业内部执行，不同企业相关标准有可能存在较大差异。

4.4.1　交换工程设计的界面划分

交换系统工程设计一般包含交换设备及其相关配套设备的安装工程，具体以建设方委托范围为准。有关局站机房的土建及局站通信电源设备的扩容改造或更新、机房的空调设备扩容或更新一般情况下不属于交换设计范围。

一般交换工程与其他专业的设计分工有以下几种情况：

1）核心网专业

主要负责 5G NSA/SA 方案下，核心网网元的建设方案及现有设备相关升级改造方案。

2）无线网专业

主要负责无线专业设备升级及新建方案。

3）承载网专业

根据总体建设方案中其他相关专业提出的承载需求，扩容或新建承载网（含 IP 承载网和城域网），满足各专业带宽、端口需求。

4）传送网专业

根据总体建设方案中其他相关专业提出的传输需求，制订本地传输网络（含一级干线/二级干线及本地传送网和 UTN 网络）建设方案。

5）业务平台专业

根据总体建设方案，制订短信、炫铃等主要业务平台的改造或新建方案，负责网管、计费等平台建设。

4.4.2　交换工程设计的基本内容

当前交换网面临着新旧多种网络并存、部分设备需升级换代、多媒体应用支持能力需要提升等挑战。交换网发展应以简化网络结构、增强多媒体业务提供能力、降低网络运行成本为目标，加快多张网络的整合，促进网络 IP 化、扁平化。

1. 总体建设方案

1）语音业务

现阶段网络中以传统程控电路交换为主的设备基本已经退网，软交换网络也逐渐在退网，传统固网语音本地及长途业务逐渐转至 IMS 网络。早期 4G/5G 移动网语音业务主要依赖 2G/3G 网络来实现，目前已逐渐向分组域＋IMS 的方式转变，例如 VoLTE（Voice over LTE）、VoNR（Voice over New Radio）。

2）数据业务

数据业务由分组域来实现，从 4G 开始，仅有分组域，取消了电路域。4G 核心网一般分省建设，省内有一套或者多套分组域设备，5G 核心网一般分大区建设，综合考虑地理位置、用户分布均衡性、各省业务现状、机房等条件，在 5G 融合核心网的数据面、信令面、控制面网元建设中，将全国分为若干大区，通过集中化建维，实现大区统一数据配置及资源管理，提高网络建维效率，如图 4-8 所示。

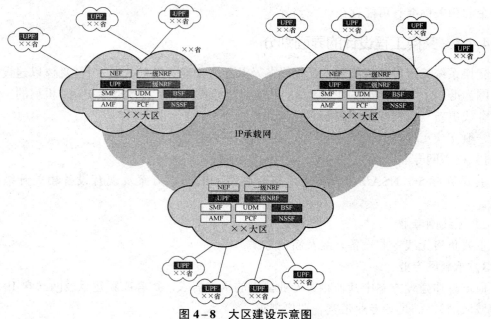

图 4-8　大区建设示意图

2. 建设规模确定

建设规模一般根据用户规模、业务功能需求等数据确定，可研阶段确定建设规模，设计阶段仅在适当范围内进行调整。

1）用户数预测

根据运营商现网的用户数，结合本专业的前期规划及可行性研究，统计出与本次工程相关用户数，也可根据运营商提供的市场预期数值进行修正。

2）业务模型

工程设计中所选用的设备，其业务处理能力应满足工程设计用户的需要，考虑今后一定时期的发展变化趋势，结合业务模型，测算设备处理能力。

5GC 控制面模型参考表见表 4-6。

表 4-6　5GC 控制面模型参考表

控制面模型参数	取值
每用户忙时 AUSF 鉴权次数	3.2
每用户忙时 AMF 初始注册次数	0.6
每用户忙时 AMF 注册更新次数	3
其中，AMF 内/AMF 间	90%/10%
周期性 AMF 注册更新次数	0.5
每用户忙时 AMF 去注册次数	0.6
每用户忙时服务请求次数	30
每用户忙时寻呼次数	10
每用户忙时 AN 释放次数	30
每用户忙时切换次数	5
其中，Xn 切换/N2 切换	90%/10%
每用户忙时 LTE 到 5G 切换次数	1
每用户忙时 5G 到 LTE 切换次数	1
每用户忙时空闲态 LTE 到 5G 移动次数	1
每用户忙时空闲 5G 到 LTE 移动次数	1
VoNR 用户比例	100%
LTE fallback 用户比例	100%
每用户忙时 VoNR 呼叫次数	1.5
每用户忙时 LTE fallback 呼叫次数	1.5
每用户忙时 PDU 会话数	2
每用户忙时每会话支持 QoS 流	1.2

续表

控制面模型参数	取值
每用户忙时 PDU 会话建立次数	1
每用户忙时 PDU 会话修改次数	0.5
每用户忙时 PDU 会话释放次数	1
每用户忙时配额更新等 N7&N40 口交互次数	12
内容计费（七层解析）	100%
分组域实时计费	100%
忙时每承载产生的话单数	8
实时计费配额	100 MB
实时计费上报时间门限	30 min
头增强流量比例	0.50%
PCC 用户比例	100%

5GC 用户面模型参考表见表 4—7。

表 4—7　5GC 用户面模型参考表

用户面模型参数	取值
用户数据平均包长	700 b
上下行流量比例（人网）	1:5
平均 PDU Session 的流量（人网数据）	500 kb/s
平均 PDU Session 的流量（人网语音）	10 kb/s
对应 L3/L4 规则匹配的业务数	1 000
对应 L7 规则匹配的业务数	10 000
上下行流量比例（物网）	1:1
平均每用户的流量（物网）	2 Mb/s

用户数据存储模型参考表见表 4—8。

表 4—8　用户数据存储模型参考表

用户数据存储模型参数	取值
5GC 设备开通的 5G 用户比例	100%
忙时注册签约比	100%
5G 手机 VoNR 用户签约比	100%
静态用户数与活动用户数的比例（人网）	200%
静态用户数与活动用户数的比例（物网）	300%
5G 到 4G 漫游用户比例	40%
每套 PCF/PCRF 支持的策略规则数不低于	4 000

续表

用户数据存储模型参数	取值
每用户忙时 AMF 策略建立次数	1
每用户忙时 AMF 策略修改次数	0.5
每用户忙时 AMF 策略终止次数	1
每用户忙时 SMF 策略建立次数	1
每用户忙时 SMF 策略修改次数	0.5
每用户忙时 SMF 策略终止次数	1

3. IP 承载

5GC 核心网依据 IP 承载网络承载，运营商均已建成全国性的 IP 承载网络，IP 承载网由数据专业负责，5GC 核心网提出相关端口及带宽需求。

4. 信令网

信令点编码需向信令网专业申请，包括七号信令网编号、Diameter 信令网编号、HTTP 信令网编号等。

5. IP 地址及 VPN 的划分分配

网络涉及多个 VPN，具体的 VPN 划分应遵循 IP 网络总体规划。IP 地址划分应遵循总体地址规划，核心网专业提出总体 IP 地址需求，由 IP 地址管理部门分配。

6. 网管

核心网设备均应接入网管系统。一般在核心机房均建有网管交换机，通过交换机接入网管系统。设备一般通过厂家的 OMC 接入运营商的综合网管系统，综合网管系统分级设置，例如：总部—大区—省分三级。

7. 计费

需要将在线计费消息和离线计费消息通过 IP 承载网络连接至计费中心，一般在核心机房均建有计费交换机，设备需与计费交换机相连接。

探　讨

- 交换工程设计的依据是什么？
- 交换节点的信令点编码格式？

4.4.3　交换工程设计实例

1. 设计背景

自 20 世纪 80 年代以来，移动通信每 10 年出现新一代革命性技术，持续加快信息产业的创新进程，不断推动经济社会的繁荣发展。第五代移动通信技术（5G）已经到来，它将以全新的网络架构，提供至少 10 倍于 4G 的峰值速率、毫秒级的传输时延和千亿级的连接能力，开启万物广泛互联、人机深度交互的新时代。作为通用目的技术，5G 将全面构筑经济社会数字化转型的关键基础设施，从线上到线下，从消费到生产，从平台到生态，推动我国数字经济发展迈上新台阶。根据相关机构预测，2030 年 5G 间接拉动的 GDP 将达到 3.6 万亿元。

为了满足国内 5G 商用进程需要，应对国内外市场竞争，有必要进行 5G 核心网的建设，进行供给侧改革，推进创新业务发展。

2. 5G 网络架构

在 3GPP 5G 网络架构标准化进程中，根据是否与 4G LTE 存在双连接关系，提出了 NSA（Non-Standalone）与 SA（Standalone）两种组网方式。NSA 即 LTE 与 5G 联合组网，SA 则是 5G 独立组网。

1）NSA 架构

NSA 可通过现网 EPC、HSS 和 PCRF 等设备升级支持，网络结构保持不变；根据现有版本选择，NSA 核心网主要考虑基于 Option 3x 进行部署，支持增强型移动宽带业务，如图 4−9 所示。

2）SA 架构

SA 架构采用 Option 2 组网方案，核心网采用全新的 5GC、5G gNB 和 5GC 连接进行 5G 独立组网，终端通过切换或回落等互操作到 4G 网络，如图 4−10 所示。

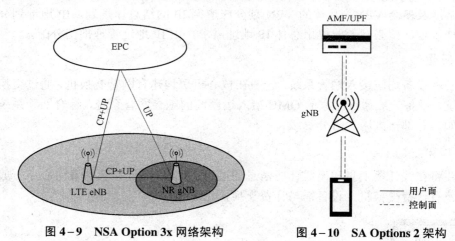

图 4−9　NSA Option 3x 网络架构　　　　图 4−10　SA Options 2 架构

××公司已经进行了 NSA 核心网建设，本期工程将建设 SA 架构 5G 核心网。

3. 5G 业务分类

5G 网络是业务驱动的网络，网络特征及相关业务的主要分类如图 4−11 所示。

4. 建设规模

本期工程××大区拟建规模：AMF 配置容量××万注册用户；UDM 配置容量××万动态用户容量；SMF 配置容量××万 PDU Session；PCF 配置容量××万 PDU Session。上述网元在大区中心省进行建设，大区中心内分省共设置××套 UPF，UPF 总建设规模为××Gb/s。

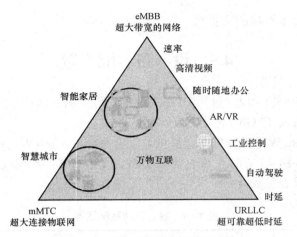

图 4-11　5G 网络属性及相关业务

本设计为××大区移动核心网（5GC）新建工程××地市单项工程，在××地市新建一套 UPF，容量为 189 Gb/s，满足××等 3 地市 37.3 万用户需求。

5. 网络承载方案

网络承载方案如图 4-12 所示。

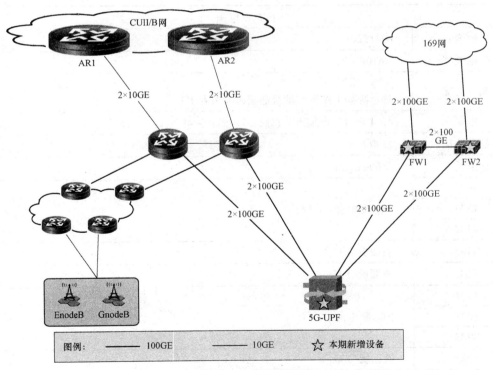

图 4-12　IP 承载连接图

6. 网管与计费

网管和计费连接本机房的交换机。

4.5 设 备 配 置

设备选用华为 E9000－12，包括 UPF 主设备、防火墙、内部组网交换机等。

规格：每块主用板 40 Gb/s 流量，$N+1$ 备份。

功耗：基础 2 500 W（机柜机框交换机）＋单板数量×380 W（每单板 380 W）。

供电：直流双 4 路 48 V/63 A 或交流双 2 路 220 V/32 A，本期选直流供电。

容量及功耗配置表见表 4－9。

表 4－9　容量及功耗配置表

类型	容量/ (Gb·s^{-1})	功耗/W
6 块板（5 主＋1 备）	5×40	2 500（基础，包括 TOR）＋6×380＝4 780

机柜板位见表 4－10。

表 4－10　机柜板位

机柜板位图	
机柜编码	02115201
机柜类型	N610E－22
配置情况	一柜一框 磁盘阵列主控框和硬盘框配比关系为 1:1
配电要求	4＋4 路直流电输入，每路 63 A 直流－48 V
最大功耗	11 466 W
承重要求	≥600 kg/m²
46 U	
45 U	AC 配电盒－1 3 U
44 U	
43 U	假面板 1 U
42 U	假面板 1 U
41 U	
40 U	AC 配电盒－0 3 U
39 U	
38 U	假面板 1 U
37 U	LSW－3 1 U
36 U	走线槽　1 U

机柜板位图	
35 U	LSW – 2 1 U
34 U	走线槽　1 U
33 U	防火墙 – 1　1 U
32 U	走线槽　1 U
31 U	防火墙 – 0　1 U
30 U	走线槽　1 U
29 U	假面板　1 U
28 U	LSW – 1 2 U
27 U	
26 U	走线槽　1 U
25 U	假面板　1 U
24 U	LSW – 0 2 U
23 U	
22 U	走线槽　1 U
21 U	磁盘阵列 – 3　硬盘框　2 U
20 U	
19 U	磁盘阵列 – 2　硬盘框　2 U
18 U	
17 U	磁盘阵列 – 1　控制框　2 U
16 U	
15 U	磁盘阵列 – 0　控制框　2 U
14 U	
13 U	
12 U	
11 U	
10 U	
9 U	E9000 – 0 12 U
8 U	
7 U	
6 U	
5 U	

机柜板位图		
4 U	E9000－0 12 U	
3 U		
2 U		
1 U	高承载滑道 1 U	
功耗合计		
散热合计		

4.6　机房安装工艺要求

机房设计应符合 YD 5003—2014《通信建筑工程设计规范》等相关规范的有关规定。

程控交换室的室内装修、空调设备系统和电气照明的安装应在装机前进行。程控交换室内装修应满足工艺要求，经济实用。新建工程架间走缆应采用上走线方式，电源线与信号线应分开架设，交直流电源线宜分开架设。

4.6.1　机房环境

机房设计应符合有关政策和 YD/T 1821—2018《通信局（站）机房环境条件要求与检测方法》等相关规范的有关规定。

1. 温度和湿度要求

机房环境温度和湿度应满足表 4－11 所示的规定。

表 4－11　环境温度和湿度要求

机房级别	机房分级标准（以设备重要程度分级）	温度要求/℃	湿度要求/%
一类通信机房	骨干设备、全省共用设备，如长途交换机、骨干/省内智能网设备、分组域设备	10～26	40～70
二类通信机房	服务本地业务的设备，如端局、关口局等	10～28	20～80（温度≤28 ℃，不得凝露）
三类通信机房	市话端局	10～30	20～85（温度≤30 ℃，不得凝露）
注：通信机房内温度的变化率应小于 5 ℃/h（不得凝露）。			

2. 灰尘和有害气体浓度指标

通信机房内的灰尘粒子不能是导电的、铁磁性的和腐蚀性的粒子。

对于一类和二类通信机房，要求如下：

直径大于 0.5 μm 的灰尘粒子浓度≤3 500 粒/L：

直径大于 5 μm 的灰尘粒子浓度≤30 粒/L。

对于三类通信机房，要求如下：

直径大于 0.5 μm 的灰尘粒子浓度≤18 000 粒/L：

直径大于 5 μm 的灰尘粒子浓度≤300 粒/L。

3. 电磁环境

机房内无线电干扰场强，在频率范围 0.15～1 000 MHz 时不大于 126 dB。

机房内磁场干扰场强不大于 800 A/m。

4. 安全要求

交换机房的安全需要满足 YD/T 1821—2018《通信局（站）机房环境条件要求与检测方法》中 5.9.1 节《防火安全一般要求》、5.9.2 节《防水、防潮安全一般要求》、5.9.3 节《电气防火要求》。

5. 机房照明要求应符合以下规定

机房照度应按表 4－12 的要求。表中所列照度为不设局部照明的一般照明方式的照度标准，有局部照明的房间，其一般照明的照度可按 30～50 lx 设计。

表 4－12　机房照明要求

机房名称	最低照度标准荧光灯/lx	规定照度的被照面
程控交换系统室	150～200	水平面
话务员座席室	100～150	水平面
总配线架室	75～100	水平面
注：水平面照度指距地面 0.8 m 处。		

通信机房均应设置事故照明，其照度在距地面 0.8 m 处不得低于 5 lx。

6. 防雷接地要求

依据中华人民共和国国家标准 GB 50689—2011《通信局（站）防雷与接地工程设计规范》第 3.1.1 条：通信局（站）的接地系统必须采用联合接地的方式。按单点接地原理设计，即通信设备的工作接地、保护接地（包括屏蔽接地和建筑物防雷接地）共同合用一个接地体的联合接地方式。

本工程新增设备需单独设置保护地线，就近引接至本机房内地线排上。

本工程新配的光终端用 ODF 需引接防雷地线，光缆的金属加强芯和金属护层应在 ODF 架内可靠连通，并与机架绝缘后采用多股铜芯线，就近引接至本机房内地线排上。

设备机柜内保护地线应与机柜内接地汇流排可靠连接。

设备、配套设备柜门与柜体间应做等电位连接。

严禁在接地线中加装开关或熔断器。

接地线布放时应尽量短直，多余的线缆应截断，严禁盘绕。

7. 抗震加固

为贯彻执行地震工作以预防为主的方针，在电信设备符合抗震标准的条件下，电信设备安装的铁架及抗震加固点，经抗震设防后，在遭受相应设防烈度的地震作用时，能够保障通信，减少人员伤害和经济损失，工程设计中严格执行国家标准 GB/T 51369—2019《通信设备安装工程抗震设计标准》。

根据国家标准 GB/T 51369—2019《通信设备安装工程抗震设计标准》要求，电信设备安装设计的抗震设防烈度，应与安装电信设备的电信房屋的抗震设防烈度相同。各类电信房屋的抗震设防类别应执行 YD/T 5054—2019《通信建筑抗震设防分类标准》的有关规定。工程所在地区抗震设防烈度可查阅 GB 50011—2010（2016 年）《建筑抗震设计规范》附录。

4.6.2 机房平面布置与设备排列

1. 机房平面布置要求

维护方便，操作安全，便于施工，节省安装材料和费用；整齐美观，与相关专业配合适当；减少线缆的长度、转弯和扭转。

2. 设备排列要求

交换设备机架按照各厂家规定，便于机柜的相互通信及维护扩容。交换设备应与相关专业设备邻近放置，便于设备间互联线缆走线路由最短，以减少路由迂回和交叉为原则，不严格要求开辟单独的设备区和配线区。机房设备列之间及走道的宽度应根据机房荷载、设备重量、维护空间要求决定，一般的标准机房可参照表 4-13 的要求。

表 4-13 标准机房设备排列距离参考值

序号	名称	距离/m	备注
1	主走道	≥1.3	短机列时
		≥1.5	长机列时
2	次走道	≥0.8	短机列时
		≥1.0	长机列时
3	相邻机列面与面之间	1.2～1.4	
4	相邻机列面与背之间	1.0～1.2	
5	相邻机列背与背之间	0.7～0.8	
6	机面与墙之间	0.8～1.0	
7	机背与墙之间	0.6～0.8	

4.6.3 电源系统

1. 直流供电系统要求

（1）交换设备应采用 −48 V 直流供电，其输入电压允许变动范围为 −40～−57 V。

（2）交换机房宜采用电源分支柜方式供电。

（3）交换设备的直流供电系统，一般由交换设备的电源分配柜（PDF）进行配电。

2. 电源线截面的选取原则

直流电源导线的截面应根据供电段落所允许的电压降数值确定。计算方法参考电源设备安装工程设计。

交换设备所需的 −48 V 直流电源系统布线，从电力室直流配电屏引接至电源分支柜，由电源分支柜引接至列柜，再至交换设备机架，均应采用主备电源线分开引接的方式。

4.6.4 线缆选择与布放

机房交流电源线、直流电源线、光纤、通信线应按不同路由分开布放。如通信电缆与电力电缆相互之间距离较近，应保持至少 50 mm 以上的距离；如不能分开布放，通信线缆与电力电缆间放置隔离金属板。

布线距离要求尽量短而整齐，并且应考虑不影响今后扩容时设备的安装及线缆布放。

重点掌握

- 机房平面排列的距离要求。
- 交换设备机房高度及荷载要求。

4.7 设计文档编制

4.7.1 设计文档编制内容及要求

设计文档编制主要是指设计中的说明部分。应根据设计要求的深度进行工程设计的说明，主要包括以下内容。

1. 工程概况

说明本次交换单项工程设计在总体工程设计中的分册编号，描述工程的局点数量、工程设计中的主要配置、达到的通信能力、工程的总费用等。

2. 设计依据

说明在工程设计中参考的设计标准，如国家规范、行业规范等；设计中参考的要求及结论等，如设计任务书、可行性研究报告等。

3. 分工界面

根据本工程与相关专业之间的接口界面分工，进行详细描述。

4. 建设方案

按照交换工程设计的基本内容分别说明建设方案中采取的主要技术、采用的主要设备特性描述、对交换设备安装设计章节的主要结论分类描述，如机房平面布局、走线架的选取及设置等。

5. 机房环境

根据交换设备对机房环境的要求列出交换设备需要的工作环境指标。

6. 电源系统

说明本次交换工程对应电源系统容量的要求、端子配置的要求及地线系统要求。

7. 施工注意事项

根据本工程所统计线缆说明布放的原则、要求，设备安装要求，隐蔽工程的施工要求要点，如楼板洞的处理等；设备连接电源注意事项等，安全生产内容。

4.7.2 交换图纸组织

交换工程设计制图是对设计方案的结果进行可视化的体现，根据工程勘察现场图及系统配置绘制详细工程施工图，通过图纸与方案的说明可更加明确本次工程的建设目标，便于后期指导施工。

交换工程设计制图基本包括分工界面图、网络组织图、路由组织图、设备安装平面图、走线架图、走线路由图、线缆计划表、电源系统图、ODF端子分配图、通用图等。

对于较为简单的单项工程，可将部分图纸省略，用文字在说明中体现，也可根据设计的实际情况，合并简化部分图纸，但应达到图纸中包含工程的完整信息，能准确指导施工。

4.7.3 制图内容

1. 分工界面图

依据交换专业与相关专业的分工界面，对本次安装设备及连接端子的设计进行制图，可按照不同专业设计进行划分，也可按照本次工程负责安装的设备及端子进行与其他相关专业的划分。

2. 网络组织图

在现有网络图基础上，根据本期工程设备安装情况，做出本期工程实施后的网络图，如果有网络改造，根据需要绘制网络改造过程中的相对变化的网络图。

3. 路由组织图

根据本工程交换设计方案中交换设备的路由组织，并根据各端口配置数量，绘制本工程交换网元至相关联网元的路由中继。

4. 设备安装平面图

根据设备的安装设计规范中规定的距离设置等要求，配合消防管道、照明设置，按照各专业之间的相互位置关系，从整体机房平面规划为出发点，进行本期工程设备的平面布局。本期工程安装的设备与原有设备以线型进行区分，如有多种新建设备时，可参考国家图符规范进行图例的创新。

5. 走线路由图

根据本期工程设备安装后与其他专业设备间的连接，在平面图的基础上，根据线缆连接的类型、布线的规则，绘制出各种线缆的实际布线路由。

6. 线缆计划表

根据设备所需的线缆类型进行统计，并依据各种类型线缆的计算规则，计算出线缆的规格型号，根据实际情况选择线缆程式，然后根据走线路由图统计出线缆的长度，线缆长度预留根据本专业的概预算定额要求给出。将本工程中所用的线缆按照类型、规格、长度、使用要求等用表格形式进行统计。

7. 电源系统图

根据本工程对电源系统的要求及电源专业为满足本工程设备运行配置的电源端子，绘制电源系统的配置图、电源端子的占用图。

8. ODF 端子分配图

根据本工程 2M 端口的配置情况、2M 线缆的配置数量、本期工程占用的 DDF 状况，绘制 DDF 实际的端子已占用情况及本期工程占用情况。

9. 通用图

交换专业一般提供设备的安装通用图、设备安装固定图，这类图纸通常根据已发布执行的国标、行标中的标准图集或由厂家根据设备的实际情况提供。

4.7.4　设计制图实例

根据 2.2.2 节中委托设计项目，本期交换工程图纸包括以下内容，其中，设备面板等图略去。

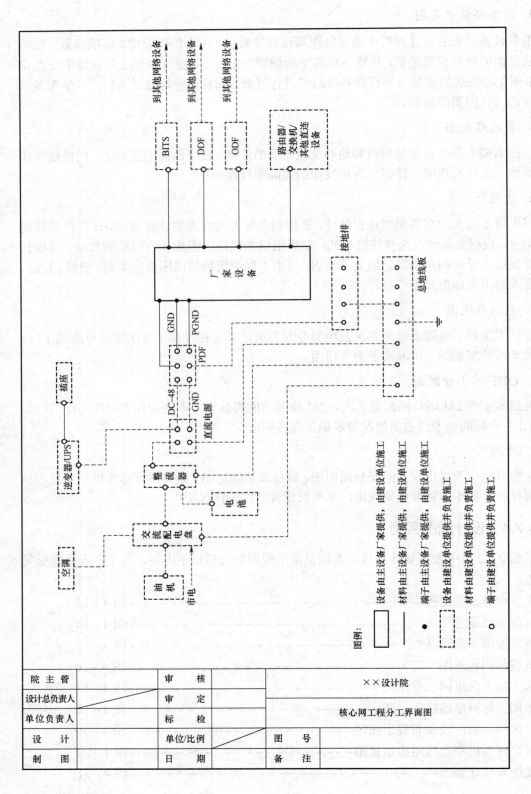

图 4-13 本工程分工界面图

院 主 管		审 核		××设计院		
设计总负责人		审 定		核心网工程分工界面图		
单位负责人		标 检				
设 计		单位/比例		图 号		
制 图		日 期		备 注		

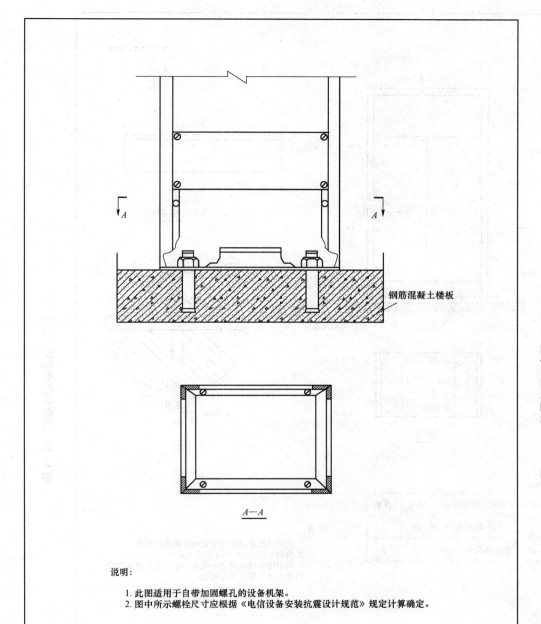

钢筋混凝土楼板

A—A

图 4—14 抗震加固示意图（一）

说明：

1. 此图适用于自带加固螺孔的设备机架。
2. 图中所示螺栓尺寸应根据《电信设备安装抗震设计规范》规定计算确定。

院 主 管		审 核		××设计院		
设计总负责人		审 定		自立式设备底部连接加固示意图（一）		
单项负责人		标 检				
设 计		单位/比例	mm/示意	图 号	KZ–JZ–35	
制 图		日 期		备 注		

165

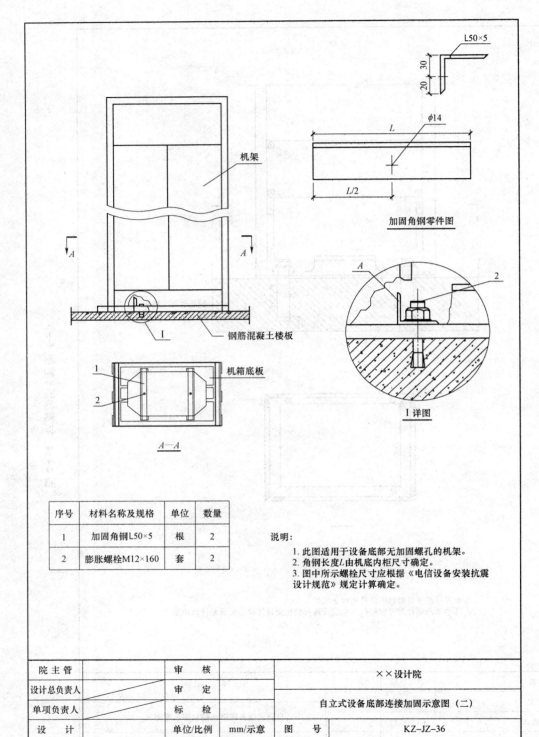

加固角钢零件图

I 详图

A—A

图 4-15 抗震加固示意图（二）

序号	材料名称及规格	单位	数量
1	加固角钢L50×5	根	2
2	膨胀螺栓M12×160	套	2

说明：
1. 此图适用于设备底部无加固螺孔的机架。
2. 角钢长度L由机底内柜尺寸确定。
3. 图中所示螺栓尺寸应根据《电信设备安装抗震设计规范》规定计算确定。

院主管		审　核		××设计院	
设计总负责人		审　定		自立式设备底部连接加固示意图（二）	
单项负责人		标　检			
设　计		单位/比例	mm/示意	图　号	KZ-JZ-36
制　图		日　期		备　注	

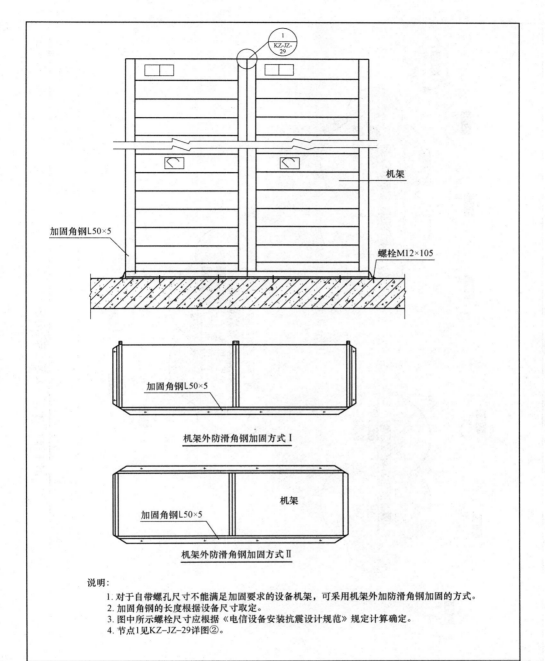

机架

加固角钢L50×5

螺栓M12×105

加固角钢L50×5

机架外防滑角钢加固方式 I

机架

加固角钢L50×5

机架外防滑角钢加固方式 II

说明:
1. 对于自带螺孔尺寸不能满足加固要求的设备机架,可采用机架外加防滑角钢加固的方式。
2. 加固角钢的长度根据设备尺寸取定。
3. 图中所示螺栓尺寸应根据《电信设备安装抗震设计规范》规定计算确定。
4. 节点1见KZ–JZ–29详图②。

图 4－16 抗震加固示意图（三）

院主管		审 核		××设计院		
设计总负责人		审 定		自立式设备底部连接加固示意图（三）		
单项负责人		标 检				
设 计		单位/比例	mm/示意	图 号	KZ–JZ–37	
制 图		日 期		备 注		

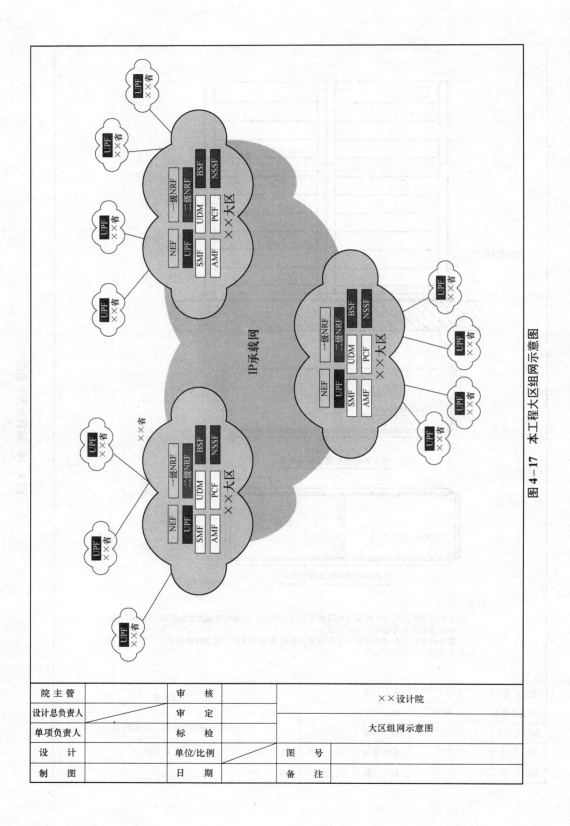

图 4-17　本工程大区组网示意图

院　主　管		审　　核		××设计院	
设计总负责人		审　　定			
单项负责人		标　　检		大区组网示意图	
设　　计		单位/比例		图　号	
制　　图		日　　期		备　注	

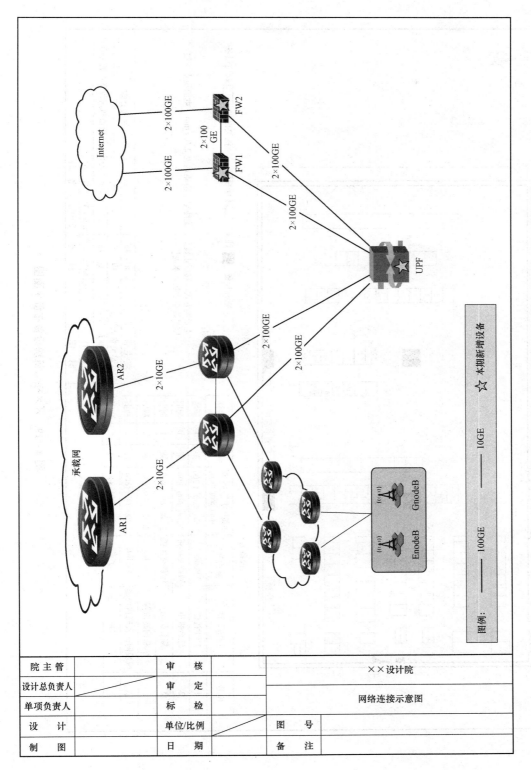

图 4-18　本期工程网络连接示意图

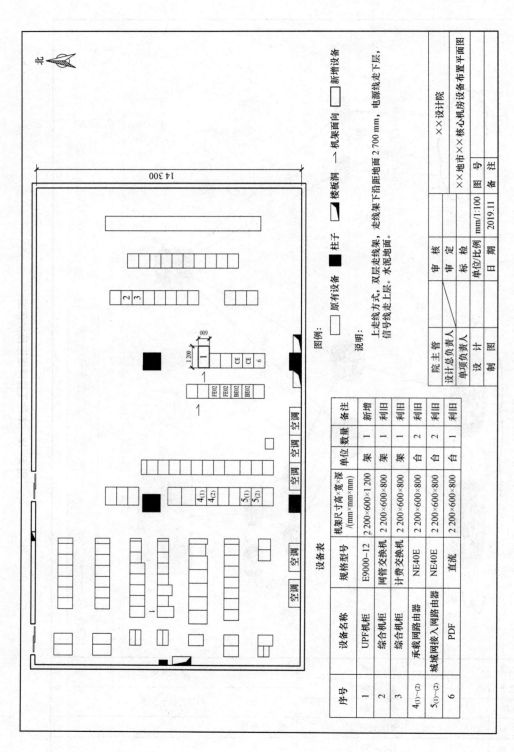

图 4-19 ××核心机房设备布置平面图

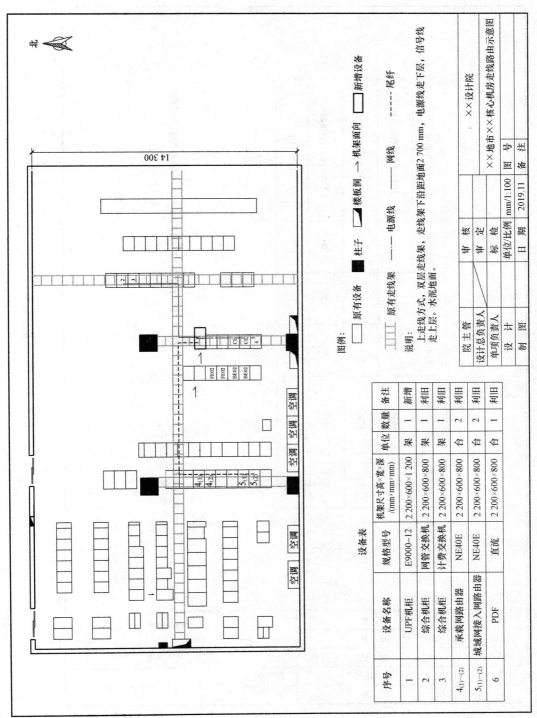

设备表

序号	设备名称	规格型号	机架尺寸高×宽×深 /(mm×mm×mm)	单位	数量	备注
1	UPF机柜	E9000-12	2 200×600×1 200	架	1	新增
2	综合机柜	网管交换机	2 200×600×800	架	1	利旧
3	综合机柜	计费交换机	2 200×600×800	架	1	利旧
4(1)~(2)	承载网路由器	NE40E	2 200×600×800	台	2	利旧
5(1)~(2)	城域网接入网路由器	NE40E	2 200×600×800	台	2	利旧
6	PDF	直流	2 200×600×800	台	1	利旧

图例：
□ 原有设备　■ 核板洞　→ 机架面向　□ 新增设备

□□□ 原有走线架　—— 电源线　—— 网线　----- 尾纤

说明：上走线方式，双层走线架，走线架下沿距地面2 700 mm，电源线走下层，信号线走上层。水泥地面。

	××设计院		
院主管		××地市××核心机房走线路由示意图	
设计总责任人			
单项负责人		图 号	备 注
审 核			
审 定			
标 检			
单位比例	mm/1:100		
设 计			
制 图		日 期	2019.11

图 4-20　××核心机房走线路由示意图

171

线缆编号	线缆类型	数量/条	长度/m	合计/m	连接机柜
1	网线	4	15	60	UPF-网管计费交换机
2	尾纤	8	20	160	UPF-承载网路由器
3	尾纤	8	25	200	UPF-城域网路由器
4	25 mm² 电源线	17	10	170	UPF-PDF

说明：

本表所列长度为参考长度，施工线缆均由厂家提供，截取长度请按实际测量而定。原有路由器上端口满足需求，PDF电源端子满足需求。

图 4-21 线缆布放计划表

院主管		审 核			
设计总负责人		审 定		××设计院	
单项负责人		标 检		线缆布放计划表	
设 计		单位/比例		图 号	
制 图		日 期		备 注	

4.8　概预算文档编制

4.8.1　工程造价及费用构成

概预算文档应将本次工程概况与工程总造价对应描述，对预算表中的表 4-14（表一）做简要说明，包括本次工程的总投资、主设备费用、安装工程费、工程其他费用等；如果设计中包括多个项目，则列出总设计的投资及费用构成情况后，再分别单列各项目的投资情况及费用构成。

4.8.2　概预算编制的依据

根据通信行业及相关发布的最新规范、概预算编制的文件及办法，进行交换工程的概预算编制。

现阶段概预算编制的依据主要包括工信部通信【2016】451 号颁布《信息通信建设工程概预算编制规程》《信息通信建设工程费用定额》和《信息通信建设工程预算定额》，国家发展计划委员会、建设部计价格【2002】10 号《关于发布〈工程勘察设计收费管理规定〉的通知》，国家发展改革委、建设部《建设工程监理与相关服务收费管理规定》，建设单位提供的设备、材料价格。

4.8.3　相关费用及费率的取定

本工程所做概预算中各项计算费用依据及费率的数值分开单列；工程中用到的新工艺、新材料，在定额中未进行描述的，由建设方、设计方、施工方进行协商确定，对确定的费用要明确列出。

4.8.4　经济指标分析

按照建设单位的投资需求，作出相应的投资，可进行单项工程类别的投资分析，也可按照工程中用户类别进行投资分析。

4.8.5　预算编制

1. 预算编制顺序

交换设备预算编制首先明确本次工程的基本信息，根据国家发布的最新规范和文件，以及企业的相关取费标准进行编制。

使用国内设备及材料进行工程建设时，概预算表格编制的一般顺序为：

（1）国内器材概预算表；

（2）建筑安装工程量概预算表；

（3）建筑安装工程机械使用费概预算表；

（4）建筑安装工程仪器仪表使用费概预算表；

（5）建筑安装工程费用概预算表；

（6）工程建设其他费概预算表；

（7）工程概预算总表。

如使用国外进口设备或引进材料时，根据实际情况填写引进器材概预算表及引进设备工程建设其他费用概预算表。

根据本期工程中安装的设备及材料、安装规格类型及数量进行分类，填写到国内器材概预算表中，根据建设单位提供的设备及材料价格统计出设备及材料费用。

根据交换设备工程预算所需的定额手册《信息通信建设工程预算定额》第二册有线通信设备安装工程，合理选取定额，依据设备及材料的数量，填写到建筑安装工程量概预算表中，统计出本工程的人工工日。

依据建筑安装工程量概预算表中设备及材料的统计情况，结合定额中给出的机械及仪表情况，填写建筑安装工程机械使用费概预算表及建筑安装工程仪器仪表使用费概预算表，统计出本工程的机械使用费及仪器仪表使用费。

依据《信息通信建设工程概预算编制规程》中对建筑安装各项费用的计算方法，结合本工程的实际情况，确定每项费用的计算依据，再根据建筑安装工程量概预算表的总工日数量，以国内器材概预算表的材料费用为计算基础，统计出建筑安装工程费用。

以建筑安装工程费用及工程费为计算基础，参考工程建设的实际费用情况，计算工程建设其他费用概预算表中的各项费用，并统计出工程建设其他费用。

根据工程概算总表的各项费用列表，填写建筑安装工程费用概预算表、国内器材概预算表及工程建设其他费用概预算表的费用，计算并统计出本工程的总工程费用。

2．预算编制注意事项

（1）本工程的基本信息的统计是否完整，决定了工程概预算的计算依据是否准确，统计时可参考建筑安装工程费用概预算表与工程建设其他费概预算表中的费用明细逐一进行。

（2）工程建设其他费概预算表中单项费用有以建筑安装工程费为计费基础，有以工程费为计费基础，计算时与工程概预算总表的费用穿插计算，编制顺序界限不是很明晰。

（3）在工程预算表中没有列出的费用明细，可在工程建设其他费用概预算表的表格后面增列，根据工程建设实际情况，列出费用名称及费用金额。

（4）设备及材料统计费用时，注意有无价格的折扣情况，在预算表列出单个项目时，可计列合同价格，如有折扣情况，最终总价要以折扣后价格计列，概预算表格反映实际设备总价格。

（5）特别应注意，根据国家相关文件规定：安全生产费、文明施工费、规费不得作为竞争性费用，应按照定额全额计列。

4.8.6 预算实例

1．预算编制说明

1）工程概况

本设计为××大区移动核心网（5GC）新建工程××地市单项工程，在××地市新建一套 UPF，容量为 189 Gb/s，满足××等 3 地市 37.3 万用户需求，本期新增 1 个机柜，包括 E9000 设备 1 套（含防火墙 2 台以及组网交换机等设备），总投资（不含增值税）为

1 581 034 元人民币，其中主设备费为 1 474 200 元人民币，建筑安装工程费为 2 031 元，工程其他费为 71 148 元人民币，建设期利息 33 655 元人民币。项目含增值税总投资 1 777 134 元人民币。

2）预算编制依据

工信部通信【2016】451 号《工业和信息化部关于印发信息通信建设工程预算定额、工程费用定额及工程概预算编制规程的通知》。

工信部通信【2016】451 号颁布《信息通信建设工程概预算编制规程》《信息通信建设工程费用定额》和《信息通信建设工程预算定额》。

工信部颁发的《信息通信建设工程预算定额》第二册《有线通信设备安装工程》。

国家发展改革委、建设部《关于印发〈建设工程监理与相关服务收费管理规定〉的通知》发改价格【2007】670 号。

财政部安全管理总局财企【2012】16 号《关于印发〈企业安全生产费用提取和使用管理办法〉的通知》。

工信厅通信函【2019】49 号《关于做好 2019 年通信建设安全生产工作的通知》。

××建设单位与华为技术有限公司签订的主设备采购合同。

建设单位与设计、监理、施工、审计等单位达成的相关服务采购价格标准。

3）相关费率的取定及计算方法

表 4-14：资金来源全部按照贷款，计取建设期贷款利息，建设期按照半年考虑，年利率 4.35%，本期工程不计列预备费。

表 4-15：按照双方施工费协议，本设计人工费折扣为 80%，人工费单价为：技工为 91.2 元/工日；普工为 48.8 元/工日；临时设施费、夜间施工增加费、施工队伍调遣费不单独计列；文明施工费、规费不打折。

特别注意：在计算定额全额时，应计算施工队伍调遣费，本设计按照 500 km 双程调遣计算。

表 4-17：只计取设备原价，其他费用不计取。

表 4-18：设计、监理等费用按照价格协议执行，本项目设计费折扣为 80%，监理费折扣为 80%，审计费按照价格协议执行。

生产准备费按运营费不计列。

安全生产费：建筑安装工程费 ×1.5%，按照定额全额计取。

2. 预算表

××地市单项工程预算表见表 4-14～表 4-19。

表4-14 工程预算总表（表一）

建设项目名称：××大区移动核心网（5GC）新建工程

项目名称：××地市单项工程

建设单位名称：×××集团公司　　表格名称：表-1　　第　页全　页

序号	表格编号	费用名称	需要安装的设备费	建筑安装工程费	其他费用	建设期利息	总价值/元		
			元				除税价	增值税	含税价
I	II	III	IV	V	VI	VII	VIII	IX	X
1	表4-18	主设备费	1 474 200				1 474 200	191 646	1 665 846
2		配套设备费							
3	表4-18	需要安装的设备费	1 474 200				1 474 200	191 646	1 665 846
4	表4-15	建筑安装工程费		2 031			2 031	183	2 213
5	表4-15、表4-18	工程费	1 474 200	2 031			1 476 231	191 829	1 668 059
6	表4-19	工程建设其他费			71 148		71 148	4 271	75 419
7		合计	1 474 200	2 031	71 148		1 547 378	196 100	1 743 478
8									
9		建设期利息（按年利率4.35%计取6个月）				33 655	33 655		33 655
10		总计	1 474 200	2 031	71 148	33 655	1 581 034	196 100	1 777 134
11		其中回收费用							
12									
13									
14									
15									
16									

设计负责人：×××　　　　审核：×××　　　　编制：×××　　　　编制日期：2019 年 11 月

表 4-15 建筑安装工程费用预算表（表二）

建设项目名称：××大区移动核心网（5GC）新建工程

项目名称：××地市单项工程

建设单位名称：×××集团公司　　　表格名称：表-2A　　　第　页全　页

序号	费用名称	根据和算法	合计/元
Ⅰ	Ⅱ	Ⅲ	Ⅳ
	建安工程费（含税价）	一+二+三+四	2 213
	建安工程费（除税价）	一+二+三	2 031
一	直接费	（一）+（二）	1 108
（一）	直接工程费	1+2+3+4	1 030
1	人工费	（1）+（2）	1 030
（1）	技工费	技工总工日×91.2	1 030
（2）	普工费	普工总工日×48.8	
2	材料费	（1）+（2）	
（1）	主要材料费	国内主要材料费	
（2）	辅助材料费	主要材料费×3.00%	
3	机械使用费	机械费合计	
4	仪表使用费	仪表费合计	
（二）	措施项目费	1+2+3+…+15	78
1	文明施工费	人工费（原值）×0.80%	10
2	工地器材搬运费	人工费×1.10%	11
3	工程干扰费	不计取	
4	工程点交、场地清理费	人工费×2.50%	26
5	临时设施费	不计取	
6	工程车辆使用费	人工费×2.20%	23
7	夜间施工增加费	不计取	
8	冬雨季施工增加费	不计取	
9	生产工具用具使用费	人工费×0.80%	8
10	施工生产用水电蒸汽费	不计取	
11	特殊地区施工增加费	不计取	
12	已完工程及设备保护费	不计取	

续表

序号	费用名称	根据和算法	合计/元
13	运土费	不计取	
14	施工队伍调遣费	不计取	
15	大型施工机械调遣费	不计取	
二	间接费	（一）＋（二）	716
（一）	规费	1＋2＋3＋4	434
1	工程排污费	不计取	
2	社会保障费	人工费（原值）×28.50%	367
3	住房公积金	人工费（原值）×4.19%	54
4	危险作业意外伤害保险费	人工费（原值）×1.00%	13
（二）	企业管理费	人工费×27.40%	282
三	利润	人工费×20.00%	206
四	销项税额	建筑安装工程费（除税价）×适用税率＋甲供主要材料增值税	183

设计负责人：×××　　　　审核：×××　　　　编制：×××　　　　编制日期：2019 年 11 月

表 4-16　建筑安装工程费用预算表（全额表二）

建设项目名称：××大区移动核心网（5GC）新建工程

项目名称：××地市单项工程

建设单位名称：×××集团公司　　　表格名称：表-2B　　　第　页全　页

序号	费用名称	根据和算法	合计/元
I	II	III	IV
	建安工程费（含税价）	一＋二＋三＋四	5 997
	建安工程费（除税价）	一＋二＋三	5 502
一	直接费	（一）＋（二）	4 458
（一）	直接工程费	1＋2＋3＋4	1 288
1	人工费	（1）＋（2）	1 288
（1）	技工费	技工总工日×114	1 288
（2）	普工费	普工总工日×61	0
2	材料费	（1）＋（2）	0
（1）	主要材料费	国内主要材料费	0
（2）	辅助材料费	主要材料费×3.00%	0

续表

序号	费用名称	根据和算法	合计/元
3	机械使用费	机械费合计	0
4	仪表使用费	仪表费合计	0
（二）	措施项目费	1＋2＋3＋…＋15	3 170
1	文明施工费	人工费×0.80%	10
2	工地器材搬运费	人工费×1.10%	14
3	工程干扰费	不计取	
4	工程点交、场地清理费	人工费×2.50%	32
5	临时设施费	人工费×7.6%	98
6	工程车辆使用费	人工费×2.20%	28
7	夜间施工增加费	人工费×2.10%	27
8	冬雨季施工增加费	不计取	
9	生产工具用具使用费	人工费×0.80%	10
10	施工生产用水电蒸汽费	不计取	
11	特殊地区施工增加费	不计取	
12	已完工程及设备保护费	不计取	
13	运土费	不计取	
14	施工队伍调遣费	2×（单程调遣费×调遣人数）	2 950
15	大型施工机械调遣费	不计取	
二	间接费	（一）＋（二）	787
（一）	规费	1＋2＋3＋4	434
1	工程排污费	不计取	
2	社会保障费	人工费×28.50%	367
3	住房公积金	人工费×4.19%	54
4	危险作业意外伤害保险费	人工费×1.00%	13
（二）	企业管理费	人工费×27.40%	353
三	利润	人工费×20.00%	258
四	销项税额	建筑安装工程费（除税价）×适用税率＋甲供主要材料增值税	495

设计负责人：×××　　　　审核：×××　　　　编制：×××　　　　编制日期：2019 年 11 月

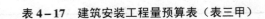

表4-17 建筑安装工程量预算表（表三甲）

建设项目名称：××大区移动核心网（5GC）新建工程

项目名称：××地市单项工程

建设单位名称：×××集团公司　　表格名称：表-3甲　　第　页全　页

序号	定额编号	项目名称	单位	数量	单位定额值/工日		合计值/工日	
					技工	普工	技工	普工
I	II	III	IV	V	VI	VII	VIII	IX
1	TSY4-001	安装落地式交换设备	架	1.00	5.02		5.02	
2	TSY1-090	布放电力电缆（单芯35 mm²以下）	十米条	17.00	0.25		4.25	
3	TSY1-056	布放设备电缆（数据电缆，10芯以下）	百米条	0.60	0.71		0.43	
4	TSY1-069	编扎、焊（绕、卡）接设备电缆（数据电缆，10芯以下）	条	4.00	0.08		0.32	
5	TSY1-080	放、绑软光纤（设备机架之间放、绑，15 m以上）	条	16.00	0.08		1.28	
	合计						11.296	

设计负责人：×××　　　审核：×××　　　编制：×××　　　编制日期：2019年11月

表 4-18 国内器材预算表（表四甲）

（主设备）表

项目名称：××地市单项工程

建设单位名称：××集团公司　　表格名称：表-4甲A　　第　页全　页

序号	名称	单位	数量	单价/元	合计/元			备注
				除税价	除税价	增值税	含税价	
I	II	III	IV	V	VI	VII	VIII	IX
	软交换设备							
1	UPF-E9000	Gb/s	189.00	7 800.00	1 474 200.00	191 646.00	1 665 846.00	
		合计			1 474 200.00	191 646.00	1 665 846.00	

设计负责人：×××　　　审核：×××　　　编制：×××　　　编制日期：2019 年 11 月

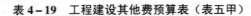

表 4 – 19　工程建设其他费预算表（表五甲）

建设项目名称：××大区移动核心网（5GC）新建工程

项目名称：××地市单项工程

建设单位名称：×××集团公司　　表格名称：表 – 5 甲　　第　页全　页

序号	费用名称	计算依据及方法	金额/元			备注
			除税价	增值税	含税价	
I	II	III	IV	V	VI	VII
1	建设用地及综合赔补费					不计取
2	项目建设管理费					不计取
3	可行性研究费					不计取
4	研究试验费					不计取
5	勘察设计费	详见设计说明	53 144	3 189	56 333	按实计取
6	环境影响评价费					不计取
7	建设工程监理费	详见设计说明	15 621	937	16 558	按实计取
8	安全生产费	详见设计说明	83	7	90	按照工信部通信【2016】451 号定额计取
9	引进技术及引进设备其他费					不计取
10	工程保险费					不计取
11	工程招标代理费					不计取
12	专利及专利技术使用费					不计取
13	审计费		2 300	138	2 438	按实计取
14						
	总计		71 148	4 271	75 419	
15	生产准备及开办费（运营费）					不计取

设计负责人：×××　　审核：×××　　　编制：×××　　　编制日期：2019 年 11 月

4.9 实做项目及教学情境

实做项目：选取某通信机房，模拟运营商现有接入机房交换设备的建设，进行机房勘察，设备资料整理，并根据设备的情况进行安装设计。

目的：通过对机房的勘测，绘制勘测草图，填写勘测的表格，了解设备安装设计中对设备资料的需求，了解交换设计制图的组织，熟悉预算编制顺序。

本 章 小 结

本章主要介绍交换设备安装工程勘察设计和预算编制方法，主要内容包括：

1. 交换网络的结构及主要应用技术，网络及技术的演进方向。

2. 交换设备勘察注意事项，勘察的准备及勘察结果应包括的内容。

3. 交换设备安装工程设计界面的划分原则，与各专业相关的接口划分注意事项。

4. 交换设备设计的基本内容，包括交换网络的网络组织、路由组织、信令点的编码原则，中继、信令链路的计算方法等。

5. 设备安装对机房工艺的要求，机房环境的要求，设备平面布局的原则，供电系统的计算方法，设备线缆的布放原则等。

6. 交换设备图纸的内容，图纸的组织。

7. 交换设计概预算的编制方法，重点注意事项。

8. 设计文档、概预算文档的编制内容，编制依据。

复习思考题

4-1 简述交换网络的结构及演进过程。

4-2 简述交换设计勘察的主要工具及使用要求。

4-3 简述交换设计界面划分原则。

4-4 简述交换工程设计的基本内容。

4-5 简述交换设备机房安装工艺要求。

4-6 简述交换设计图纸的内容。

4-7 简述交换预算编制的依据。

4-8 简述交换工程设计文档编写的主要内容。

第 5 章　视频监控工程设计及概预算

本章内容

- 视频监控网络概述
- 视频监控工程勘察与设计方法
- 视频监控工程设计文档与概预算编制

本章重点

- 视频监控工程勘察要点
- 视频监控工程设计方案

本章难点

- 摄像机选型与设置
- 传输网络设计

本章学习目的和要求

- 理解视频监控网络的结构及各部分功能
- 掌握视频监控工程勘察、设计的一般方法
- 掌握视频监控工程设计文档及概预算编制方法

本章课程思政

- 结合视频监控技术的发展历程，讲解安全防范系统对于社会稳定的重要意义，培养学生的安全责任意识

5.1　视频监控网络概述

5.1.1　视频监控技术的发展进程

视频监控系统是利用视频探测技术，监视设防区域，并实时显示、记录现场图像的电子系统或者网络。视频监控技术伴随着电子、通信、芯片、存储、计算机、网络、物联网、云计算大数据等技术的发展而不断进化，其产品一直在不断升级，系统结构不断变化，功能不断完善，应用领域也在一直不断扩展。按照视频监控系统传输信号和所使用主流设备的不同，视频监控技术的发展可以分为四代：模拟视频监控系统、模数混合的视频监控系统、网络视频监控系统以及目前正在蓬勃发展的智能视频监控系统。

1. 第一代：模拟视频监控系统

模拟视频监控系统通常被称为第一代视频监控系统，又称为闭路视频监控系统（Closed Circular Television，CCTV）。其产生于 20 世纪 70 年代，通常由模拟摄像机、视频矩阵、多画面分割器、模拟监视器和磁带录像机（Video Cassette Recorder，VCR）等模拟视频设备构成。摄像机的图像通过专用同轴电缆输出视频信号，通过视频矩阵、多画面分割器等接到模拟监视器和盒式磁带录像机，并由 VCR 进行录像存储。

模拟视频监控系统具有很大的局限性：

（1）模拟视频信号传输的距离较短，信号容易受到干扰，图像质量不是很高，仅适合小范围内的监控。

（2）VCR 磁带的存储容量非常有限，且不易保存，视频检索效率很低。

（3）模拟视频监控布线工程量大，只适用于较小的地理范围。与信息系统无法交换数据，应用的灵活性较差，不易扩展。

2. 第二代：模数混合的视频监控系统

20 世纪 90 年代中期，随着数字视频压缩编码技术的发展，模数混合的视频监控系统产生了，它以数字视频录像机（Digital Video Recorder，DVR）为标志性产品，DVR 通常又称硬盘录像机，模拟的视频信号由 DVR 实现数字化、编码压缩并进行存储。这种数字化的存储提高了用户对录像信息的处理能力，在视频存储、检索、浏览等方面实现了飞跃，使用户对于报警事件以及事前事后报警信息的搜索变得非常简单。

模拟与数字相结合的监控系统，以模拟矩阵技术为核心，可以充分发挥其技术成熟、稳定性高、成本较低的优势，补充 DVR 实现数字视频录像，同时充分利用 DVR 录像实时性高、损失小、易查询的优点，还可以结合编/解码器的使用，充分发挥 DVS（Digital Video Server，网络视频服务器/数字视频编码器）网络传输功能，为用户提供数字视频技术带来的新优势。

这种模拟与数字混合模式的视频监控系统，虽然可以实现远程传输，但是前端视频到监控中心采用模拟传输，因而其传输距离和布设地点都有所限制。与纯数字监控系统相比，可以充分利用用户既有的模拟设备资源，发挥 DVR 分布式存储高性能低成本的优势，即使核心交换机出现故障，也不会影响录像数据的及时保存，更不会出现整体系统瘫痪的情况；与纯模拟监控系统相比，传输部分的灵活性更强，可以充分共享网络汇聚平台的互联资源，也方便用户数量的扩充。

3．第三代：网络视频监控系统

全数字网络视频监控系统是完全使用 IP 技术的视频监控系统，它在前端将模拟视频信号直接转换为数字信号，并以网络为传输媒介，通过计算机软件来处理。

该系统将传统的视频音频及控制信号数字化，基于国际通用的 TCP/IP 协议将数字信号以 IP 包的形式在网络上传输，实现了视频信号的网络传输、远程播放、远程控制、网络存储、视频分发、视频内容分析以及自动报警等多种功能。

它的主要特点有：

（1）数字化的视频信号不易受干扰，可以大幅度提高图像品质和稳定性。

（2）数字化的视频信号可以通过计算机网络（局域网或广域网）传输，距离不受限制，网络带宽可复用，无须单独布线。

（3）经过压缩的视频数据可存储在磁盘阵列中或保存在光盘、U 盘中，查询十分简便快捷。

4．第四代：智能视频监控系统

目前视频监控系统正向智能化、高清化方向发展，智能视频监控系统采用图像处理、模式识别和计算机视觉技术，在监控系统中增加智能视频分析模块，可根据所关注对象的特征，借助芯片强大的数据处理能力过滤掉画面中的干扰信息和无用信息，自动识别和分析并抽取视频中的关键有用信息，快速、准确地定位和判断监控画面中的关注对象，并以最快和最佳的方式发出警报，从而及时、有效地进行事前预警、事中处理、事后取证，成为全自动、全天候、全实时监控的智能系统。智能视频监控系统实质上包含了数字高清、网络高清、云计算、边缘计算等多种技术和产品形态，并且还在不断探索发展过程中。

5.1.2　视频监控系统的构成

由于不同的用户要求，不同的使用环境，使得视频监控系统的结构与功能具有不同的组成方式，随着视频监控系统的发展，其结构和功能逐步规范，并形成了相对稳定的模式。无论是只有几台设备的简单系统还是有成百上千台设备组成的复杂系统，无论系统规模的大小和功能的多少，一般都包括前端设备、传输信道、控制设备和记录/显示设备四部分，如图 5-1 所示。

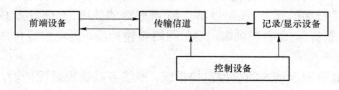

图 5-1　视频监控系统的构成

1. 前端设备

前端设备是视频监控系统信息的源头，它的作用是获取视频与音频信息。在视频监控前端由摄像机负责对画面进行采集，摄像部分是监控系统的前沿部分，是整个系统的"眼睛"。视频监控系统前端设备主要包括摄像机、镜头、云台、支架、防护罩、监听器等。

2. 传输信道（设备）

传输信道（设备）是将前端设备产生的视频/音频信息传输到终端设备，将控制信息从控制设备传送到前端设备的信息载体。在监控系统中常用的传输方式分为有线传输和无线传输两大类。有线传输方式通常采用同轴电缆、双绞线、光纤等，无线传输方式通常采用微波、红外等。

3. 控制设备

控制设备是整个视频监控系统的中枢，负责对摄像机及其辅助部件（如镜头、云台）的控制，还具有画面分割切换、图像/声音信号的检索与回放等功能。视频监控系统的控制设备主要由主控制器、操作键盘、音频/视频分配器、画面分割器等构成。

4. 记录/显示设备

记录/显示设备又称为终端设备，是视频监控系统的信息处理、存储、显示设备。终端设备主要由录像机、监视器、扬声器、警号等设备构成。

探　讨

- 视频监控系统的发展趋势。
- 视频监控系统的主要构成部分。

5.1.3　前端设备

前端设备是监控系统信息的来源，主要包括摄像机、镜头以及云台、支架、防护罩、解码器等设备。

1. 摄像机和镜头

在视频监控系统中，摄像机是最前端、最基础、最关键的设备，它负责对监视区域进行摄像并转换成电信号，其质量直接影响视频监控系统的整体应用，一般来说，普通枪式摄像机是不含镜头的裸摄像机，每个用户需要的镜头都是依据实际情况而定的。但人们通常也将含有镜头的摄像机，如半球摄像机、快速球摄像机、一体化摄像机、红外一体摄像机等统称为摄像机。

摄像机可以根据不同的划分方式，分类如下：

按外形分：枪机、球机、红外一体机。

按功能分：普通型摄像机、日夜型摄像机、红外摄像机。

按传感器类型分：CCD 摄像机、CMOS 摄像机。

按清晰度分：标清摄像机、高清摄像机。

按传输方式分：模拟摄像机、网络摄像机。

2. 云台、支架及护罩

1）云台

摄像机的云台是两个交流电动机组成的安装平台，可以水平或者垂直地运动，可以通过控制系统在远程控制其转动以及移动的方向。云台有如下分类：

① 按安装环境，分为室内和室外型云台，主要区别是室外云台密封性能好，能够防水、防尘，且负载大。

② 按安装方式，分为吊装和侧装云台，吊装云台安装在天花板，侧装云台安装在墙壁上。

③ 按照承载重量，分为轻载云台、中载云台和重载云台。

2）支架

普通支架有短的、长的、直的、弯的，根据不同的要求选择不同的型号。室外支架主要考虑负载能力是否合乎要求，再有就是安装位置，很多室外摄像机安装位置特殊，有的安装在电线杆上，有的安装在铁架上。制作支架的材料有塑料、金属镀铬、压铸。支架多种多样，依使用环境不同和结构不同，主要有以下类型：

① 天花板顶基支架，一端固定在天花板上，另一端为可调节方向的球形旋转头或可调倾斜度平台，以便摄像机对准不同的方位。有直管圆柱形和 T 形之分。

② 墙壁安装型支架，一端固定在墙壁上，其垂直平面用于安装摄像机或云台，对于无云台的摄像机系统，其摄像机可以直接固定在支架上，也可以固定在支架上的球形旋转接头或可调倾斜平台上。

③ 墙用支架加上安装连板可构成墙角支架，墙角支架加上圆柱安装连板，可将其安装在圆柱杆上。

3）防护罩

防护罩主要分为室内和室外两种，功能主要是防尘、防破坏。防护罩能保证雨水不进入防护罩内部侵蚀摄像机。有的室外防护罩还带有排风扇、加热板、雨刮器，可以更好地保护设备。摄像机防护罩的选择，首先是要包容所使用的摄像机加镜头，并留有适当的富余空间，其次是依据使用环境选择适合的防护罩类型，在此基础上，将包括防护罩及云台在内的整个摄像前端的重量累计，选择具有相应承重值的支架。还要看整体结构，安装孔越少，越利于防水，再看内部线路是否便于连接，最后还要考虑外观、重量、安装座等。防护罩的材料主要有铝质、合金、挤压成型、不锈钢等。

为了更好地保护摄像机，在室内或者室外安装时，都尽可能安装防护罩，需要对摄像机进行转动时，需安装云台。根据不同的安装位置，选择不同的支架。其安装效果示意图如图 5-2 所示。

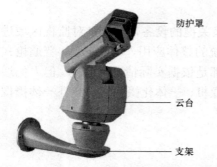

图 5-2　带防护罩、云台和支架的摄像机

防护罩

云台

支架

5.1.4　传输信道

视频监控系统中，信号的传输是整个系统非常重要的一环，需要传输的信号主要有两个：一个是视频信号，一个是控制信号。其中视频信号是从前端的摄像机传向控制中心；而控制信号则是从控制中心流向前端的摄像机（包括云台等受控对象）。目前，在监控系统中主要采用同轴电缆、双绞线、光纤等有线传输方式和卫星、微波、无线移动网、WiFi等无线传输方式。对于不同场合、不同的传输距离，需要选择不同的传输。下面简单介绍一下常用的三种有线传输方式：

1. 同轴电缆传输

视频基带信号也就是通常讲的视频信号，它的带宽是 0～6 MHz，一般来讲，信号频率越高，衰减越大，设计时只需考虑保证高频信号的幅度就能满足系统的要求，75－3 电缆可以传输 150 m，75－5 电缆可以传输 300 m，75－7 电缆可以传输 500 m。对于传输更远距离，可以采用视频放大器等设备，对信号进行放大和补偿，可以传输 2～3 km。

2. 双绞线传输

双绞线在这里一般指的是超五类网线，通常可以将视频图像信号传输 60～80 m，使用全自动双绞线视频传输设备信号进行放大和补偿后，视频图像传输距离可达到 1.8 km。该传输介质与使用同轴电缆相比，其优势越来越明显：

（1）布线方便，线缆利用率高。一根普通超五类网线，内有 4 对双绞线，可以同时都用来传输视频信号，一共可以传输四路，并且信号间干扰较小，而且网线比同轴电缆更好铺设。

（2）价格低廉，性价比高。普通超五类网线的价格相当于 75－3 视频线，室外防水超五类网线的价格相当于 75－5 视频线，但网线却能够在同一时间传输多路信号。

（3）传输距离远，传输效果好，抗干扰能力强。双绞线传输采用差分传输方法，其抗干扰能力大于同轴电缆。

3. 光纤传输

用光缆代替同轴电缆、双绞线进行视频信号的传输，给电视监控系统增加了高质量、远距离传输的有利条件。先进的传输手段、稳定的性能、较高的可靠性和多功能的信息交换网络还可为以后的信息高速公路奠定良好的基础。其传输优点如下：

（1）传输距离长，现在单模光纤每千米衰减可做到 0.2～0.4 dB 以下，是同轴电缆每千米损耗的 1%。

（2）传输容量大，通过一根光纤可传输几十路以上的信号。如果采用多芯光缆，则容量成倍增长。这样，用几根光纤就完全可以满足相当长时间内对传输容量的要求。

（3）传输质量高，由于光纤传输不像同轴电缆那样需要相当多的中继放大器，因而没有噪声和非线性失真叠加。加上光纤系统的抗干扰性能强，基本上不受外界温度变化的影响，从而保证了传输信号的质量。

（4）抗干扰性能好，光纤传输不受电磁干扰，适合应用于有强电磁干扰和电磁辐射的环境中。

目前常用的光纤按模式分为两大类：多模光纤和单模光纤。多模光纤用于视频图像传输时，只能满足最远 3~5 km 的传输距离，并且对视频光端机的带宽（针对模拟调制）和传输速率（针对数字式）有较大的限制，一般适用于短距、小容量、简单应用的场合。单模光纤由于有着优异的特性和低廉的价格，已经成为当前光通信传输的主流，但其设备价格通常比多模光纤的高。

5.1.5 控制/记录设备

控制设备（系统）是整个视频监控系统的核心，是实现整个系统功能的指挥中心。

早期的视频监控控制设备主要由主控制器、控制键盘、音/视频放大分配器、音/视频切换器、画面分割器、时间日期发生器与字符叠加器，以及云台、镜头、防护罩控制器及报警控制器等设备组成，其功能是对前端系统、显示/记录系统发出控制指令进行调度。

硬盘录像机（Digital Video Recorder，DVR）不仅可以记录图像和声音，还可以进行画面分割切换、控制前端云台等功能，集控制设备与记录设备的功能于一体，替代了传统的控制与记录设备。其主要功能包括监视功能、录像功能、回放功能、报警功能、控制功能、网络功能、密码授权功能和工作时间表功能等。

目前视频监控系统工程广泛采用网络硬盘录像机（Network Video Recorder，NVR），NVR 与视频编码器或网络摄像机协同工作，完成视频的录像、存储及转发功能。NVR 是基于网络的全 IP 视频监控解决方案。

5.1.6 显示设备

显示设备是视频监控系统的信息显示、处理设备，一般由监视器、扬声器、警号等设备组成。目前液晶监视器已取代传统的 CRT 监视器。

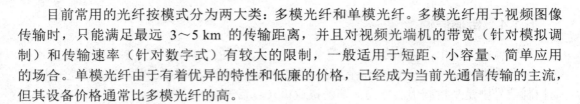

古人云：天网恢恢，疏而不漏。为提升城市治安防控能力和公共安全水平，我国很多城市建设了天网工程。天网工程通过在交通要道、治安卡口、公共聚集场所以及治安复杂场所安装视频监控设备，利用网络把一定区域内所有视频监控点图像传播到监控中心，对刑事案件、治安案件、交通违章等图像信息分类处理。公安机关通过监控平台，可以对城市各街道辖区的主要道路、重点单位、热点部位进行 24 小时监控，可有效消除治安隐患，使发现、抓捕街面现行犯罪的水平得到很大提高。据英国一家媒体报道，BBC 记者约翰·苏德沃斯在我国贵阳体验了一把"天网工程"：在被手机拍下一张面部照片后，仅仅"潜逃"七分钟就被中国警方抓获。天网工程利用科技手段，能够精准地抓取信息，为公安机关破获案件提供了一把"利剑"，震慑预防了一大批犯罪案件的发生，提高了社会的文明程度，使人民安全感满意度大幅上升。

5.2　视频监控工程设计任务书

5.2.1　设计任务书的主要内容

设计任务书是工程设计的基本依据，指用户根据自己的需要，将系统应具有的总体功能、技术性能、技术指标、摄像机数量、型号、摄像机镜头的要求、云台的要求、工作环境情况、传输距离、控制要求等各方面的要求以文字形式写出，并作为给设计方的基本依据。但有时由于用户本身的各种原因，可能难以以文字形式给出符合规定的或能说明全部情况的设计任务书，这时往往需设计方与用户共同完成设计任务书（用户口头向设计方讲述自己对系统的大致要求，由设计方提出初步建设方案，再协商修改，然后形成设计任务书）。

设计任务书通常包括以下内容：

① 任务来源。

② 政府部门的有关规定和管理要求（含保护对象的风险等级和防护级别）。

③ 建设单位的安全管理现状要求。

④ 工程项目的内容和要求（系统应具有的总体功能、性能指标、摄像机数量、摄像机镜头的要求、云台的要求、工作环境状况、传输距离、监控中心要求等）。

⑤ 建设工期。

⑥ 工程投资控制数额及资金来源。

⑦ 建成后应达到的预期效果。

5.2.2　视频监控工程设计任务书实例

TXWZ 宾馆视频监控系统设计任务书

一、总则

1. 根据安全技术防范管理规定【××省（市）人民政府令第××号】和本单位安全管理需要，在本单位建立安全技术防范系统，预防和制止入侵、盗窃、抢劫破坏等刑事犯罪，保障住宿客人和来访客人的人身与财产的安全。

2. 本单位属于三级风险等级，采取不低于三级防护的措施。

3. 安全技术防范系统工程的设计应遵循可靠、先进、经济、实用的原则。

可靠：平均无故障工作时间（MTBF）不小于 1 万小时。对入侵行为报警应准确、及时，无漏报现象，误报每年不大于两次。

先进：在技术上应有适度超前，便于扩展和升级。

经济：优化设计，造价合理，具有较高的性价比和较低的维护开销。

实用：操作简单，显示明了，维修方便，经久耐用。

二、应遵循政府部门的有关规定和管理要求

××省安全技术防范管理规定

GB 50395—2007《视频安防监控系统工程设计规范》

……

三、建设单位的安全管理现状要求

本单位原有模拟视频监控系统和数字视频监控系统各一套，模拟系统经常发生故障，拟将原模拟系统淘汰，将数字系统升级为网络高清视频监控系统。

四、设计内容和要求

1. 系统结构组成

（1）本次工程由前端图像收集系统、网络传输系统、存储子系统和管理平台组成。

（2）本视频监控系统可以对宾馆入口、大厅、楼道和公共活动场所等区域进行有效的视频探测和监视。

（3）系统应具有时间的记录与查询功能，需要时能进行快速检索和回放。

（4）系统应具有与其他系统联动的接口，联动响应时间不大于 4 s。

（5）系统的扩展应预留开放性接口，以便于日后扩展和改装。

2. 系统总体要求

（1）支持高清视频流，摄像机采集的模拟信号在监控点编码后直接加入网络，传输和存储图像质量不受距离影响。

（2）基于组播机制，查看某个监控画面的用户数量不受限制。

（3）实时监控与存储分离，互不影响。

（4）工业级存储设备，支持大数据量实时并发读写，可以应对突发需求。

3. 前端监控点配置与要求

前端监控点摄像机应根据现场具体情况进行设置，本设计任务书仅提出设点与选型原则性建议，应根据现场勘察进行深化设计。

（1）监控点设置

摄像机监控点设置要求如下。本次工程主要在入口（兼顾停车场）、前台、大厅、楼道和公共空间设置共约 105 个探头。

（2）应采用低照度摄像机，设置与照度相匹配的彩色/黑白转换型摄像机。

（3）环境要求：本项目所有摄像机根据需要分别在室内和室外安装。

（4）照度要求：本系统摄像机为全天候监控，场所最低照度 0.02 lx。

（5）清晰度要求：水平清晰度要求大于 720 P。

（6）镜头要求具有自动光圈，自动聚焦。

（7）防护罩要求：外观拟首选球形防护罩，结构拟选双层防护遮阳，气候防护等级 IP65。

4. 硬盘录像机主要技术要求

（1）硬盘录像机除具有一般硬盘录像机的常用功能外，还应具有强大的网络管理功能、方便的远程维护特性、较高的安全保密等级，以实现分散监控、集中控制、统一管理。

（2）硬盘存储空间应满足至少 30 天的容量。

（3）硬盘录像主机应满足通信协议的开放性要求，可根据不同监控场所管理需求，分类提出系统的人像识别技术功能等智能应用。

五、建设工期

自合同签字起一个月内安装全部完工，视频监控系统开始试运行。

六、工程投资控制数额及资金来源

项目总投资不超过 20 万元。项目资金自筹。

七、建成后应达到的预期效果

本工程建成后，能够对宾馆内外公共领域形成无死角监控。对企图犯罪的分子造成强大的威慑作用，使其望而生畏而放弃犯罪行为。对于敢于入侵的犯罪分子，能够进行预警并且记录其犯罪行为。

5.3 视频监控工程勘察

视频监控工程勘察一般分为三个步骤：勘察准备、现场勘察、勘察资料整理及归档（或编制现场勘察报告）。

5.3.1 勘察准备

勘察之前应做好充分的准备，要与建设方充分沟通，深入了解本次工程视频监控网络建设需求，并提出建设性的改进、完善建议和措施。仔细阅读设计任务书，明确本系统与其他专业之间的界面划分，制订详细的勘察计划，确定本次工程的勘测内容和工作重点，工程中涉及的各专业的接口要考虑周全，避免因信息不全造成重复勘测。

1. 勘测工具准备

（1）设计负责人接受设计委托后，应根据工程规模情况确定设计人员数量和组织架构。

（2）设计人员应将工程勘测工具按照视频监控工程勘测要求提前准备，为保证测量数据的准确性，所需勘测设备在准备阶段应调整校准，测量精度符合国家标准要求。常用的勘测工具见表 5-1。

表 5-1 勘测工具列表

序号	仪表	用途	备注
1	盒尺	测量设备尺寸、安装空间位置等	
2	激光测距仪	测量建筑物尺寸、缆线布防距离	可用皮尺替代
3	数码相机（或手机）	拍摄现场环境、设备布置等情况	作为勘测信息补充

2. 勘测资料准备

（1）本期工程中主要设备的技术资料、厂家针对本工程的技术建议书等。

（2）是否具备勘测条件、工程方案是否有变化等问题，应由设计人员与建设方工程负责人提前进行确认。

（3）打印勘测记录表格，绘制勘测基础图纸。

5.3.2 现场勘察

1. 调查了解保护对象的基本情况

（1）保护对象的风险等级与防护级别。

（2）保护对象的人防组织管理、物防设施能力与技防系统建设情况。

（3）保护对象所涉及的建筑物、构筑物或其群体的基本情况：建筑平面图、使用（功能）分配图、门窗、通道、电梯（楼梯）配置、管道、供配电线路布局、建筑结构、墙体及周边情况等。

2. 调查和了解被保护对象所在地及周边的环境情况

调查工程现场地理与人文环境、气候环境和雷电灾害情况、电磁环境等。

3. 草拟布防方案，并对拟定的周界、防护区进行现场勘查

（1）周界的形状、长度及已有的物防设施情况，周界出入口及周界内外地形地物情况。

（2）防护区域内防护部位、防护目标的分布情况。

（3）防护区域内所有出入口位置、通道长度、门洞尺寸及门窗（包括天窗）的位置和尺寸等。

（4）防护区内各种管道、强弱电竖井分布及供电设施情况。

（5）防护区域内光照度变化情况和夜间提供光照度的能力。

（6）监控中心/分控中心/专用设备间的位置、建筑结构、使用面积、层高、终端设备布局与安装位置、进/出线位置、接线方式、供电及防雷、接地情况。

4. 施工现场勘察要点

（1）观察整体空间分布，并设想布线通道，明确摄像头安装范围和可视范围，在布线中是否会遇到遮挡等问题。

（2）测量施工场地长、宽、高并记录准确数据，尺寸误差不超过 1%（累计不大于 50 cm）。

（3）观察施工场地光照情况，观察室内光照情况，如对摄像头无特殊要求，请选择背光位置作为摄像头的安装范围，并做好标记，尽量避免正对光源。

（4）确定摄像头安装位置。摄像头的监视范围和距离应保证能够监视到主要通道及门口，或按照客户要求所需监视的位置，不要有死角，保证镜头不要逆光。不要有大功率用电器在周围，防止干扰，一定要预留出方便维护的空间。综合考虑以上要求来确定摄像头的安装位置。

（5）确定电源和视频终端的位置。一般为保证整个监控系统的安全性，通常把供电系统和视频采集终端设在视频监控室，由监控人员决定每个摄像头的工作开关状态和监视情况。如因场地特殊原因或布线难度大，供电可以选择就近隐蔽的位置。

（6）综合布线。估算从摄像头到每个视频监控采集设备和到供电设备的线材使用长度。每种线材使用的总长度作出至少 5 m 的余量。因摄像头均在高处安装，所以一定要加上地面到顶部平行于摄像头的距离。

（7）估算耗材使用数量。根据客户要求，可能需要用到穿线盒、集线盒、面板之类的辅助耗材，要准确计算出需要的数量及长度，一般与长度有关的耗材需要多做出 10 cm 余量，根据现场而定。

（8）画出方案设计草图。根据以上现场勘查信息，简单画出工作草图，包含设备定位、布线路由、特殊位置、耗材等信息，并标注名称、距离以及其他重要信息。

（9）现场复核。勘察结束后，要从头到尾把勘察信息检查一遍，看是否有遗漏，方案是否有欠缺，力争做到现场问题现场解决。

5. 勘察表格

视频监控勘察表格见表 5-2，设备等其他情况在勘察报告中说明。

表 5-2　视频监控勘察记录表

建设单位			勘测次数	第_____次	
项目名称			勘测日期		
甲方联系人			联系电话		
监控环境	□楼房　□厂房　□广场　□厂区　□停车场　□城市道路　□一般公路 □高速公路　□其他：　　　　　　　　　　　　　　（可多选）				
是否有现场建筑图纸		□是　　□否	是否有原有安防系统图纸		□是　　□否
重点监控部位：					
监控区域范围		长_____米，宽_____米			
监控中心房间大小及位置		长_____米，宽_____米，高_____米，位置在_____			
施工现场已有室内外弱电井线槽线管桥架情况： 若无，甲方对线缆辐射方面的要求：					
甲方倾向的传输方式：□光纤传输　□网络传输　□视频传输　□无线传输　□其他：					
摄像机、硬盘录像机等设备的品牌有何要求：					
建筑物及周围情况草图	见附图_____		监控中心平面草图		见附图_____
序号	监控点名称	监控范围（距离）		摄像头类型或要求	
勘察工程师（签字）：			客户代表（签字）：		

5.3.3　勘察资料整理及归档

① 将勘察结果进行汇总，整理和核对勘察记录表、现场勘查草图、现场照片等。将所有纸质文档统一编号、装订。对系统的初步设计方案提出建议，形成现场勘查报告。

② 勘察资料归档。按照勘察资料归档的要求对所有勘察资料进行有序的编码标示，并与设计编号形成对应，以便于需要时查阅。

5.3.4　勘察注意事项

① 勘察过程中应注意过往车辆情况，必要时候可设置安全标志。

② 雷雨天气尽量不要外出勘察，若必须勘察，则需做好防雷、防滑倒、防跌落等工作。

5.3.5 勘察实例

根据本章设计任务书确定的勘察设计任务，按照前面介绍的步骤完成勘察测量工作，视频监控工程勘察记录表如图5-3所示，勘察草图如图5-4和图5-5所示。

TXWZ宾馆 视频监控勘察记录表

建设单位	TXWZ集团有限公司		勘测次数	第_1_次
项目名称	TXWZ宾馆视频监控改造工程		勘测日期	202X.XX.XX
甲方联系人	王吉乐		联系电话	18987654321
监控环境	☑楼房 □厂房 □广场 □厂区 ☑停车场 □城市道路 □一般公路 □高速公路 □其他：（可多选）			
是否有现场建筑图纸	☑是 □否	是否有原有安防系统图纸	□是 ☑否	
重点监控部位： 大厅、楼道				
监控区域范围 长_52_米，宽_25_米				
监控中心房间大小及位置 长_6.3_米，宽_3.3_米，高_4_米，位置在_一层_				
施工现场已有室内外弱电线井线槽线管桥架情况：/				
若无，甲方对线缆辐射方面的要求：/				
甲方倾向的传输方式：□光纤传输 ☑网络传输 □视频传输 □无线传输 □其他：				
摄像机、硬盘录像机等设备的品牌有何要求：				
建筑物及周围情况草图	见附图1.2	监控中心平面草图	见附图1	

序号	监控点名称	监控范围（距离）	摄像头类型或要求
1	门前	8-12米	半球 2个
2	大厅	〃	半球 4个
3	楼道	〃	半球 72个
4	公共空间	〃	半球 24个

勘察工程师（签字）：梅启明	客户代表（签字）：王吉乐

图5-3 视频监控工程勘察记录表

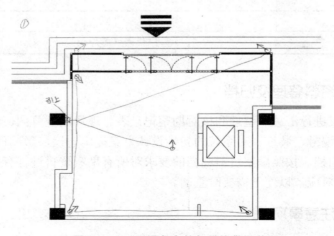

图5-4 一层设备布放与缆线敷设草图

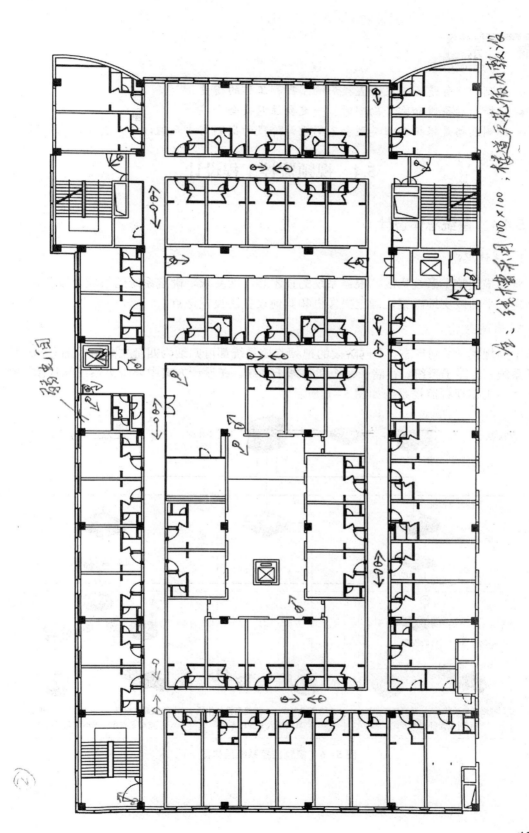

图 5-5　二～四层设备布放与缆线敷设草图

警　示

- 勘测的准备是否充足会直接影响了勘测工作的质量。
- 在繁忙的街道和室外勘测时，一定要注意安全。
- 勘测表格是根据工程类型和不同设计阶段的勘测需要而制订的，也可自己定制。

5.4　视频监控工程设计

5.4.1　系统总体设计

1. 设计思路

概要描述整个系统构成。根据系统的技术和功能要求，确定系统的组成及设备选型。根据建筑平面或实地勘察，确定摄像机和其他设备的设置地点。

2. 系统架构

不同规模、不同形态、不同阶段的视频监控系统都可归纳为四个主要组成部分，即前端子系统、传输子系统、存储子系统和管理子系统。在设计方案中要画出系统结构图，例如一个小规模视频监控系统如图5-6所示。

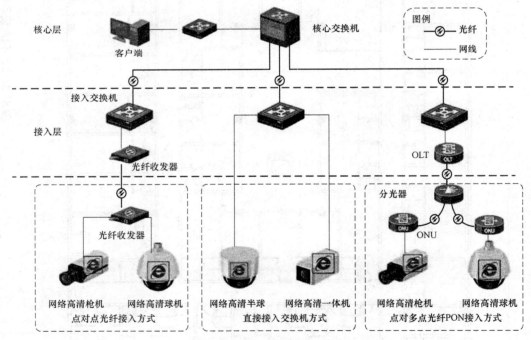

图5-6　视频监控系统结构图

3．功能设计

根据建设目标和环境的条件，确定摄像机类型及防护措施等。视频监控系统应对需要进行监控的建筑物内（外）的主要公共活动场所、通道、电梯（厅）、重要部位和区域等进行有效的视频探测与监视，以及图像显示、记录与回放。

前端设备的最大视频（音频）探测范围应满足现场监视覆盖范围的要求，摄像机灵敏度应与环境照度相适应，监视和记录图像效果应满足有效识别目标的要求，安装效果宜与环境相协调。

系统的信号传输应保证图像质量、数据的安全性和控制信号的准确性。

5.4.2　前端采集系统设计

视频监控系统前端设备主要包括摄像机、镜头、云台、防护罩、支架等。这些设备生产厂家很多，其品牌、型号、功能各异。只有合理选择这些设备，才能建设一个图像质量好、性价比高的视频监控系统。

1．摄像机选型与设置要求

在监视目标照度不高，而用户对监视图像清晰度要求较高时，宜选用黑白摄像机；若用户要求彩色监视，应考虑增加辅助照明装置，或采用彩色/黑白自动转换的摄像机。

在确定选用黑白摄像机还是用彩色摄像机之后，下一步需要考虑摄像机的技术指标。摄像机的技术指标主要有：

（1）分辨率。

（2）灵敏度。

通常监视目标的最低环境照度要高于摄像机最低照度的 10 倍。

（3）信噪比。

（4）工作温度。

大多数摄像机的工作温度范围是 $-10 \sim 50\ ℃$。当环境温度超出摄像机的工作温度范围时，应加装防护或特别保护装置。

（5）供电电源与电压范围。

2．镜头选型与设置要求

摄取固定监视目标时，可选用定焦镜头；当视距较小而视角较大时，可选用广角镜头；当视距较大时，可选用长焦镜头；当需要改变监视目标的观察视角或视角范围较大时，宜选用变焦镜头。镜头的焦距应根据视场大小和镜头与监视目标的距离确定，并按式（5-1）进行计算：

$$f = A \times L/H \tag{5-1}$$

式中，f 为焦距（mm）；A 为像场高（mm）；L 为物距（mm）；H 为视场高（mm）。

对于光照度变化不明显的环境，通常选用手动光圈镜头，将光圈调到一个比较理想的数值后固定下来就可以了；如果照度变化较大，需 24 h 全天候室外监控，应采用自动光圈镜头。需要遥控时，可选用具有可变对焦、可变光圈、可变焦距等功能的遥控镜头装置。

可根据需要和不同的使用场合选用一体化摄像机及一体化球形摄像机。一体化摄像机宜具备自动光圈、自动变焦、自动白平衡、背光补偿等基本功能。一体化球形摄像机宜具备自动电子快门、自动白平衡、电子与数码变焦、自动光圈与自动聚焦、水平连续旋转、高转速、预置位等功能，并宜根据使用环境的不同而具备内置风扇、加热器等多项辅助功能。

当通过网络传输时，可采用网络摄像机。网络摄像机的组成应包括镜头、滤光器、图像传感器、图像压缩和具有网络连接功能的部件。网络摄像机应具有 IP 地址等网络参数设置的功能。特殊需要时，网络摄像机可具备移动探测、警报信号输出/输入设备和电子邮件支持等功能。

3. 前端配套设备选型与设置要求

（1）云台。云台是可以全方位（水平和竖直两个方向）或水平（垂直）方向转动的摄像机安装底座。当一台摄像机需要监视多个不同方向的场景时，应配置自动调焦装置和电动云台。旋转云台的负荷能力要大于实际负荷的 1.2 倍。云台转动停止时，应具有较好的自锁性能，刹车时的回程角应小于 1°；室内云台在最大负荷时，噪声应小于 50 dB。

（2）支架。支架是用于安装固定摄像机的部件。可根据摄像机型号和现场情况，采用壁装、吊装及角装等多种形式的安装支架，并确定其安装高度，通常室内安装时，应距地面 2.5～5 m，室外安装时，应距地面 3.5～10 m。

（3）防护罩。用于保护摄像机的装置叫作防护罩。室内防护罩的主要作用是防尘。室外防护罩除防尘之外，更主要的作用是保护摄像机在较恶劣的自然环境（如雨雪、低温、高温等）下工作，不仅要有严格的密封结构，还要有雨刷、喷淋装置等，同时具有升温和降温功能。通常要根据工作环境选配相应的摄像机防护罩，选择保护罩时，其标称尺寸应与摄像机标称尺寸一致。

（4）控制解码器。当需要控制室内外电动云台、变焦镜头、防护罩的雨刷、灯光及摄像机的电源开关等可控装置时，应配置控制解码器，控制解码器应和控制系统主机配合使用。

5.4.3 传输网络设计

视频信号的传输方式可分为无线传输和有线传输两大类。选用的传输方式应保证信号传输的稳定、准确、安全、可靠。通常优先选用有线传输方式。

当传输的视频信号为模拟信号时，可采用同轴电缆传输视频基带信号的视频传输方式；当传输的视频信号为数字信号时，可采用 4 对对绞电缆的 IP 网络进行传输。需要长距离传输或需要避免强电磁干扰的传输时，宜采用光缆传输方式。系统的控制信号可采用多芯线直接传输或将遥控信号进行数字编码用电（光）缆进行传输。下面以目前常用的 IP 网为例介绍传输网络设计。

1. 传输网络结构设计

传统的设计方法是按核心层、汇聚层、接入层分级设计，但是随着网络管理技术的进步和发展，网络设计向扁平型方向发展，采用核心、接入层两级设计。IP 地址分配应遵循统一规划、统一分配的原则，要充分考虑到地址空间的合理使用，保证实现最佳的网络地址分配及业务流量的均匀分布。地址分配应有利于路由的收敛聚合。

2. 传输网络技术要求

（1）IP 交换机、路由器等数字传输网络设备应能支持主播转发方式。

（2）传输网络应设定控制音频、报警和视频等业务优先级，应能优先转发控制和报警业务。

（3）网络性能指标应符合下列规定：时延应小于 400 ms，时延抖动应小于 50 ms，丢包率应小于 1×10^{-3}。

（4）传输网络带宽的设计按以下原则估算：

① 前端设备接入监控（分）中心的网络带宽不小于允许并发接入的视频路数×单路视频编码率。

② 显示系统的接入带宽不小于并发显示视频路数×单路视频编码率。

③ 监控中心互联的网络带宽不小于并发连接视频路数×单路视频编码率。

④ 单路视频编码率 B 可按式（5−2）进行估算：

$$B = [(H \times V)/(352 \times 288)] \times 512 \tag{5−2}$$

式中，B 为视频编码率（kb/s）；H 为水平分辨率；V 为垂直分辨率。

⑤ 预留的网络带宽应根据联网系统的应用情况确定。

3. 网络可靠性设计

网络可靠性主要可从传输链路可靠性、网络设备可靠性两个方面进行设计。

4. 网络安全性设计

网络安全性设计主要有结构安全、访问控制、安全审计、边界完整性检查、入侵防范和网络设备防护这几方面的内容。

5.4.4　视频存储系统设计

1. 存储系统结构设计

在网络视频监控系统中，编码器将视频编码压缩并传输。NVR/媒体服务器/存储服务器负责视频的采集并写入磁盘阵列，同时，响应客户端的请求进行视频录像的回放。NVR 可以看成是视频存储设备的主机，根据不同的存储需求可以采用不同的架构，如 DAS、NAS、FC SAN 或 IP SAN 等。

1）存储设计原则

对于 NVR 台数和硬盘数量的设计，需要结合实际情况综合考虑，其中主要可参考"短板优先"的设计原则。

在部署 NVR 数量尽量少的前提下，首先分析接入路数（接入带宽）和存储容量哪个是主要限制项。假设接入路数为"短板"，以接入路数来优先计算；假设接入带宽为"短板"，应以最大带宽所能容纳的最大接入路数来计算；对于存储需求很大，接入路数要求

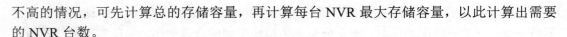

不高的情况，可先计算总的存储容量，再计算每台 NVR 最大存储容量，以此计算出需要的 NVR 台数。

2）存储热备设计

通常采用"$N+1$"热备，系统中多台 NVR 可组成工作集群，设置一台 NVR 为热备主机，其他 NVR 为工作主机。当任意一台工作主机网络中断或工作异常时，热备主机自动接管工作主机的网络视频，开启录像任务；当工作主机恢复正常后，热备主机放弃接管，并将异常期间的录像数据自动回传到工作主机中，保证录像完整、可靠。目前在 $N+1$ 的配置中，1 台备机最多支持 32 台工作主机。

3）存储空间计算

NVR 的存储空间与 DVR 没有区别，存储空间可根据式（5-3）计算：

$$存储空间 = 通道数 \times 码流 \times 保存日期 \tag{5-3}$$

表 5-3 为分别按照 1 路每天存储 24 h，摄像机按照 D1、720 P、1 080 P 的分辨率存储不同天数所需的存储空间表，方便快速计算。

表 5-3 不同分辨率对应的存储空间表

序号	分辨率	码流大小 / （Mb · s^{-1}）	1 天存储空间 /TB	7 天存储空间 /TB	15 天存储空间 /TB	30 天存储空间 /TB
1	D1	1.5	0.015 4	0.108 1	0.231 7	0.463 5
2	720 P	2	0.020 6	0.144 2	0.309 0	0.618 0
3	1 080 P	4	0.041 2	0.288 4	0.618 0	1.236 0

2. NVR 存储功能要求

（1）网络视频接入功能主要考虑多元化接入、第三方接入、接入能力以及智能分析功能接入等。

（2）本地监控管理主要考虑本地显示输出、多画面显示、隐私遮蔽、云台控制、本地操作和管理等。

（3）硬盘管理主要考虑录像空间、存储模式、硬盘保护、录像保护等。

（4）用户管理主要考虑权限管理和权限分配等。

（5）网络功能主要考虑网络应用、网络检测、网络协议等。

（6）录像/抓图和回放主要考虑编码参数配置、录像/抓图类型、录像搜索、录像/图片回放、同步回放、录像/图片备份。

（7）远程视频监控主要考虑远程预览、远程回放、远程操作、语音对讲等。

5.4.5 监控中心设计

视频监控系统的监控中心设计要符合以下要求：

（1）监控中心的设置应符合现行国家标准《安全防范工程技术规范》（GB 50348）的相关规定。

（2）监控中心的面积应与安防系统的规模相适应，不宜小于 20 m²，应有保证值班人员正常工作的相应辅助设施。

（3）监控中心室内地面应防静电、平整、光滑、不起尘，门的宽度不小于 0.9 m，高度不小于 2.1 m。

（4）监控中心室内温度宜为 16～30℃。相对湿度宜为 30%～75%。

（5）监控中心室内应有良好的照明。

（6）室内的电缆、控制线的敷设宜设置地槽；也可敷设在电缆桥架、墙上槽板内，或采用活动地板。

（7）根据机架、机柜、控制台等设备的相应位置，应设置电缆槽和进线孔，槽的高度和宽度应能满足敷设电缆的容量和电缆弯曲半径的需要。

（8）室内设备的排列，应便于维护与操作。

（9）控制台的装机容量应根据工程需要留有扩展余地。控制台的操作部分应方便、灵活、可靠。

（10）控制台正面与墙的净距不应小于 1.2 m，侧面与墙或其他设备的净距在主要通道不小于 1.5 m，在次要通道不小于 0.8 m。

（11）机架背面和侧面与墙的净距不小于 0.8 m。

5.4.6　防雷及接地设计

（1）防雷设计应采用等电位连接与共用接地系统的设计原则。采用共用接地装置时，共用接地装置电阻值应满足各种接地最小电阻值的要求；采用专用接地装置时，专用接地电阻应小于 4 Ω；安装在室外前端设备的接地电阻应小于 10 Ω。

（2）进出建筑物的电缆应采取防雷电感应过电压、过电流的保护措施。

（3）监控中心内应设置接地汇集环或汇集排，通常采用裸铜质导体，其截面积不小于 35 mm²。

（4）重要设备应安装电涌保护器。电涌保护器接地端和防雷接地装置应做防雷等电位连接，防雷等电位连接应采用铜导体，其截面积不小于 16 mm²。

（5）对前端供电和控制部分需要采取有效的避雷激励措施，以充分保障前端的稳定性和可靠性。前端监控的防雷接地主要考虑以下三个方面：

① 直击雷防护。在直击雷非防护区的每个视频监控点均配置预放电避雷针，安装在监控点立杆顶部。

② 供电设施的雷击电磁脉冲防护。电源防雷系统主要是防止雷电波通过电源对前端设备造成危害，避免高电压经过避雷器对地泄放后的残压或因更大的雷电流在击毁避雷器后继续损坏后续设备，以及防止线缆遭受二次感应电压传递到前端设备。

③ 均电压等电位连接技术。监控点设备（电源避雷器、控制信号避雷器等）宜采用单点接地方式实现等电位连接。

5.4.7　系统供电要求

（1）电源容量配置不小于系统或所在组合负载满载功耗的 1.5 倍，摄像机供电宜由监控中心统一供电或由监控中心控制的电源供电。

（2）市电网供电方式应采用 TN－S 制式，工作时，零线对地线的电压峰峰值不应高于 36 V。

（3）电源质量要求：

① 稳态频率偏移不大于 ±0.2 Hz。

② 电压波形畸变率不大于 5%。

③ 断电持续时间不大于 4 ms。

探　　讨

- 摄像机选型如何？
- 摄像机的镜头如何选择？
- 硬盘录像机的存储空间如何计算？

5.5　视频监控工程设计文档编制

视频监控工程设计文档一般包括设计方案（说明）、施工图纸和主要设备材料清单、工程概预算等。

5.5.1　设计方案的编写

视频监控系统的设计方案一般由以下几部分组成。

1. 概述

描述视频监控系统的发展及使用状况，介绍视频监控工程设计的总体情况，包括工程名称、项目背景、工程现状等，说明监控点的数量和分布情况布置、工程达到的效果，以及工程的总费用等。

2. 需求分析

根据国家现行相关规律或标准规范制定风险等级、防护级别或防护要求，结合设计任务书和现场情况进行系统功能和性能需求分析，提出项目建设内容。

3. 设计原则及依据

（1）设计原则是指设计方案的指导思想、出发点和遵循的基本原则。

（2）设计依据主要列明在工程设计中使用的设计标准，如相关设计规范、施工与验收规范经及相关技术标准等；设计中参考的资料及结论，如设计任务书、可行性研究报告等；设计单位的勘察资料等。以上内容要分条目列明，对于有文号或发文日期的，应当一并注明。根据工程项目具体要求，设计文件中可增加相关工程建设的批复文件等内容作为设计文件附件。

4．建设方案

（1）系统总体设计。主要包括视频监控系统的结构和功能设计，确定系统的组成和设备选型。详见 5.4.1 节。

（2）前端采集系统设计。视频监控系统前端设备的设计，通常包括摄像机选型与设置、镜头选型与设置、云台与防护罩等配套设备选型与配置。详见 5.4.2 节。

（3）传输网络设计。主要包括传输网络的结构设计和技术要求，以及可靠性、安全性等设计。详见 5.4.3 节。

（4）视频存储系统设计。主要包括存储系统的结构设计和容量设计，以及存储功能要求。详见 5.4.4 节。

（5）监控中心设计。主要包括监控中心的位置选择，面积大小、地板、温湿度、照明等环境要求，以及机柜、控制台等布局，线槽和走线架位置等。详见 5.4.5 节。

（6）防雷与接地设计。详见 5.4.6 节。

（7）系统供电设计。详见 5.4.7 节。

5．主要设备参数

列出工程中所使用的主要设备的技术参数。

5.5.2　设计图纸的组织

视频监控工程设计图纸是视频监控设计方案的集中体现，一般包括系统图、平面图、监控中心布局图等。各种图纸基本内容要求如下：

1．系统图

（1）主要设备类型及配置数量。

（2）信号传输方式、系统主干的管槽线缆走向和设备连接关系。

（3）设备/系统的接口方式（含与其他系统的接口关系）。

（4）供电方式。

（5）其他必要的说明。

2．平面图

（1）前端设备布放图应正确标明设备安装位置、设备编号、安装方式等，并列出设备统计表（名称、规格、数量）。

（2）前端设备布放图可根据需要提供安装说明和安装大样图。

（3）对于改、扩建工程，应将拟改造利用的设备标注在平面图中，并将原有设备与新增设备予以区分。

（4）管线敷设图应标明管线的敷设安装方式、型号、路由、数量，末端出线盒的位置、高度等；分线箱应根据需要标明线缆的走向、端子号，并根据要求在主干线路上预留适当数量的备用线缆，并列出材料统计表。

（5）管线敷设图可根据需要提供管路敷设的局部大样图。

（6）其他必要的说明。

3. 监控中心布局图

（1）标明主要设备、控制台和显示设备柜（墙）的轮廓、位置及相关尺寸等。

（2）根据设备机柜及操作位置布置，标明监控中心内管线走向、开孔位置。

（3）标明管线类型、规格、敷设方式等。

（4）说明对地板敷设、温湿度、风口、灯光等装修要求。

（5）其他必要的说明。

可根据工程具体情况确定需要绘制的图纸，未涉及的部分图纸可以省略。

5.5.3 设计文件实例

下面为 5.2.2 节中设计任务书实例项目的设计方案和设计图纸。

一、概述

随着经济的发展和社会的进步，人们对安全保障的要求不断提高，安全问题也就越来越受到人们的重视。加强对重点区域重点场所的可视化监控管理，建设高清视频电视系统，已成为非常必要的手段。我们根据安防设计规范以及建设方对安全防范系统的初步规划，本着高水准、高质量的要求，在设计上充分体现建设者的意图，并考虑到今后使用者的维护、使用、保养的方便性，特别制订了本方案设计书。

本工程为 TXWZ 宾馆视频监控改造工程，根据 TXWZ 宾馆监控系统现状及建设目标，对不同区域提出相应的建设或改造方案。

本工程共新增摄像机 102 台，工程完工后可以实现 TXWZ 宾馆公共区域的无死角覆盖。工程总费用 18.87 万元。

二、需求分析

1. 项目建设需求

对宾馆入口、大厅、楼道和公共活动场所等区域进行有效的视频探测和监视，实现宾馆公共区域的无死角覆盖。

2. 摄像机设置需求

（1）一层大厅门前布置头 2 台高清半球红外摄像机，通过接入层交换机汇聚到一层监控机房。

（2）一层大厅门前布置头 4 台高清半球红外摄像机，通过接入层交换机汇聚到一层监控机房。

（3）客房部分，2~4 层每层楼道安装 24 台高清半球红外摄像机，通过接入层交换机汇聚到一层监控机房。

（4）客房部分，2~4 层每层公共空间安装 8 台高清半球红外摄像机，通过接入层交换机汇聚到一层监控机房。

3. 系统功能需求

（1）实时监控：监控系统可在无人值守状态下，对监控区域进行全天候 24 h 实时监控，视频画面可在显示屏或电视墙上进行单、多路画面自由切换。

（2）录像与回放：实现全天候，24 h 不间断录像。录像回放清晰度 1 080 P，录像存储时间不少于 30 天。录像资料自动根据时间循环覆盖，重要资料可以通过移动硬盘、光盘等方式进行备份。

三、设计原则及依据

1. 设计原则

本设计以国家相关规范标准作为设计依据，充分考虑现场的具体情况，用最佳设计方案体现出最高的性能价格比，这是本方案设计的基本出发点和追求的目标。设计严格按照甲方的要求且遵守以下原则：

（1）先进性：本系统采用目前主流的先进技术，包括先进的传输技术、图像压缩编码技术、存储技术、控制技术，使整个系统在相当长的一段时间内保持领先的水平。

（2）可靠性：系统的可靠性原则贯穿于系统设计、设备选型、软件配置到系统施工的全过程。关键设备、关键数据、关键程序模块采取备份、冗余措施，使系统能够可靠地连续运行。

（3）安全性：对于安全防系统，其本身的安全性能不可忽视，系统设计时，必须采取多种手段防止本系统各种形式与途径的非法破坏。

（4）开放性：本系统采用开放的通信协议和技术标准保障系统在互联或以后的扩展过程中，能够稳定、有效地运行。

（5）可扩充性：系统设计留有充分的余地，满足扩充及更换部分设备时的通用性和可替换性，具有预备容量的扩充与升级换代的可能。

2. 设计依据

（1）《××宾馆视频监控系统设计任务书》。

（2）《视频安防监控数字录像设备》GB 20815—2006。

（3）《民用闭路电视监视系统工程技术规范》GB 50198—2011。

（4）《综合布线系统工程设计规范》GB 50311—2016。

（5）《安全防范工程技术标准》GB 50348—2018。

（6）《视频安防监控系统工程设计规范》GB 50395—2007。

（7）《安全防范系统供电技术要求》GB/T 15408—2011。

（8）《公共安全视频监控数字视音频编解码技术要求》GB/T 25724—2017。

（9）《视频安防监控系统技术要求》GA/T 367—2001。

（10）《安全防范监控变速球形摄像机》GA/T 645—2014。

（11）《安全防范视频监控矩阵切换设备通用技术要求》GA/T 646—2006。

（12）《视频安防监控系统　前端设备控制协议 V1.0》GA/T 647—2006。

（13）《安全防范监控网络视音频编解码设备》GA/T 1216—2015。

（14）《安全防范工程技术文件编制深度要求》GA/T 1185—2014。

（15）《安全防范　人脸识别应用　静态人脸图像采集规范》GA/T 1324—2017。

（16）《安全防范　人脸识别应用　视频图像采集规范》GA/T 1325—2017。

（17）《视频监控摄像机防护罩通用技术要求》GA/T 1353—2018。

（18）《安全防范系统通用图形符号》GA/T 74—2017。

四、建设方案

1. 系统总体设计

1）设计思路

本视频监控系统由前端子系统、传输子系统、存储子系统和管理子系统构成，采用高清视频监控系统，监控目标覆盖范围更广，显著提升监控效果，能实现数字局部细节捕捉功能，有利于图像识别和智能视频分析的应用。

2）系统架构

本项目视频监控系统采用纯网络模式，前端全部采用网络摄像机，视频信号通过接入交换机接入局域网进行传输，存储子系统和管理子系统安装在监控中心机房内，是整个监控系统的核心，如图5-7所示。

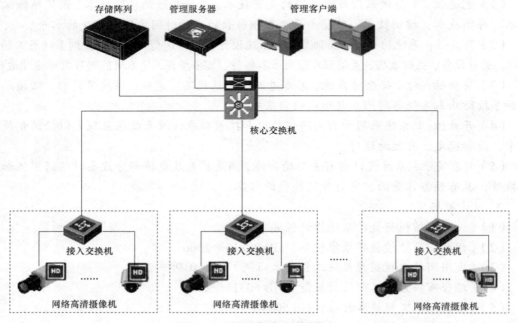

图5-7　视频监控系统结构图

① 前端高清网络摄像机通过接入层、核心层交换机，将高清视频信号传输至总控中心进行数据交换，并由后端集中监控管理平台对前端摄像机进行统一接入、集中管理、权限分配、视频存储管理、视频转发、解码上墙等。

② 电梯半球摄像机通过无线网桥传输，接入就近的交换机，并通过网络接入监控管理平台进行统一管理。

③ 本项目将建设一套单独的监控网络，以保证整个网络带宽以及网络的稳定性。

④ 后端集中监控管理中心采用嵌入式 NVR/磁盘阵列进行存储，以保证监控数据的稳定性。

⑤ 监控管理中心流媒体服务器实现将前端视频图像进行转发，可转发至解码设备、工作站、客户端等设备；流媒体服务器可转发××路 2M 的图像；可根据图像调用路数的要求增加流媒体服务器数量，以满足需要。

⑥ 监控中心采用一体化高清视频综合平台，实现高清图像解码上墙，视频综合平台采用插卡式设计，配置 3 块解码板卡，每块解码板支持 32 路 1 080 P 资源解码；2 块 HDMI 输入板卡支持 16 路 HDMI 信号输入（输入板卡可选择 DVI、VGA、BNV 等信号输入）。

3）功能设计

① 分级管理功能。在视频控制中心建设管理平台，对于远程访问和控制的人员，可以通过授权登录 Web 或手机客户端，实现对摄像机云台、镜头的控制和浏览实时图像、查看录像资料等功能。

② 全天候监视功能。通过安装的全天候监控设备，全天候 24 h 成像，实时监控安全状况。

③ 昼夜成像功能。采用可见光成像系统的彩色模式，非常适合天气晴朗、能见度良好的状况下对监视范围内的人和物进行观察监视识别。红外模式则具有优良的夜视性能和较高的视频分辨率，在照度很低甚至零照度的情况下，具有良好的成像性能。

④ 高清晰度成像。通过部署高清晰度摄像机，采用高清晰度成像技术实施监控，有利于记录人员面部、车辆拍照等细部特征。

⑤ 前端设备控制功能。可手动控制镜头的变焦、对焦等操作，实现对目标细致观察和抓拍的需要；对于室外安装的前端设备，还可远程启动雨刷、灯光等辅助功能。

⑥ 报警功能。系统能对各监控点进行有效布防，避免人为破坏。当发生断电、视频遮挡、视频丢失等情况时，现场发出告警信号，同时将报警信息传输到监控中心，使管理人员第一时间了解现场情况。

⑦ 集中管理功能。在监控中心可实现对各监控点多画面实时监控、录像、控制、报警处理和权限分配。

⑧ 回访查询功能。对突发事件可以及时调看现场画面并进行实时录像，记录事件发生时间、地点，及时报警，联动相关部门和人员进行处理。事后可对事件发生视频资料进行查询分析。

⑨ 电子地图功能。系统软件提供多级电子地图，可以将区域的平面电子地图以可视化方式呈现在每一个监控点的安装位置、报警点位置、设备状态等，有利于操作人员方便、快捷地调用视频图像。

⑩ 设备状态监视功能。软件平台能监控系统前端节点的摄像机和网络设备，当设备工作异常时，可发出报警信号。

2. 前端采集系统设计

1）摄像机选型与设置要求

入口处设置日夜黑白转换型并具备红外夜视功能的固定摄像机。大厅、楼道和公共空间设置日夜自动转换型室内固定摄像机，选用半球摄像机吸顶安装。

2）镜头选型与设置要求

镜头选型与设置要求见 5.4.2 节。本工程半球网络摄像机选用焦距范围在 3～8 mm 的变焦镜头，安装时手动调节确定焦距。

3）前端配套设备选型与设置要求

① 安装支架。摄像机在天花板下吸顶安装固定，采用吊装形式的安装支架，安装高度应不低于 2.5 m。

室外摄像机在建筑物外墙上安装时，可选用相应的安装支架，安装高度应不低于 3.5 m。

② 防护装置。本工程选用的半球机不单独设置防护罩。

3. 传输网络设计

1）传输网络结构设计

传输网络采用核心层与接入层两级网络结构。其网络结构如图 5-8 所示。

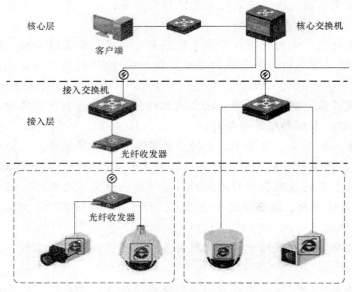

图 5-8 传输网络结构图

① 核心层。核心层主要设备是核心交换机，作为整个网络的大脑，核心交换机的配置性能较高。采用具备双电源、双引擎的核心交换机。

② 接入层。前端网络采用直接接入交换机的方式，具有独立的 IP 地址网段，完成对前端多种监控设备的互联。

2）传输网络技术要求

① 网络传输协议要求。系统网络层应支持 IP 协议，传输层应支持 TCP 和 UDP 协议。

② 媒体传输协议要求。视音频流在基于 IP 的网络上传输时，应支持 RTP/RTCP 协议；视音频流的数据封装格式应符合标准要求。

③ 信息传输延迟时间。当信息经由 IP 网络传输时，端到端的信息延迟时间应满足要求：前端设备与信号直接接入的监控中心相应设备间端到端的信息延迟时间应不大于 2 s；前端设备与用户终端设备间端到端的信息延迟时间应不大于 4 s。

④ 网络传输带宽。核心层交换机到接入交换机的网络采用光模块来传输，带宽千兆以上；前端设备到接入交换机之间的带宽为百兆。

⑤ 网络传输质量。联网系统 IP 网络的传输质量（如传输时延、包丢失率、包误差率、虚假包率等）应符合如下要求：

网络时延上限值为 400 ms；

时延抖动上限值为 50 ms；

丢包率上限值为 1×10^{-3}；

包误差率上限值为 1×10^{-4}。

3）VLAN 规划

通过 VLAN 技术，把一定规模的用户和终端归纳到一个广播域当中，从而限制视频专网的广播流量，提高带宽利用率。

4）网络 IP 地址规划

IP 地址的合理分配是保证网络顺利运行和网络资源有效利用的关键，要充分考虑到地址空间的合理使用，保证实现最佳的网络地址分配及业务流量的均匀分布。

IP 地址空间的分配和合理使用与网络拓扑结构、网络组织及路由有非常密切的关系，将对网络的可用性、可靠性与有效性产生显著影响。因此，在对网络 IP 地址进行规划建设的同时，应充分考虑本地网对 IP 地址的需求，以满足未来业务发展对 IP 地址的需求。

5）路由总体规划

路由分为静态路由和动态路由，根据项目实际情况选择动态路由。

6）网络可靠性设计

传输链路可靠性通过链路聚合技术进行保障。网络设备可靠性主要通过关键部件冗余备份、设备冗余备份、传输告警抑制和快速链路故障检测来进行保障。

7）网络安全性设计

网络安全性设计通过结构安全、访问控制和网络设备防护实现。

8）网络管理规划

网络管理主要包括网络监控管理、应急操作管理和日常维护管理三个方面。

4. 视频存储系统设计

1）NVR 存储系统设计

① 存储系统结构设计。本存储系统采用 NVR 模式，其中 IPC 先接入 NVR，再通过 NVR 接入平台。IPC 与 NVR 之间实现了直接对接，而直接对接模式一般采用底层协议而非 SDK 方式，更有利于提高接入效率。NVR 直接获取 IPC 的音视频并存在本机上，实现视频直存。

视频存储系统结构设计及视频流向如图 5-9 所示。

② 存储设计原则。对于 NVR 台数和硬盘数量的设计，主要可参考"短板优先"的设计原则，可先计算总的存储容量，再根据每台 NVR 最大存储容量，以此计算出需要的 NVR 台数。

③ 存储热备设计。本工程不考虑用"N+1"热备主机。

④ 存储空间计算。本项目需要存储 30 天的视频数据，根据计算，102 路视频需要存储空间大于 130 TB。采用两台 NVR，共 128 TB 存储硬盘。

2）NVR 存储功能

① 网络视频接入。

多元化接入：可接入海康私有协议或 ONVIF 协议，接入海康网络摄像机、网络快球和网络视频服务器。

第三方接入：可通过 ONVIF 和 PSIA 标准协议、部分厂家私有协议和自定义 RTSP 取流协议等方式接入第三方网络摄像机和网络快球。

接入能力：不同的型号支持不同的接入带宽，目前产品的可接入带宽分别为40/80/160 Mb/s。

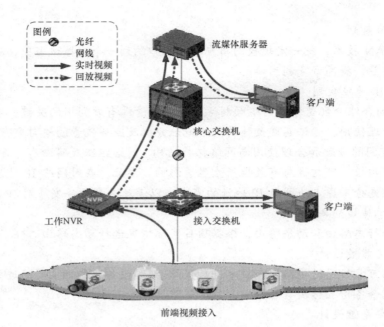

图例
- 光纤
- 网线
- 实时视频
- 回放视频

流媒体服务器

客户端

核心交换机

工作NVR

接入交换机

客户端

前端视频接入

图5-9　存储子系统结构图

支持人脸检测、区域入侵、越界侦测、虚焦侦测、场景侦测、音频侦测等智能分析功能接入。

② 本地监控管理。

本地显示输出：设备支持HDMI、VGA、CVBS同时输出，各输出口支持预览不同通道的图像；HDMI与VGA支持1 920×1 080 P高清输出，通过主/辅输出口切换可实现双操作，分别进行预览或回放。

多画面显示：设备支持单画面、四画面、六画面、八画面、九画面和十六画面多种预览分割方式，各画面预览通道顺序可调。设备支持分组切换、手动切换或自动轮巡预览，自动轮巡周期可设置。

隐私遮蔽：设备支持预览屏蔽和隐私遮盖两种隐私处理方式，预览屏蔽方式仅对预览画面做屏蔽处理，录像仍正常显示整个场景；隐私遮盖方式对预览和录像都进行遮盖。

云台控制：设备支持云台控制功能，云台控制时支持鼠标点击放大、鼠标拖动跟踪等功能。

本地管理：设备支持鼠标、遥控器和键盘进行本地操作和管理。

③ 硬盘管理。

录像空间：设备支持多个SATA接口，每个SATA硬盘最大支持4 TB，提供大容量的本地存储空间，同时根据不同型号支持1到几个不等的eSATA接口进行扩容。

存储模式：设备支持硬盘配额管理和硬盘盘组管理两种模式，硬盘配额可针对不同通道分配不同的录像保存容量，按需分配；硬盘盘组可针对不同通道设置不同的录像保存周期，保证足够的存储周期。

硬盘保护：设备支持磁盘预分配技术和硬盘休眠技术，保证硬盘空间的高利用率，延迟硬盘使用寿命并降低功耗。

录像保护：设备支持硬盘属性（冗余、只读和可读写）设置，设置"只读盘"可保护整个硬盘的重要文件不被覆盖；录像锁定技术可保护硬盘中单个重要文件不被覆盖。同时，设备还支持硬盘 SMART 预警技术，实时监控硬盘状态，在硬盘彻底损坏前提醒用户对坏盘中的录像文件进行备份。

④ 用户管理。

权限管理：设备支持管理员、操作员和普通用户三级权限管理，管理员具备所有权限。

权限分配：操作员和普通用户默认权限不同，操作员默认具有所有通道相关的权限和语音对讲权限，而普通用户默认对通道仅具备本地和远程回放权限。仅管理员用户支持默认参数恢复，确保设备的安全性。

⑤ 网络功能。

网络应用：设备支持双千兆网卡，支持网络容错、负载均衡和多址设定三种工作模式，两张网卡可配置不同网段 IP 地址，实现双网隔离。

网络检测：设备支持网络流量监控、网络抓包和网络资源统计能等功能，实时监控当前网络输入和输出的使用情况。

网络协议：设备除支持 TCP/IP 协议簇，实现远程访问外，还支持 IPv6、UPnP（即插即用）、SNMP（简单网络管理）、HTTPS（HTTP 安全版）、NTP（网络校时）、SADP（自动搜索 IP 地址）、SMTP（邮件服务）、NFS（NAS 网盘）、iSCSI（IP SAN 网盘）、PPPoE（拨号上网）等多种协议。

⑥ 录像/抓图和回放。

编码参数配置：设备支持前端网络设备的管理，可配置相机分辨率、码率、帧率等编码参数，并且支持主码流（定时）和主码流（事件）两套编码参数录像。

录像/抓图类型：设备支持手动录像/抓图、定时录像/抓图、移动侦测录像/抓图、报警录像/抓图、动测和报警录像/抓图、动测或报警录像/抓图、假日录像/抓图等多种录像/抓图方式，每天可设定 8 个录像时间段，不同时间段的录像触发模式可独立设置，抓图时间间隔可选。

录像搜索：设备支持按通道号、录像类型、文件类型、起止时间、标签等条件进行录像资料的检索；支持按照人脸检测、区域入侵、越界侦测、虚焦侦测、场景侦测、音频侦测等智能侦测类型进行录像检索；支持智能码流存储和智能事件后检索，用户可自定义区域入侵、穿越警戒面等智能规则进行录像的后检索。

录像/图片回放：设备支持快速回放、常规回放、事件回放、标签回放、日志回放、图片回放等多种回放方式；支持智能浓缩播放，有事件发生的关键视频以 1 倍速度播放；没有事件发生的视频则快速播放。回放时可进行快放、慢放、倒放、单帧播放、前跳 30 s、后跳 30 s、上一文件、下一文件、电子放大等操作。

同步回放：设备支持同步回放，最多支持 16 路 720 P 同步回放。

录像/图片备份：设备支持本地录像/图片备份，可通过 USB 接口外接 U 盘、移动硬盘和 USB 刻录机等进行备份，也可通过 eSATA 接口外接硬盘进行备份。

⑦ 远程视频监控。

远程预览：设备支持 IE 或 4200 客户端远程登录设备进行预览，最大支持 128 路网络视频同时访问。

双码流：设备支持远程主码流和子码流双码流访问，在网络带宽不足的情况下，可用主码流存储高清录像，子码流实时预览监控。

远程回放：设备支持远程搜索、回放、下载、锁定及解锁录像文件。

远程操作：设备支持远程获取和配置参数、配置录像/抓图计划、远程 PTZ 控制、远程 JPEG 抓图；支持远程格式化硬盘、升级程序、重启、关机等系统维护操作；支持获取设备运行状态、系统日志及报警状态等信息。

语音对讲：设备支持语音对讲功能，可实现客户端与设备之间的语音通信。

5. 监控中心设计

本次工程利用原有的监控中心，不再重新设计。

6. 防雷及接地设计

（1）在前端设备端设置电源避雷器和视频线路避雷器，所有由室外进入建筑的弱电线路，均需配置浪涌保护器。

（2）对进入监控中心的低压电源线路进行避雷接地，接地电缆建议不小于 $6\ mm^2$。

（3）采用均电压等电位连接技术，接地电阻应小于 $4\ \Omega$。

7. 系统供电要求

各设备用电由机房内的配电箱进行用电分配。系统设备采用 UPS 供电功率应能满足负载要求，电池应留有 30% 左右的余量，断电后应保证控制中心设备能正常工作 1 h。

供电电源质量需满足下列要求：

（1）稳态电压偏移不大于 ±2%；

（2）稳态频率偏移不大于 ±0.2 Hz；

（3）电压波形畸变率不大于 5%。

五、主要设备参数

（列出工程中所选用主要设备的参数，略）

六、设计图纸

根据 5.2 节设计任务书，本视频监控工程包括以下图纸：

视频监控系统图（图 5-10）；

一层监控平面施工图（图 5-11）；

二层监控平面施工图（图 5-12）。

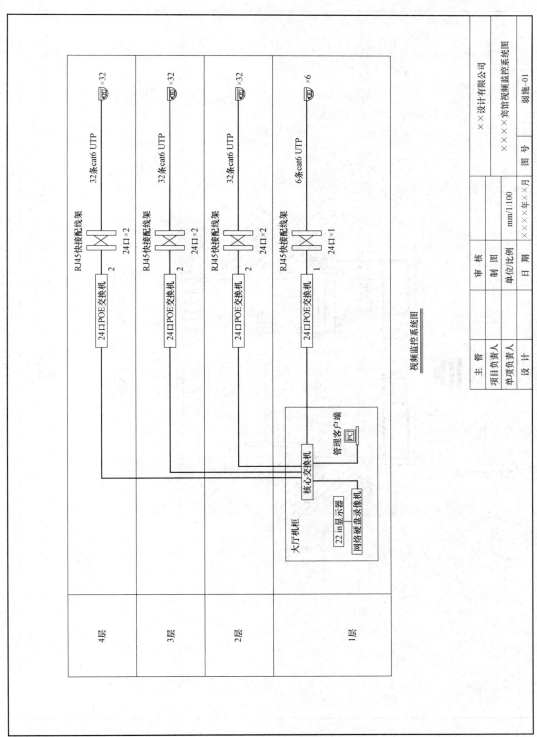

视频监控系统图

图 5−10 视频监控系统图

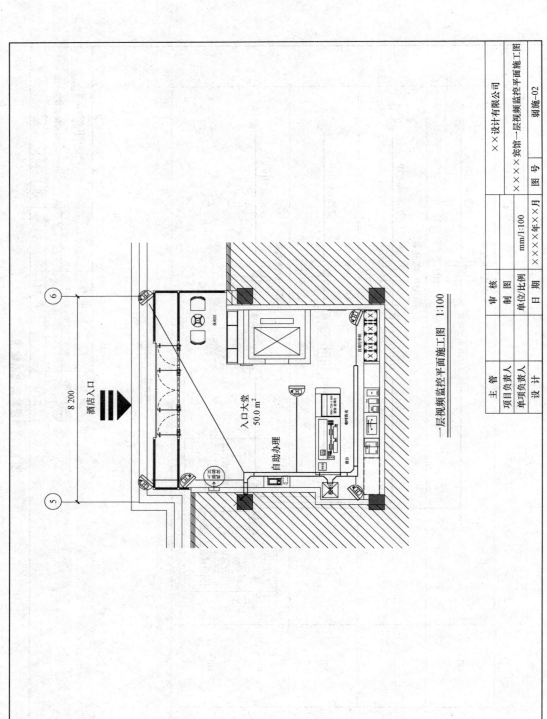

图 5-11 一层视频监控平面施工图

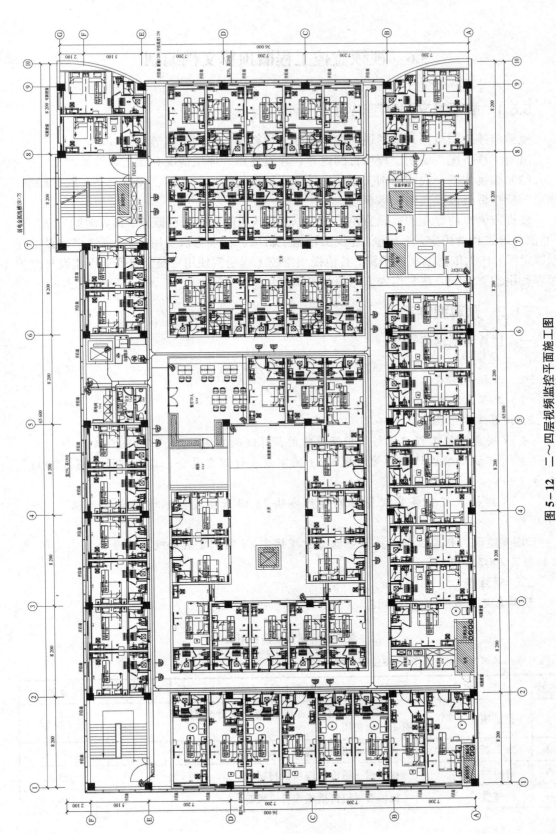

图 5-12　二～四层视频监控平面施工图

5.6 视频监控工程概预算文档编制

5.6.1 概预算文档编制说明

视频监控工程概预算编制说明内容包括工程概况、编制依据等。

（1）工程概况：说明工程项目的内容、建设地点、环境情况和施工条件等。

（2）编制依据：说明编制工程项目预算所依据的法规、文件、预算定额、取费标准、相应的价差调整以及其他未尽事宜。

建设方为电信行业的视频监控工程可以使用《通信建设工程概算、预算编制办法》和《通信建设工程费用定额》《通信建设工程施工机械、仪表台班费用定额》《通信建设工程预算定额》作为依据编制概预算。其他视频监控工程通常使用《安全防范工程建设与维护保养费用预算编制办法》作为依据编制概预算。

5.6.2 预算编制实例

一、预算编制说明

1. 工程概况

（1）工程地点（略）。

（2）工程内容（略）。

2. 预算编制依据

（1）《安全防范工程建设与维护保养费用预算编制办法》GA/T 70—2014。

（2）《工程勘察设计收费管理规定》（国家发展计划委员会、建设部计价格〔2002〕10号）。

（3）《招标代理服务费收费管理暂行办法》（国家发展计划委员会计价格〔2002〕1980号）。

（4）《建设工程监理与相关服务收费管理规定》（国家发展和改革委员会、建设部 发改价格〔2007〕670号）。

二、预算表

预算表见表5-4～表5-12。

表5-4 单位工程费用表

工程名称：××××××宾馆视频监控工程安装　　　　　　　　第1页　共1页

序号	费用名称	取费说明	费率	费用金额/元
1	直接费	人工费＋材料费＋机械费＋未计价材料费＋其他费用		47 720.52
2	人工费	人工费＋组价措施项目人工费		20 681.35
3	材料费	材料费＋组价措施项目材料费		3 325.39
4	机械费	机械费＋组价措施项目机械费		4 129.87

序号	费用名称	取费说明	费率	费用金额/元
5	未计价材料费	主材费＋组价措施项目主材费		1 958.4
6	设备费	设备费＋组价措施项目设备费		126 326
7	其他费用	其他费用		0
8	企业管理费	企业管理费		3 721.68
9	规费	规费		5 830.64
10	利润	利润		2 481.12
11	价款调整	人材机价差＋独立费		0
12	人材机价差	人材机价差		0
13	独立费	独立费		0
14	安全生产、文明施工费	安全生产、文明施工费		2 611.25
15	税前工程造价	直接费＋设备费＋企业管理费＋规费＋利润＋价款调整＋安全生产、文明施工费		188 691.3
16	其中：进项税额	进项税额		17 531.78
17	销项税额	税前工程造价－甲供材料市场价合计＋甲供材料采保费合计－其中：进项税额	9	15 404.35
18	增值税应纳税额	销项税额－其中：进项税额		0
19	附加税费	增值税应纳税额	13.22	0
20	税金	增值税应纳税额＋附加税费		0
21	工程造价	税前工程造价＋税金		188 691.3
含税工程造价：壹拾捌万捌仟陆佰玖拾壹元贰角壹分				

表5-5 单位工程概预算表

工程名称：×××××宾馆视频监控工程安装　　　　　　　　　　第1页　共1页

序号	定额编号	子目名称	工程量 单位	工程量 工程量	价值/元 单价	价值/元 合价	其中/元 人工费	其中/元 材料费	其中/元 机械费
1	12-1003	电视监控摄像设备安装球形一体机	台	102	112.93	11 518.86	8 568	44.88	2 905.98
	补充材料001@1	网络半球摄像机	台	102	758	77 316			
2	12-1050	电视监控显示记录设备安装、调试 录像设备 数字录像机 64路输入（音频）	台	2	499.77	999.54	706.8	0	292.74
	补充设备001	64路网络硬盘录像机	台	2	12 800	25 600			
3	12-1053	电视监控显示记录设备安装、调试 监视器≤37 cm	台	2	80.09	160.18	156	1.66	2.52
	补充设备002	液晶显示器	台	2	1 280	2 560			
4	12-402	局域网交换机设备安装、调试 工作组级交换机	台	4	145.02	580.08	336	9.92	234.16
	补充设备003	24口POE交换机	台	4	3 750	15 000			
5	12-403	局域网交换机设备安装、调试 部门级交换机 二层交换机	台	1	383.94	383.94	95.4	2.48	286.06
	补充设备004	核心交换机	台	1	5 850	5 850			
6	12-6换	线槽/桥架/支架/活动地板内明布放双绞线缆（4对以内）六类以上布线系统人工×1.2 已建天棚内敷设线缆人工×1.5	100 m	61.2	234.95	14 378.94	10 707.55	3 263.8	407.59
	补充主材001	六类网线	m	6 120	3.2	19 584			
7	12-390	安装、调试 工作站	台	1	114.98	114.98	111.6	2.48	0.9
		合计				174 046.52	20 681.35	3 325.22	4 129.95

表 5-6 单位工程人材机汇总表

工程名称：××××××宾馆视频监控工程安装　　　　　　　　第 1 页　共 2 页

序号	名称	单位	数量	预算价/元	市场价/元	市场价合计/元
一	人工					
1	综合用工二类	工日	344.689 2	60	60	20 681.35
	小计					20 681.35
二	材料					
1	电缆卡子（综合）	个	1 854.36	1.76	1.76	3 263.67
2	工业酒精 99.5%	kg	3.26	2.1	2.1	6.85
3	多功能上光清洁剂	盒	0.6	21	21	12.6
4	其他材料费	元	42.27	1	1	42.27
	小计					3 325.39
三	机械					
1	数字万用表 PF-56	台班	57.88	4.49	4.49	259.88
2	无线电调频对讲机 C15	台班	102	11.21	11.21	1 143.42
3	无线电调频对讲机 C15	台班	61.2	6.21	6.21	380.05
4	网络分析仪 HP8410C	台班	1.2	252.67	252.67	303.2
5	彩色监视器 14 in	台班	51	30.07	30.07	1 533.57
6	电视测试信号发生器 CC5361	台班	6	48.79	48.79	292.74
7	小型工程车	台班	0.5	343.3	343.3	171.65
8	便携式计算机	台班	1.7	26.68	26.68	45.36
	小计					4 129.87
四	主材					

表5-7 单位工程人材机汇总表

工程名称：××××××宾馆视频监控工程安装　　　　　　　　　第2页 共2页

序号	名称	单位	数量	预算价/元	市场价/元	市场价合计/元
四	主材					
1	六类网线	m	6 120	3.2	3.2	19 584
	小计					19 584
五	设备					
1	网络半球摄像机	台	102	758	758	77 316
2	64路网络硬盘录像机	台	2	12 800	12 800	25 600
3	液晶显示器	台	2	1 280	1 280	2 560
4	24口POE交换机	台	4	3 750	3 750	15 000
5	核心交换机	台	1	5 850	5 850	5 850
	小计					126 326
	合计					174 046.61

表5-8 单位工程主材表

工程名称：××××××宾馆视频监控工程安装　　　　　　　　　第1页 共1页

序号	名称及规格	单位	数量	市场价	市场价合计
1	六类网线	m	6 120	3.2	19 584
	合计				19 584

表5－9 主要材料价格表

工程名称：××××××宾馆视频监控工程安装 第1页 共1页

序号	材料编码	材料名称	规格、型号	单位	数量	预算价/元	市场价/元	市场价合计/元
1	RZ5－0004	电缆卡子（综合）		个	1 854.36	1.76	1.76	3 263.67
2	ZE1－0112	工业酒精99.5%		kg	3.26	2.1	2.1	6.85
3	ZF1－0021	多功能上光清洁剂		盒	0.6	21	21	12.6
4	ZG1－0001	其他材料费		元	42.27	1	1	42.27

表5－10 材料、机械、设备增值税计算表

工程名称：××××××宾馆视频监控工程安装 第1页 共2页

编码	名称及型号规格	单位	数量	除税系数/%	含税价格/元	含税价格合计/元	除税价格/元	除税价格合计/元	进项税额合计/元	销项税额合计/元
	材料									
RZ5－0004	电缆卡子（综合）	个	1 854.36	11.28	1.76	3 263.67	1.56	2 895.53	368.14	260.6
ZE1－0112	工业酒精99.5%	kg	3.26	11.28	2.1	6.85	1.87	6.08	0.77	0.55
ZF1－0021	多功能上光清洁剂	盒	0.6	11.28	21	12.6	18.63	11.18	1.42	1.01
ZG1－0001	其他材料费	元	42.27	0	1	42.27	1	42.27	0	3.8
	小计					3 325.39		2 955.06	370.33	265.96
	机械									
JXPB－001	折旧费	元	2 276.553 4	11.5	1	2 276.55	0.89	2 014.75	261.8	181.33
JXPB－002	大修理费	元	344.484 8	11.5	1	344.48	0.88	304.86	39.62	27.44
JXPB－003	经常修理费	元	529.89	8.05	1	529.89	0.92	487.23	42.66	43.85
JXPB－005	机械人工	工日	0.5	0	60	30	60	30	0	2.7
JXPB－006	机械人工费	元	1.375	0	1	1.38	1	1.38	0	0.12
JXPB－007	汽油	kg	10.18	11.28	10	101.8	8.87	90.3	11.5	8.13
JXPB－009	电	kWh	792.88	11.28	1	792.88	0.89	705.66	87.22	63.51
JXPB－013	其他费用	元	7.53	0	1	7.53	1	7.53	0	0.68

续表

编码	名称及型号规格	单位	数量	除税系数/%	含税价格/元	含税价格合计/元	除税价格/元	除税价格合计/元	进项税额合计/元	销项税额合计/元
ZH1-0009	便携式计算机	台班	1.7	8.66	26.68	45.36	24.37	41.43	3.93	3.73
	小计					4 129.87		3 683.14	446.73	331.49
	主材									
补充主材001	六类网线	m	6 120	11.28	3.2	1 958	2.84	17 374.92	2 209.08	1 563.74
	小计					19 584		17 374.92	2 209.08	1 563.74
	设备									

表 5-11 材料、机械、设备增值税计算表

工程名称：××××××宾馆视频监控工程安装　　　　　　第 2 页　共 2 页

编码	名称及型号规格	单位	数量	除税系数/%	含税价格/元	含税价格合计/元	除税价格/元	除税价格合计/元	进项税额合计/元	销项税额合计/元
	设备									
补充材料00101	网络半球摄像机	台	102	11.36	758	77 316	671.89	68 532.9	8 783	6 167.96
补充设备001	64路网络硬盘录像机	台	2	11.36	12 800	25 600	11 345.92	22 691.84	2 908.16	2 042.27
补充设备002	液晶显示器	台	2	11.36	1 280	2 560	1 134.59	2 269.18	290.82	204.23
补充设备003	24口POE交换机	台	4	11.36	3 750	15 000	3 324	13 296	1 704	1 196.64
补充设备004	核心交换机	台	1	11.36	5 850	5 850	5 185.44	5 185.44	664.56	466.69
	小计					126 326		111 975.36	14 350.64	10 077.79
合计	—	—	—	—		153 365.26	—	135 988.48	17 376.78	12 238.98

表 5 – 12 增值税进项税额计算汇总表

工程名称：××××××宾馆视频监控工程安装   第 1 页 共 1 页

序号	项目名称	金额
1	材料费进项税额	2 579.42
2	设备费进项税额	14 350.64
3	机械费进项税额	446.71
4	安全生产、文明施工费进项税额	78.34
5	其他以费率计算的措施费进项税额	0
6	企业管理费进项税额	76.67
合计		17 531.78

5.7 设计文件的组成

设计文件一般由封面、扉页、（设计资质证书）、设计文件分发表、目录、正文、封底等组成。其中，正文一般包括设计说明、施工图纸和（主要设备材料清单）、工程概预算书等内容，必要时可增加附表。

5.8 实做项目及情境教学

实做项目：选取学院办公楼进行勘测，并模拟新建视频监控设备，了解视频监控产品性能，并根据设备的情况进行设计。

目的：通过绘制勘测草图，填写勘测的表格，了解视频监控设备安装设计中对设备资料需求的重点，通过制图及概预算编制熟悉视频监控设备的选择及概预算定额选取，掌握视频监控工程的勘察设计及概预算编制方法。

本 章 小 结

本章主要介绍视频监控设备安装工程勘察设计和预算编制方法，主要内容包括：

1. 视频监控网络的发展与系统构成。

2. 视频监控工程勘察注意事项，勘察的准备及勘察的内容。

3. 视频监控工程设计中设备选型及配置。

4. 视频监控工程设计，主要包括系统总体设计、前端采集系统设计、视频网络设计、视频存储系统设计、监控中心设计等。

5. 视频监控系统设计的图纸类型。

6. 视频监控工程设计文档、概预算文档的编制。

复习思考题

5-1 简述视频监控系统的构成。

5-2 简述视频监控设计勘察的步骤及勘察表格制订。

5-3 简述视频监控工程设计的主要内容。

5-4 简述视频监控设计图纸的内容。

5-5 简述视频监控预算编制的依据。

5-6 简述视频监控工程设计文档编写的主要内容。

第6章　基站设备安装工程设计及概预算

本章内容

- 5G 移动通信基础及基站设备
- 5G 基站工程勘察、设计及安装
- 5G 基站概预算编制文档编制

本章重点

- 5G 基站工程勘察要求
- 5G 基站室内室外设计要点
- 5G 基站绘图及概预算编制

本章难点

- 5G 基站组网方案及设备选型
- 5G 基站工程设计及安装
- 5G 基站概预算编制

本章学习目的和要求

- 理解 5G 移动网络特点及组网
- 掌握 5G 基站设备的组网及应用选型
- 掌握 5G 基站室内、室外的设计要点
- 掌握 5G 基站概预算编制

本章课程思政

- 结合基站设备安装工程，培养学生安全意识和工匠精神

本章学时数：**10 学时**

6.1 第五代移动通信概述

第五代移动通信技术（5G）是具有高速率、低时延和大连接特点的新一代宽带移动通信技术，是实现人机物互联的网络基础设施。

6.1.1 5G 网络总体架构

5G 总体架构如图 6 – 1 所示，分为 5G 核心网（5GC）和无线网（NG – RAN）两大部分。核心网的功能主要由 AMF（Access and Mobility Management Function，接入和移动性管理功能）、SMF（Session Management Function，会话管理功能）和 UPF（User Port Function，用户端口功能）三个功能性逻辑网元或虚拟网元承接。无线网包括 gNB 和 ng – eNB 两种网元，其中 gNB 提供 NR 用户平面和控制平面协议与功能，ng – eNB 提供 E – UTRA 用户平面和控制平面协议与功能。NG 和 Xn 是两大主要接口，前者属于无线网和核心网的接口，后者属于无线网节点之间的接口。

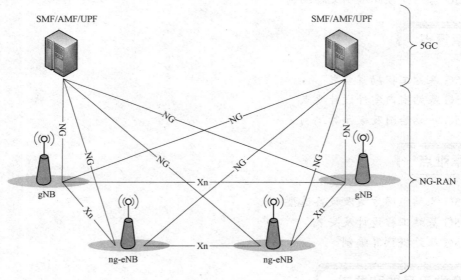

图 6 – 1 5G 总体架构

6.1.2 5G 无线网架构

为了满足不同的业务需求，5G 无线网架构需要支持不同的部署方式。考虑到 LTE 系统的长期存在，很长一段时间内 5G 和 LTE 系统会共同部署，3GPP 提出了非独立组网（NSA）和独立组网（SA）两种模式，研究了 7 种网络架构。其中，Option3、Option4 和 Option7 为非独立组网架构，Option1、Option2、Option5 和 Option6 为独立组网架构。

1. NSA 组网架构

NSA（Non – Standalone）是指无线侧 4G 基站和 5G 基站并存，核心网采用 4G 核心网或 5G 核心网的组网架构。在 NSA 组网中，4G 基站和 5G 基站并存，存在着主站和从站的概念，如图 6-2 所示。

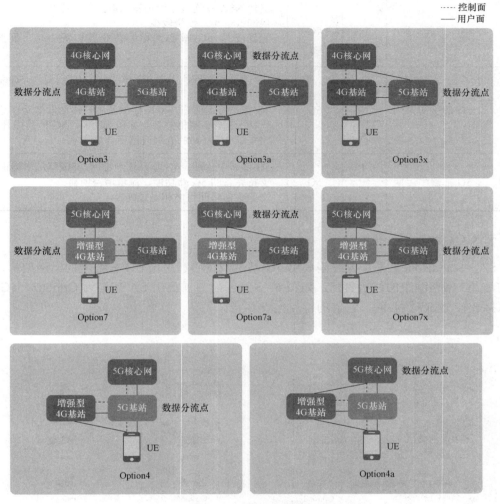

图 6-2　NSA 组网架构

以 Option3 系列为例，控制面信令均通过 4G 基站与 4G 核心网交互完成，4G 基站为主站，5G 基站为从站。而数据面有多种路径传输，于是便存在数据分流点。Option3x 的数据分流是基于数据包级的，数据分流点为 5G 基站。用户面数据可通过 5G 基站分流部分到 4G 基站上承载，其余继续在 5G 基站上承载。目前商用 NSA 架构为 Option3x，它们的应用场景和特点见表 6-1。

表 6-1　NSA 架构各选项组网特点

Option	适用场景	选项	核心网	特点
3	5G 部署初期	3	4G	5G 部署初期，4G 基站数量多于 5G 基站
		3a		标准化时间早，产品成熟，利于市场宣传

续表

Option	适用场景	选项	核心网	特点
3	5G 部署初期	3x	4G	支持 NSA 双连接分流传输功能，业务连续性较好 现网改造小，投资较少 无法支持 5G 核心网相关新业务和新功能，仅支持 eMBB 业务
7	5G 部署初中期	7 7a 7x	5G	5G 部署初中期，引入 5G 核心网，4G 基站与 5G 基站并存 4G 基站覆盖面广，双连接保证用户移动性体验佳 支持 5G 核心网相关新业务和新功能，5G 体验提升 增强型 4G 基站的升级改造工作量大
4	5G 部署中后期	4 4a	5G	5G 部署中后期，4G 基站逐渐退网，5G 基站占据市场 支持完备的 5G 新功能，流量增益明显 产业成熟时间可能相对较晚

2. SA 组网架构

SA（Standalone）是指无线侧采用 5G 基站，核心网采用 5G 核心网的组网架构，该架构是 5G 网络演进的终极目标，如图 6-3 所示。目前商用 SA 架构为 Option2，5G 基站直接连接至 5G 核心网，它们的特点见表 6-2。

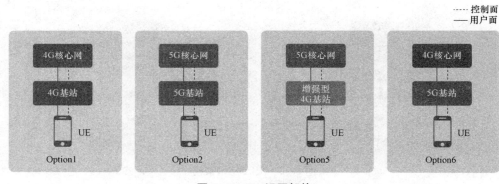

图 6-3　SA 组网架构

表 6-2　SA 架构各选项组网特点

Option	特点
1	现存 EPC 组网架构，无法满足未来自动驾驶和工业控制等超低时延业务的需求
2	5G 网络架构的终极目标，支持 eMBB、mMTC 和 uRLLC 场景，便于拓展垂直行业。网络简单，但全新建网周期长，且无法保护现网投资
5	增强型 4G 基站的峰值速率、时延和容量无法与 5G 基站媲美，现网改造大，商用价值低
6	4G 核心网会限制 5G 基站高吞吐率和高容量等优点，商用可能性低

6.1.3　5G基站

5G 基站主要用于提供 5G 空口协议功能，支持与 UE、核心网之间的通信。5G 基站设备主要采用专用硬件平台，通过定制化芯片、器件、配套软件等实现方案，可以高效地实现 3GPP 标准相关协议的功能。随着相关技术发展成熟，通信系统的硬件与软件功能将逐渐实现分层解耦，通用硬件平台将会支持更多软件功能。下面分别从基站逻辑架构、基站设备形态、基站设备重要指标等几方面介绍基站设备分类及要求。

1. 基站逻辑架构

按照逻辑功能划分，5G 基站可分为 5G 基带单元和 5G 射频单元两个主要模块，二者之间可通过 CPRI 或 eCPRI 接口连接，如图 6－4 所示。

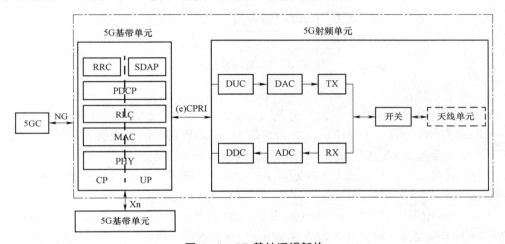

图 6－4　5G 基站逻辑架构

5G 基带单元负责实现 5G 协议物理层、MAC 层、RLC 层等协议基本功能以及接口功能，其中协议基本功能包括用户面及控制面相关协议功能，接口功能包括基站设备与核心网之间的回传接口、基带模块与射频模块之间的前传接口以及时钟同步等物理接口。

5G 射频单元主要完成 NR 基带数字信号与射频模拟信号之间转换及射频信号的收发处理功能。在下行方向，接收从 5G 基带单元传来的基带信号，经过上变频、数模转换以及射频调制、滤波、信号放大等发射链路（TX）处理后，经由开关、天线单元发射出去。在上行方向，5G 射频单元通过天线单元接收上行射频信号，经过低噪放、滤波、解调等接收链路（RX）处理后，再进行模/数转换、下变频，转换为基带信号并发送给 5G 基带单元。

2. 5G 基站设备形态

为了支持灵活的组网架构，适配不同的应用场景，5G 无线接入网将存在多种不同架构、不同形态的基站设备。按照设备物理形态和功能，可以分为宏基站设备和微基站设备两大类。宏基站主要用于室外广覆盖场景，一般设备容量大，发射功率高；微基站设备主要用于室内场景、室外覆盖盲区或室外热点等区域，设备容量较小，发射功率相对较低，如图 6－5 所示。

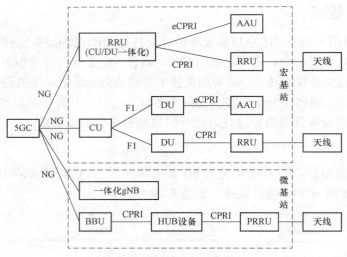

图 6-5　5G 基站设备分类

1）5G 宏基站设备

从设备架构角度，5G 宏基站可分为 CU/DU 一体化、CU/DU 分离两种类型。CU（Centralized Unit）、DU（Distributed Unit）是 5G 基站设备的两个逻辑模块，二者共同完成 5G 协议的全部功能。CU 提供与核心网、网管等设备之间的接口，DU 提供与射频单元之间的前传接口，CU 与 DU 之间通过 F1 逻辑接口交互信令和用户数据，该接口为点对点的逻辑接口。

CU/DU 分离架构的 5G 宏基站由 CU 设备、DU 设备、AAU 或者 RRU＋天线三种类型设备构成。CU 设备基于专有硬件平台或者通用硬件平台实现，将会支持软件与硬件解耦。

对于 CU/DU 一体化设备，由于 5G BBU 设备集成 CU 和 DU 功能，其设备形态与 3G、4G 基站设备形态基本相同。现网商用 BBU 设备以机框式为主，由基带板、主控板、电源等不同类型的板卡组成，可根据组网需求，按需配置各型号板卡组合，网络部署和升级具有较强的灵活性。

CU/DU 一体化的 5G 宏基站主要采用 BBU、AAU 或者 BBU、RRU＋天线两种类型设备构成。AAU、RRU 和天线设备与 CU/DU 分离架构的设备相同。目前，CU/DU 分离架构设备还不成熟，不能满足商用要求。商用宏基站设备为 CU/DU 一体化设备。

2）5G 微基站设备

5G 微基站设备一般分为一体化 gNB 和分布式微站两类（图 6-5），一体化 gNB 集成了 5G 基带单元、射频单元以及天线单元，属于高集成度、紧凑型设备，设备容量较小，发射功率相对较低，主要用于室内场景、室外覆盖盲区或室外热点等区域。分布式微站由基带部分（BBU 设备提供信源）、汇聚单元（HUB 设备）和射频单元（PRRU）组成，一般用于室内场景，其射频单元功率较低，覆盖范围较小。

3. 5G 基站设备重要指标

5G 基站设备的指标是衡量设备能力是否满足商用网络建设要求的重要标准。由于 CU 设备暂不成熟，目前重点考虑支持小区数、最大用户数以及用户数据处理能力等指标，后续应根据商用产品完善 CU 设备衡量指标。目前，应重点考虑 CU/DU 一体化架构的设备重要指标，其中，按照设备类型可以划分为 BBU 设备指标和 AAU 设备指标。

1）BBU 设备指标

BBU 设备指标包括最大小区数、载波带宽、用户面处理能力、信令处理能力、前传带宽及接口数量、回传带宽及接口数量等指标。BBU 用户面处理能力主要包括数据处理能力、最大数据流数、激活用户数、并发调度用户数等核心指标。数据处理能力包括单小区峰值速率和多小区最大峰值速率。数据处理能力是基带板、主控板的硬件的核心处理能力，与支持小区数、载波带宽、调度用户数等密切相关，综合体现设备硬件能力与软件处理能力。由于 5G 采用 Massive MIMO 技术，多流处理能力对提高基站容量有重要意义。多流处理能力与 AAU 通道数、天线数、基带算法等紧密相关。目前，64T64R AAU 设备已支持下行 16 流/上行 8 流的处理能力。图 6-6 是华为 5G 设备 BBU5900，表 6-3 是 5G 基站使用的主控板和基带板。

图 6-6　华为 BBU5900 机框实体

表 6-3　华为 BBU5900 设备指标

板卡型号	UMPTe3 主控板	UBBPg2a 基带板
规格参数	✓ 尺寸：20 mm × 154.5 mm × 296 mm ✓ 质量：<1.5 kg ✓ 速率：最大下行速率 10 Gb/s，最大上行速率 10 Gb/s，DL＋UL≤10 Gb/s ✓ RRC 用户数：3 600 ✓ 信令处理能力：648K ✓ 接口带宽：10 Gb/s ✓ NR 载波数：72 64T64R/32T32R/8T8R	✓ 尺寸：19 mm × 292 mm × 144 mm，半宽 ✓ 质量：<1.5 kg ✓ 带宽：3×100 MHz ✓ TX/RX：64T64R/32T32R/8TR/4T4R/2TR ✓ 速率：UL 0.675 Gb/s；DL 4.375 Gb/s ✓ DL/UL 流数：DL 16；UL 8 ✓ 并发扇区数：3 ✓ 前传接口：eCPRI/CPRI 2×25 Gb/s

2）AAU 设备指标

AAU 设备指标包括工作频段、工作带宽、最大发射功率、设备通道数、天线阵子数、峰值速率等基本指标，如图 6-7 所示。AAU 设备通道处的天线阵子数等指标主要影响 AAU 设备的外观尺寸和重量，而其他指标对设备性能影响较大。

目前，AAU 设备必须支持 3.5 GHz 工作频段，工作带宽应满足 100 MHz 载波带宽。若考虑共建共享场景，AAU 设备应具备支持 150～200 MHz 带宽的能力。如：64T64R

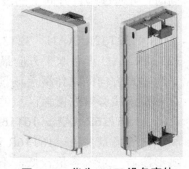

图 6-7　华为 AAU 设备实体

233

AAU、32T32R AAU 等，具体参数见表 6-4。

表 6-4　华为 AAU 设备指标

型号	AAU5639w	AAU5636w	AAU5336w
AAU 通道数	64	64	32
AAU 天线振子	192	192	192
天线增益/dBi	25	25	23.8
AAU IBW/OBW/MHz	200/200	200/200	200/200
AAU 尺寸/(mm×mm×mm)	750×395×170	750×395×190	699×395×160
AAU 发射功率/W	240	320	320
AAU 质量/kg	27	35	23
功耗（空载/最大）/W	<560/1 130	<580/1 250	<570/1 150
BBU 接口	eCPRI：2×25G	eCPRI：2×25G	eCPRI：2×25G

4. 5G 基站设备应用

1）BBU 设备

BBU 设备主要提供 5G 基带处理能力，可以支持不同类型的 AAU 或 RRU 设备接入，也可以为微基站设备提供 5G 信源。

2）AAU/RRU 设备

AAU/RRU 设备的性能差异在于覆盖能力、网络容量，不同型号 AAU/RRU 设备可满足不同应用场景，其各型设备的能力要求如下：

① 64T64R AAU。64T64R AAU 主要用于密集城区及高容量热点场景覆盖。64T64R AAU 水平方向最大有 8 个自由度，垂直方向有 4 个自由度，可以同时兼顾水平和垂直方向的立体覆盖场景，通过 MU-MIMO 功能可以支持下行 16 流、上行 8 流的处理能力。同时，可通过垂直方向上的波束赋形实现对传统天线旁瓣弱覆盖区域的有效覆盖，其覆盖性能也最优。

② 32T32R AAU。32T32R AAU 设备用于一般城区中高层楼宇集中的场景覆盖。32T32R AAU 设备水平方向最大有 8 个自由度，垂直方向有 2 个自由度，可以同时兼顾水平和垂直方向的立体覆盖场景，系统容量较优。同时，可通过垂直方向上的波束赋形实现对传统天线旁瓣弱覆盖区域的有效覆盖。

③ 16T16R AAU。16T16R 不支持垂直立体覆盖，主要用于一般城区低层楼宇、郊区和农村等场景覆盖。16T16R 设备水平方向最大有 8 个自由度，可以实现水平方向的波束赋形覆盖，系统容量较低，不能满足高层覆盖的要求。

④ 8T8R RRU。8T8R RRU 设备初步考虑作为高铁覆盖场景的方案，也可以考虑用于农村场景覆盖。8T8R RRU 设备不支持波束赋型功能，主要采用外接天线进行覆盖，可以根据覆盖场景的要求选择天线进行覆盖。

⑤ 4T4R RRU 设备。目前商用较多的是支持 2.1G 工作频段的 4T4R RRU 设备，用于低成本扩大 5G 覆盖区域，主要是中低业务密度、基站相对稀疏的市郊、重点乡镇等场景。

思政故事

中国在 5G 移动通信领域的地位可谓是一马当先，从 3G 跟随，4G 并行，到 5G 领先，无论是在研发、部署还是创新等多个方面，中国 5G 实力都领先全球，成为推动 5G 的主要力量。2019 年以来，我国 5G 基站建设数量快速增长，截至 2022 年 2 月末，我国 5G 基站总数达 150.6 万个，占移动基站总数的 15%。中国 5G 在研发、建设以及应用等方面已领跑世界。

在教育领域，5G + 智慧课堂，结合 VR、AR 等技术，可以实现实时传输影像信息，为两地提供全息、互动的教学服务，提升教学体验。

在医疗领域，以 5G 为代表的信息技术使互联网医院、互联网诊疗和远程医疗技术日渐成熟。通过赋能现有智慧医疗服务体系，提升远程医疗、应急救护等服务能力和管理效率，并催生出 5G + 远程超声检查、重症监护等新型应用场景。

在无人驾驶领域，5G 技术拥有高带宽、低时延、海量设备传输、高密度微基站技术，几乎完美契合了无人驾驶技术的需求。

随着 5G 技术不断地开发精进，未来我们的生活将会更加智能化、便捷化。

6.2 5G 基站设备安装工程任务书

6.2.1 5G 无线网设计概述

从工程流程上看，5G 无线网设计虽然遵循勘察、选址、基站主设备设计、配套改造、预算编制等常规环节，但 5G 全新的基站设备形态、性能参数及多种组网模式给无线网设计带来了更严苛的要求，尤其是对基站配套（天面、机房、供电）以及无线网和承载网之间的配合。5G 无线网采用 C−RAN 模式增加了接入汇聚机房和前传承载网的设计内容，对基础配套资源（机房、传输、供电）的需求和协同规划建设提出了新的要求与压力，电信运营商需要在大规模网络部署之前完成这些基础配套资源的储备，才能有效搭建一张安全、灵活的无线接入网。

6.2.2 5G 基站设备安装工程任务书

基站设备安装工程设计任务书是工程设计直接依据，下面以 2021 年××生态园 5G 宏基站安装工程（以下简称"本工程"）为例，任务书见表 6−5。

表 6-5　工程设计任务书

建设单位：××运营商

项目名称：20××年××生态园 5G 宏基站安装工程
设计单位：××设计院
工程概况及主要内容：

1. 覆盖目标：5G 网络室外覆盖。

2. 覆盖频率：3.5 GHz。

3. 带宽：100 MHz。

4. 网络架构：SA 组网架构。

5. CU/DU 建设方式：CU/DU 一体化。

6. 无线接入网组网模式：C-RAN，实现 BBU 集中放置。

7. BBU 安装在运营商自有 BBU 集中放置机房，新增 BBU 机柜 1 架。

8. BBU 基站：华为 BBU5900。

9. AAU 基站：华为 AAU5336w，32T32R，发射功率为 320 W。

10. 基站站型：三扇区定向站，方向角为 0°/120°/240°，下倾角 4°/4°/4°。

11. 5G 基站租用铁塔公司站址，AAU 采用拉远方式，安装在单管塔第 3 层空抱杆上，挂高 30 m。

工程要求：

1. 负责 5G BBU 设备的安装工程设计，BBU 集中放置机房为运营商自有机房，需核实电源负载是否满足要求，如果不满足要求，需提出改造详细要求。

2. 负责天面 AAU 设备的安装工程设计，塔桅配套改造和电源改造由铁塔公司负责。

3. 设计分工：从开关电源开始至光缆配线架（ODF）为止，并负责设备接地线缆布放及必要改造。

投资控制范围：25 万元	完成时间：20××年××月××日
其他：	
委托单位（章） 项目负责人：	
主管领导：	
	年　　　月　　　日

6.3　基站设备安装工程勘察

任务书明确给定了基站机房选址,提出了基站工程的设计要求,给定了基本设备选型。但是机房现况、原有机房内设备摆放、功耗等情况均待勘测,机房与铁塔位置等信息也有待实际勘察。

实例中基站设备安装工程勘察的重点在于电源系统容量和机房情况的勘察,并核对设计书中要求是否可行, 设计的重点是设备的摆放、馈线等线缆的选择及路由安排。

6.3.1　勘察前的准备工作

(1) 准备勘察工具及其他材料,包括地阻仪、卷尺、数码相机、地图、万用表、罗盘、激光测距仪、望远镜和 GPS 等工具,以及《勘察合同》《工程合同》《无线环境验收报告》等。

(2) 准备预装设备信息清单、基站勘察表。

(3) 明确与其他相关设计专业的分工(图 6−8 所示为常见移动设计分工界面)。

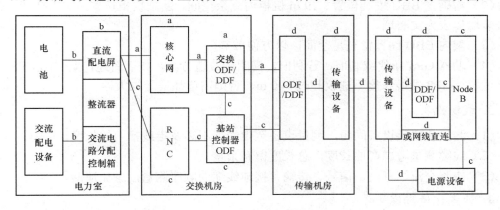

说明: a: 由交换专业负责　　　　　b: 由电源专业负责
　　　 c: 由基站专业负责　　　　　d: 由传输专业负责

图 6−8　移动设计分工界面

6.3.2　基站工程现场勘察

勘察分为室内勘察和室外勘察两部分。室内勘察包括机房建筑和环境勘察、设备勘察、线缆勘察, 室外勘察分为传播环境勘察和天面勘察两部分。

1. 机房建筑和环境勘察

(1) 检查机房是通信机房还是民用住房并确定产权(通常一般通信机房楼面均布活荷载标准值为 600 kg/m², 民用住宅楼面均布活荷载标准值为 200 kg/m²),确认机房地面承重是否满足设备要求, 是否需要加固。

(2) 测量电梯门、楼道宽度、机房门宽,从而确定设备搬运方式。

(3) 勘察机房照明、防火、防水处理是否达到要求。

（4）勘察建筑物的总层数、机房所在楼层（机房相对整体建筑的位置）。

（5）勘察机房的物理尺寸，机房长、宽、高（梁下净高），门、窗、立柱和主梁等的位置、尺寸，机房有无吊顶、高度，有无防静电地板、高度，上/下走线。

（6）勘察机房内已有设备位置、尺寸、生产厂商、型号等信息。

（7）勘察机房内已有走线架位置、单/双层、宽度、材质、固定方式（壁式支撑、吊挂、立柱、其他）等信息。

（8）勘察市电引入情况，如已有电源系统，记录电源系统情况（开关电源型号、模块数量、空余端子大小和数量、当前负载、电池型号及数量、交流配电箱引入电流大小、空开端子占用情况，按新增设备的实际负荷增加资源），并检查是否有 220 V 市电插座及型号，以备设备维护时使用。

（9）勘察机房温度湿度，确认安装的空调是否满足设备需求。

（10）勘察机房地线排情况，并测量检查接地电阻是否满足要求。

2. 设备勘察

（1）确认安装设备清单。

（2）需确定 BBU 安装位置、19 in 机柜内剩余空间、新增机柜位置。如需挂墙，需确定安装墙体应为实心墙。

（3）架内 BBU 间预留充足空间，以方便散热。

（4）勘察 GPS 新建或利旧，若利旧，需明确改造方案，如需新建，要明确 GPS 天线安装位置，GPS 馈线长度不建议超过 100 m，否则需增加信号放大器。

3. 线缆勘察

（1）测量待安装设备间距，测量设备至走线架距离及走线槽内的长度。

（2）线缆测量考虑弯曲长度，总长度留有余量。

（3）按照交流、直流、信号、传输、接地线缆的顺序测量，避免遗漏。

4. 站点环境勘察

（1）站点总体拍摄：拍摄站点入口、所属建筑物或者铁塔站点的总体结构，尽量将站点位置的街道、门牌号码拍摄进去，以便寻找。

（2）采集站点经纬度信息。

（3）根据站点周围环境特点及建设需求合理规划天线的方位角和下倾角，并确定新增天线的安装位置、杆塔建设方案及美化方案等。

（4）从正北方向开始，记录站点周围 500 m 范围内各个方向上与天线高度差不多或者比天线高的建筑物、自然障碍物等的高度和到本站的距离。在基站勘察表中描述基站周围信息，在图中简单描述站点周围障碍物的特征、高度和到本站点的距离等，同时记录500 m 范围内的热点场所。

（5）拍摄站点周围无线传播环境：根据指南针的指示，从 0°（正北方向）开始，以45° 为步长，顺时针拍摄 8 个方向上的照片，每张照片以"基站名 – 角度"命名，基站名为勘测基站的名称，角度为每张照片对应的拍摄角度。

（6）记录站点周围是否存在高压线及建筑物施工等情况。

5. 天面勘察

（1）新建站点绘制整个天面图，包含整个天面楼梯间、水池、水管等所在天面建筑物，要求水平定位，垂直标高；共址站点则根据原有天面图核对原有系统天线安装位置、安装高度、方向、下倾角、天线类型。

（2）记录天线挂高：当天线安装位置在建筑物顶面时，需要记录建筑物高度；当天线安装在已有铁塔上时，首先需要确认安装在第几层天面上，如果有激光测距仪，可以直接测量建筑物高度或者铁塔该层天面高度；当天线安装在楼顶塔上时，需要记录建筑物的高度和楼顶塔放置天线的天面高度。

（3）记录天面电源设备至 AAU 的电源路由及长度。

（4）拉远站点需勘察光纤盒位置，需核实是否有光纤盒利旧，并记录光纤盒至 AAU 的路由及长度。

（5）勘察室外接地排位置，测量其至室内接地排的距离，记录可用资源。

（6）勘察室外走线架新建或利旧，若新建室外走线架长度超过 20 m，每间隔 20 m 就近接入避雷地网。

6. 勘察汇总

勘察结束后，整理相关资料，基站、机房勘察表格见表 6-6 和表 6-7，绘制勘察草图如图 6-9～图 6-11 所示。若有问题不能解决，应与相关单位进行协商解决。

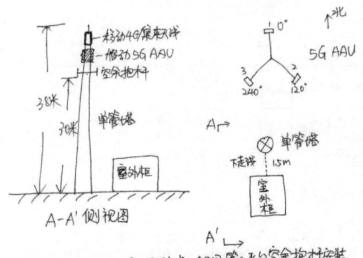

图 6-9　××生态园基站勘察草图

图 6-10　××生态园基站勘察照片

表 6-6　××生态园基站勘察表

查勘人员：×××　　　　　　　　　　　　　　　　查勘日期：20××年××月××日

<table>
<tr><td rowspan="8">站址信息</td><td>标准站名</td><td>××生态园</td><td>经纬度</td><td>119.×××××°E
45.×××××°N</td><td>详细地址</td><td>××区××路××号</td></tr>
<tr><td>机房归属</td><td>□联通　□电信
□移动　□铁塔
□第三方</td><td>塔桅归属</td><td>□联通　□电信
□移动　√铁塔
□第三方</td><td>是否拉远站点</td><td>√是　□否</td></tr>
<tr><td>BBU 集中放置机房</td><td colspan="5">××综合机房</td></tr>
<tr><td>天面类型</td><td colspan="5">塔站：□灯杆站　√单管塔　□三角塔　□四角塔　□其他_____
楼站：_____层顶　□美化天线　□美化抱杆　□附墙抱杆　□配重抱杆　□增高架
□其他_____</td></tr>
<tr><td>机房类型</td><td colspan="5">机房所在楼层_____　□租赁机房　□轻体机房　□砖混机房　√室外一体化机柜
√无机房　□其他____</td></tr>
<tr><td>GPS</td><td colspan="5">□新建　□合路　安装位置：
√无　　　　馈线长度：</td></tr>
<tr><td>周围环境描述</td><td colspan="5">本站点位于路边绿化带中，周边多为住宅小区，东面为在建住宅小区，南面和西面多为低层住宅小区，北面为高层住宅小区；塔桅周边 500 m 范围内无明显建筑物遮挡。</td></tr>
</table>

续表

	铁塔高度	38		铁塔平台数		3	室外走线方式	□走线架　□槽道 □PVC 管 □钢管　√塔内走线 □其他	
	所在平台	天线类型	天线数量	挂高	运营商	网络制式	天线方向角	天线使用情况	备注
	第 1 层	集束天线	1	38	移动	4G	0°/120°/240°	在用	
天馈情况	第 2 层	AAU	3	35	移动	5G	0°/120°/240°	在用	美化罩内
	第 3 层								空抱杆
	其他说明								
	5G 天面改造方案	改造方式	√空余抱杆　□替换抱杆　□新增抱杆　□拆除天线　□整合天线				建议 AAU 挂高	30 m	
		增加抱杆类型	□美化抱杆　□附墙抱杆　□配重抱杆　□增高架　□塔上安装抱杆　√其他：利旧空抱杆				建议方位角	0°/120°/240°	
		AAU 安装位置	利旧第三层空抱杆安装 5G AAU						
		AAU 安装说明	AAU 安装时，预制 4°机械下倾角；新增 AAU 电源线 3 条，单条长度 35 m；新增 AAU 野战光缆 3 条，单条长度 60 m，盘余。						
其他说明		本站为租用铁塔公司站点，无机房，电源采用室外一体化机柜。根据分工要求，运营商提出 5G 建设需求（塔桅挂高 30 m 处安装 3 个 5G AAU），天面配套及电源改造由铁塔公司负责。							

表 6-7　××综合机房勘察表

查勘人员：×××　　　　　　　　　　　　　　　　　　　查勘日期：20××年××月××日

	机房名称	××综合机房	经纬度	119.×××××°E 45.×××××°N		详细地址	××区××路××号	
机房信息	产权归属	√自有　□铁塔　□第三方						
	机房类型	机房楼共 2 层，机房位于 1 层 √通信机房　□租用民用住宅　□需加固改						
	吊顶	□有　√无，高度：3.4 m	防静电地板	□有　√无 高度：230 mm		走线架	□单层　√双层 高度：2.6 m	
	是否新加馈线窗	□是　√否	馈线洞剩余孔数	2		馈线洞高度	2.6 m	
5G BBU 安装方案	5G BBU 综合柜		√新增　□利旧 数量：1 架	5G BBU 数量	1 套	DCDU 单元	√新增　□利旧 数量：1 个	

续表

电源	开关电源类型	PS48600-2b/50	总容量/运行负载	600 A/210 A	模块容量及数量	50 A×8
	可用空开大小及数量	100 A×2，63 A×4，32 A×8				
	电池类型	阀控式铅酸蓄电池组	电池容量及组数		800 Ah×2	
	机房与电源是否同机房	√是　□否				
	电源改造方案	√满足需求　□不满足需求 改造方案_____				
传输	传输智网设备型号	ZXCTN6180H	光接口类型及可用数量		10GE×4	
GPS	√新建　　□合路　　安装位置：2 层楼顶南向安装，馈线长度：20 m					
其他配套	走线架：√满足需求　□不满足需求　改造方案_____ 空调：√满足需求　□不满足需求　改造方案_____					
备注						

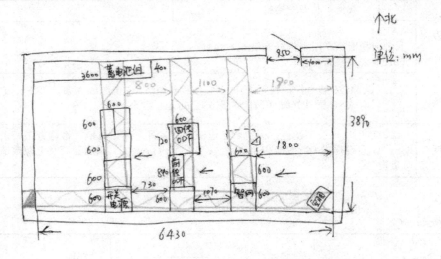

1. 本机房为联通自有机房，共 2 层，本机房在一层，综合机房。
   房高 3400mm，墙厚 240mm，无防静电地板。

2. 上走线方式，双层走手架，上层信号缆，下层电源缆，走线架距地 2600mm（下层）
   走线架宽 400 mm。

3. 虚线部分为本次新增位置，新增 5G BBU 综合柜，BBU 集中安装。

4. GPS 安装在 2 层楼顶，南向安装。

图 6-11　××综合机房勘察草图

6.4 基站设备安装工程方案设计

本方案设计包括两部分内容：室内 BBU 安装工程方案设计和室外 AAU 安装工程方案设计。

6.4.1 室内设备安装工程方案设计

1. 室内待安装设备清单

根据对××综合机房勘察可知，BBU 集中放置机房内电源、空调、走线架等配套设施都满足本工程建设需求，本工程机房内待安装设备为 BBU 及其相关配套设备，待安装设备清单见表 6−8。

表 6−8 ××综合机房待安装设备清单

设备名称	型号	单位	数量
BBU 综合柜	2 200 mm×600 mm×600 mm	架	1
5G BBU	华为 5900	套	1
DCDU 单元	华为 DCDU−12B	个	1
GPS 天线		套	1
GPS 避雷器		个	1
GPS 分路器一分八		套	1

2. 设备摆放及电源线缆设计

根据勘察结果可知，机房原有的电源系统、地线、走线架和馈线窗均满足本工程安装的设备需求，故不需要对该部分设备、装置进行扩容改造。此外，原机房设备在摆放时就留有扩容时的设备位置，本期 BBU 综合柜设备尺寸满足预留位要求，故设计直接安装到该预留位置即可。BBU 综合机柜按照 8 个 5G BBU 进行满配配置，机柜尺寸（高×宽×深）设计为 2 200 mm×600 mm×600 mm，为保证 5G BBU 的散热需求，机柜内安装 2 个 BBU 竖装机框，每个机框可安装 4 个 BBU，每 4 个 BBU 配置 1 个 DCDU−12B 配电单元。DCDU−12B 可提供 10 路−48 V 直流电源输出，每路输出端子为 30 A，为 4 个 BBU 提供电力。

根据建设单位与设备厂商分工，厂商负责提供基站主设备及与其相连接的所有线缆。华为 BBU 5900 的设计功耗按照 1 000 W 计算，其线缆连接及端子配置如图 6−12 所示。

3. 传输线设计

本工程 5G BBU 前传端口配置为 10GE 光口，根据勘察可知，传输设备满足需求。根据设计分工，BBU 回传接口布放 2 条光纤至传输设备落地 ODF，BBU 前传接口布放 3 条光纤至出局 ODF（AAU 前传采用单纤双向接口），再经由线路设计至××生态园基站 AAU。

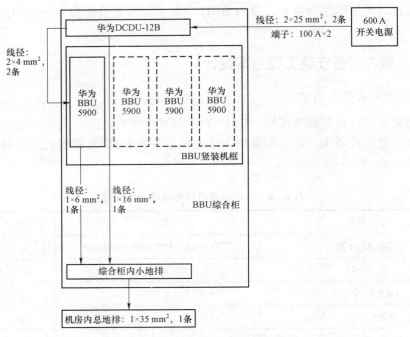

图 6-12　BBU 设备电源线缆连接图

4. GPS 设计

GPS 天线的安装在机房 2 层楼顶中央南向位置，天线安装高度应高于屋面 30 cm。要确保其天空视野开阔，周围没有高大建筑物阻挡。GPS 天线竖直向上的视角不小于 90°。GPS 天线之间的水平间距应大于 0.5 m。

在 GPS 天线下方 1 m 范围内用馈线接地夹将馈线通过屏蔽层接地；馈线顺着走线梯布放，同时用 1 卡 2 馈线固定夹固定，其间距约 2.5 m，根据实际情况可适当调整；馈线从室外进入机房时应作避水弯，馈线防雨弯最低点与入室口间的垂直距离不小于 200 mm，防止雨水进入机房；馈线的弯折半径不能小于馈线直径的 20 倍，以防损坏馈线。

GPS 馈线经馈线窗进入机房经 GPS 避雷器、GPS 分路器至 BBU GPS 端口。GPS 天线侧默认不装防雷器，只有 GPS 天线上塔的特殊场景才需要安装 GPS 防雷器接地，如图 6-13 所示。

6.4.2　室外设备安装工程方案设计

1. AAU 设备安装方案

本工程××生态园基站为租用铁塔公司站点，需在单管塔第三层空抱杆上安装华为 AAU5336w 3 个，挂高 30 m。根据本站周围环境特点及建设需求确定其方向角为 0°/120°/240°，下倾角为 4°/4°/4°。

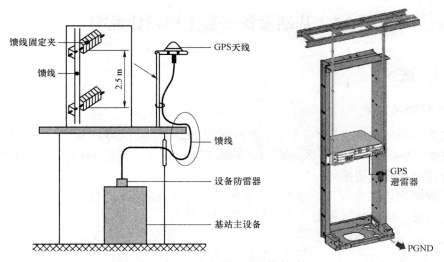

图 6-13　GPS 及避雷器安装图

天面 AAU 抱杆主管应采用满足设计要求的结构用钢管，3 m 天线抱杆主管尺寸建议不小于 ϕ70 mm × 4 mm；单 AAU5336w 电源设计功耗需求为 1 150 W，尺寸 699 mm × 395 mm × 160 mm，质量 23 kg。根据分工要求，铁塔公司负责按上述需求进行天面配套改造及电源改造方案。

2. AAU 线缆布放

AAU 线缆包括 AAU 保护地线、电源线和 CPRI 光纤。清单见表 6-9。

表 6-9　AAU 线缆清单

线缆名称	线缆要求	线缆路由	
AAU 保护地线	1 × 16 mm², 1 条	AAU 主接地端子	外部接地排
AAU 电源线	2 × 10 mm², 1 条（0～70 m）； 2 × 16 mm², 1 条（70～100 m）	AAU POWER–IN 端口	供电设备
CPRI 光纤		AAU CPRI0/CPRI1 接口	光纤盒

AAU 电源线、地线、野战光缆要求三线分离，相互之间禁止交叉。

AAU 保护地线用于连接 AAU 与接地排，作为总接地线保证 AAU 的良好接地。AAU 地线就近接到室外接地排，接地线不能大于 1.5 m。

根据勘察结果，本站单条电源线长度 35 m，线缆为 1 条 2 × 10 mm²。AAU 电源线和 CPRI 光纤的布放使用 1 卡 6 固定夹，间距为 1.5～2 m。AAU 电源线布放时，复弯曲半径不小于其外径 15 倍，在电源线两端安装接地夹，机房侧接地应在靠近馈窗处安装接地夹，并将接地夹上的保护地线连接到外部接地排。CPRI 光纤布放时复弯曲半径不小于其外径 20 倍。

6.5 基站设备安装工程设计说明

6.5.1 概述

1. 工程概况

××运营商将加快推进 5G 部署、精准规划 2021 年 5G 无线网新建一期工程建设，新增 5G 站点 1 364 个，其中市区 590 站，县城 774 站。重点提升 5G 已覆盖区域的网络感知，提升市区用户驻留能力。

本工程即为该建设项目下的××生态园基站设备安装工程。目的是解决该区域 DT 测试覆盖弱问题，完善城区覆盖水平，提高网络竞争力。

2. 设计依据

（1）2021 年×月××运营商关于"2021 年××生态园 5G 宏基站安装工程"工程设计任务书。

（2）GB 51194—2016《通信电源设备安装工程设计规范》。

（3）GB 50922—2013《天线工程技术规范》。

（4）GB 8702—2014《电磁环境控制限值》。

（5）GB 50689—2011《通信局（站）防雷与接地工程设计规范》。

（6）YD/T 5230—2016《移动通信基站工程技术规范》。

（7）YD/T 3618—2019《5G 数字蜂窝移动通信网无线接入网总体技术要求（第一阶段）》。

（8）YD/T 3625—2019《5G 数字蜂窝移动通信网　无源天线阵列技术要求（＜6 GHz）》。

（9）YD/T 3628—2019《5G 移动通信网安全技术要求》。

（10）YD/T 5202—2015《移动通信基站安全防护技术暂行规定》。

（11）YD/T 5186—2010《通信系统用室外机柜安装设计规定》。

（12）YD/T 5184—2018《通信局（站）节能设计规范》。

（13）YD 5059—2005《电信设备安装抗震设计规范》。

（14）YD/T 5131—2019《移动通信工程钢塔桅结构设计规范》。

（15）YD/T 3007—2016《小型无线系统的防雷与接地技术要求》。

3. 设计范围及设计分工

1）设计范围

5G 无线网工程设计内容应包括 5G 基站设备建设方案、BBU 集中方案、天面部署方案、基站配套设施（AAU/RRU 电源、BBU 集中机房电源、塔桅改造和外市电引入等）建设需求及相应的工程预算等。

基站设备安装工程设计范围应包括室内外无线设备的安装设计和工程概预算。室内外无线设备的安装设计包括室内设备平面布置和调整、与其他设备之间信号线缆的布放设计、室外天线和室外设备单元安装位置设计（含天馈防雷接地工艺要求）等，并提出基站对传输、电源、土建工艺的具体需求。

2）设计分工

① 建设单位与铁塔公司的分工。

室外宏基站建设中,建设单位负责无线系统的建设,包括无线主设备及其天馈线系统、无线主设备与电源设备之间的电源连接;铁塔公司负责铁塔、机房及附属设施的建设,包括铁塔(含增高架、桅杆、楼顶抱杆)、机房(含一体化机柜)、配套设备(交/直流配电箱、组合开关电源、蓄电池、空调、防雷地网、动环监控、照明、消防)等。市电引入由铁塔公司负责建设。

② 工程设计及责任分工。

本工程主要涉及无线网专业与传输、电源、土建专业的分工。

与传输专业分工:以 ODF 接线端为界,无线专业负责无线网主设备到 ODF 光纤布放、无线主设备到传输设备直连光跳线布放。传输专业负责 ODF 的安装以及传输侧光缆与 ODF 的连接。

与电源专业分工:以无线网设备侧电缆连接头为分工界面。无线网专业负责无线主设备至电源分配屏的电源线及地线的布放;电源专业负责机房内交流配电箱输出端子及电源系统的安装设计,并在高频开关组合电源中根据通信专业(无线专业、传输专业)提供的用电负荷和供电回路要求预留直流供电分路。电源专业负责室内地线排的安装设计,并在室内地线排预留通信设备的接地端子。

与土建专业分工:无线网专业提出对机房土建、塔桅、空调、防雷与接地及外市电引入等的工艺或技术要求,并进行费用汇总。对于建设单位自有站址,由建设单位另行委托设计单位设计;对于铁塔公司站址资源,由铁塔公司相关单位负责设计、实施、解决。

③ 建设单位与主设备厂家的分工。

所有主设备内部连线施工图纸均由主设备厂家负责提供。

主设备厂家负责提供基站设备(BBU+AAU/RRU,含安装结构件)、直流配电单元(DCDU)、GPS 设备(含安装配件及辅材),并提供与设备相连的所有线缆及两端接头。建设单位负责提供基站设备所需电源设备及输出端子、传输设备及 ODF、天线及天线美化罩、天线支撑杆等配套设施,如图 6-14 所示。

6.5.2　工程建设原则

1. 总体原则

2021 年 5G 网络建设紧跟行业节奏,立足 4G/5G 共存,统筹协同发展,整合频率资源,打造有竞争力网络。

积极推进 BBU 集中放置及大容量 BBU 应用,推进站址和天面整合,减少机房和天面占用,严控塔租成本增长,降低 TCO。

已覆盖区域基于网络评测(DT/CQT),综合 MR、投诉、网络运行指标等数据,精准定位网络问题,结合大数据分析业务用户聚集特点确定规划站点,推进精准建设。

2. 网络覆盖原则

深耕已建设区域:优先启动 5G 已覆盖区域的覆盖完善,解决现有问题,多种手段加强已覆盖区内深度覆盖效果。

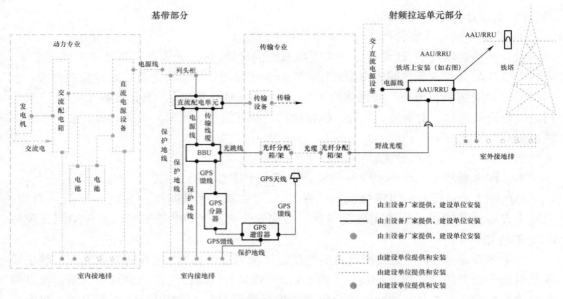

图 6-14　建设单位与设备厂商分工界面图

完善未覆盖县城：根据用户价值、业务潜力，终端/潜在终端聚焦逐步完善县城区域 5G 网络覆盖。

农村精准建设：大数据分析，定点精准投放，聚焦 5G 终端聚集区域。

6.5.3　无线网建设目标

（1）快速完成市县城区网络全覆盖，重点提升已覆盖区域 5G 网络感知，确保城区 5G 网络竞争力。

（2）适度拓展县城以下区域 5G 网络覆盖，聚焦业务、终端聚集区域。

6.5.4　基站设备设计方案

1. 设备配置

分场景结合覆盖性能、容量性能进行设备选型组合，兼顾容量和覆盖，多种设备形态构造分层次建设网络，打造 TCO 最优精品网络。

根据选型原则，××生态园站址位于市区外围，确定该站址部署 3.5G 32T32R 基站设备，基站配置为 S111，共配置 3 扇区，见表 6-10。

表 6-10　基站配置表

设备类型	频段/GHz	IBW 带宽/MHz	通道数量	功率/W	部署场景
室外宏站	3.5	200	32	320	一般城区

2. BBU 集中方案

1）BBU 集中放置

坚持综合成本最优，5G BBU 优先采用集中部署方式，推进大容量 BBU 应用。初期

BBU 应按照单框管理 6AAU–9AAU 配置，并预留一定的冗余，便于后续扩容和优化增加微站等。随着设备集成度提升和网络建设规模加大，逐步提高 BBU 单框配置能力，如图 6–15 所示。

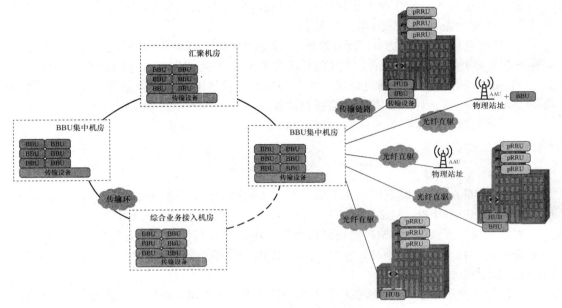

图 6–15 BBU 集中建设示意图

AAU 拉远距离结合前传光模块配置具体确定，一般不超过 10 km。

为保障现有节点机房资源利用率最大化，优先按照可安装面积（包括腾退后的）核算可放置设备数量，提出外市电扩容需求；再根据可安装面积、外市电容量测算 BBU 集中数量，进而明确区域内节点机房布局。采用侧面进出风的 BBU 设备竖装方式，可提升 BBU 设备散热效果。

本工程新建 5G 基站全部采用 CRAN 模式部署，100% BBU 集中，如图 6–16 所示。

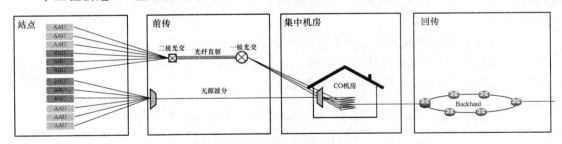

图 6–16 CRAN 部署模式

网络建设初期，BBU 基本配置按照单框管理 6AAU 配置，即一个 BBU 管理 2 个站点 AAU，后续随着设备集成度提升，进一步提高 BBU 单框配置能力。

本工程选用××综合机房为 BBU 集中放置机房，AAU 拉远距离不超过 10 km，满足拉远需求。××综合机房规划 1 架 BBU 综合柜，可安装 2 个 BBU 设备竖装机框，满配可安装 8 个 BBU，可管理 16 个 5G 站点。

2）BBU 机房供电方案

① 供电制式。常规采用 -48 V 直流供电。如果设备支持，推荐采用 220 V 交流或高压直流供电。

② 外市电引入。对于利旧机房站点，尽量利旧外市电，若外市电容量不足，则优先考虑电源减配方案，再考虑外市电扩容。

③ 直流系统。优先考虑利旧现有系统。如需新建 -48 V 直流系统，应优先采用高效模块。高频开关电源可按近期负荷配置，其整流模块数按 $n+1$ 冗余方式确定，其中 n 只为主用。

④ 蓄电池。根据容量满足情况，如需要新增或替换电池，应考虑机房安装空间及承重的要求，如机房条件无法满足铅酸蓄电池要求，可以考虑采用锂电池。

本工程经勘查核实，××综合机房电源满足新增 BBU 的供电需求。

3. 天面建设方案

1）天面空间改造

为满足 5G AAU 安装空间需求改造，以无线网络简化、TCO 最优原则，制订方案时，应综合考虑 900 M/1 800 M/2 100 M/3 500 M 各系统新建、扩容天线需求。

根据天面资源现状，3.5G 优先采取垂直隔离方式与其他系统进行空间隔离，按次序优先选取利旧抱杆、新建抱杆、更换抱杆、现网天线整合（更换多端口天线）的方式为 5G AAU 提供安装空间需求。

在进行站点天面整合时，应在投资收益可行的条件下使用多频多端口远程电调天线进行现网天线收编，同时加装天线工参自动感知模块，从而减少上站工作量，提高工作效率，将站点打造成设备极简、维护方便的智能化自动化站址，实现站点维护工作免上站，减少 TCO。

为保障 4G 网络覆盖和质量稳定，优先确定 4G 天线挂高或平台的需要，在保证系统间天线隔离要求基础上，尽量选择上层平台安装 5G AAU。

2）天线挂高原则

① 应根据基站的覆盖要求、隔离度要求设置天线挂高。

② 基站布点密集区域的基站天线间挂高高差不宜过大，过大高差的天线难以控制其覆盖区，造成跨扇区覆盖，容易产生大面积的导频污染和软覆盖区，造成系统容量的下降和掉话率的增加。

③ 5G 宏站天线挂高应高于覆盖区域建筑物高度 $5\sim10\text{ m}$。

④ 天线高度过低容易导致覆盖收缩，边缘速率低。

⑤ 站高与小区半径/站间距映射关系见表 6-11。

表 6-11　3.5 MHz NR 宏站站高与小区半径/站间距映射关系表

站高/m	15	20	25	30	35	40	50	边缘 1 Mb/s，穿损 22 dB，小区负荷 50%，UE1T4R，NR 侧功率 20 dBm
小区半径/m	241	255	266	275	284	292	305	
站间距/m	362	382	398	413	426	438	458	

3）天线方向及下倾角设置原则

① 天线方向应根据周围基站扇区方向、实际环境、覆盖要求及话务分布情况进行综合考虑。

②　考虑扇区互补，本扇区的方向应与周围扇区方向较好地配合，在服务区内应保证有主导频。

③　除出于控制覆盖范围而利用高大建筑物的阻隔等特殊考虑外，原则上天线主波瓣方向 100 m 范围内不应有大型建筑或自然地物阻挡。

④　根据扇区的覆盖要求、天线高度及实际环境确定天线下倾角，利用天线垂直波瓣尖锐的特性，通过使天线垂直波瓣向下倾斜一定的角度，在控制覆盖区外的天线指向上的水平方向上取得一定的增益降低值，从而有效地控制覆盖范围，减少对其他扇区的干扰，提高系统容量，同时还可以提高覆盖区内的信号强度。

⑤　在网络开通后，应根据实际话务分布及路测结果对定向天线的主瓣方向及下倾角进行适当的调整。

4）天面建设方案

××生态园基站为租用铁塔公司站点，天面建设方案为利旧第三层空抱杆安装 5G AAU 3 个，挂高 30 m，方向角为 0°/120°/240°，机械下倾角为 4°/4°/4°。

5）AAU 供电方案

本工程 AAU 供电方式为稳定的直流 −48 V 供电，由铁塔公司负责电源改造。

6.5.5　机房工艺要求

1. 温湿度要求

基站机房及控制室应设置长年运转的恒温恒湿空调设备，并要求机房在任何情况下均不得出现结露状态。机房内按原邮电部所提的规范要求，其温湿度范围应有如下标准：

温度：15～28 ℃（设计标准 24 ℃）。

湿度：40%～65%（设计标准 55%）。

2. 防尘要求

设备对尘埃较敏感，因此机房要求严格防尘，机房应少设窗，甚至可以不设窗，有窗时要采用双层密封窗，门缝要严密，机房人员衣着整洁并换鞋。

3. 地面、墙面、屋顶要求

机房地面要求严格按照防静电处理指标来施工。机房的墙面、屋顶等应采用不掉尘、不起火的浅色涂料。

4. 土建要求

机房室内高度：梁下净高至少 3.0 m（指从梁的下沿与地面间的高度）。

机房地面荷载：荷载不小于 6 kN/m²。

5. 其他要求

机房应有防雷接地设施，无线基站机房应配置具有高温、断电、火警及防盗等报警功能的设备，以符合无人值守机房要求。

6.5.6　铁塔工艺要求

移动通信天线塔桅可采用圆钢，也可采用角钢搭建，在天线安装的平台上，必须考虑使用天线支撑横担或天线支撑杆加固。

1. 铁塔平台、高度要求

铁塔的平台应满足移动通信天线安装的承重要求、加固要求和隔离度要求。铁塔平台应满足一定高度要求。

2. 挠度和刚度要求

（1）天线塔无荷载时，中线垂直倾斜不得超过塔高的 1/1 500。

（2）天线塔在满负荷及最大外力作用下，铁塔不被破坏。

（3）天线塔的抗震设防烈度及抗震设计按当地地震烈度加一级设计。

（4）铁塔最大负荷在未确定远期天线安装负荷的情况下，可暂按 27 副移动通信用方向性天线设计。

3. 接地要求

铁塔应具备自上而下的良好电气连接的接地条件。

4. 天线塔的防腐蚀要求

天线塔所有构件均需做防锈镀锌处理，不得在现场切割、钻孔、烧焊；不得使用焊接铁塔。

5. 天线安装要求

（1）天线的安装平台（内、外平台均可）最好不少于两个。

（2）天线安装的所有构件（挂天线后）应在当地最大风速时不受破坏。

6. 爬梯要求

应有人爬梯及馈线爬梯，馈线爬梯在馈线穿越时应无阻挡，每隔 1 m 设置一条角钢加固馈线；爬梯应与塔身连固，人在爬梯上活动时，爬梯不晃动。

7. 标志信号灯要求

属于当地最高点或处在飞机航空通道下的铁塔塔顶应设置标志信号灯。

6.5.7 基站设备安装工艺要求

1. 5G BBU 安装要求

1）机柜（架）式 BBU 设备安装要求

机房内具备可供设备安装的 19 in 标准机柜（架），并且机柜内空间能够满足所需安装 BBU 的高度和深度要求。安装要求如下：

① BBU 在 19 in 标准机柜（架）内安装时，宜采用导轨或托板方式对 BBU 进行支撑，BBU 两侧与机柜（架）立柱应通过螺丝进行固定。

② 机柜（架）内的线缆应沿着机柜内部线槽进行布放并绑扎结实，线缆避免交叉，电源线和信号线应分别从机柜两侧分开布放，避免相互干扰。

③ BBU 的接地由 19 in 标准机柜（架）统一提供。

④ 设备维护方向上不应有障碍物，确保设备门可正常打开，设备板卡可安全插拔，

满足调测、维护和散热的需要。

⑤ BBU 作为主设备，有两种通风散热方式：一种是侧进侧出，一种是前进后出，如图 6-17 所示。不同通风方式的 BBU 设备应采用不同的安装形式。未经调整优化，不同通风方式的设备不得安装在同一个机柜内。

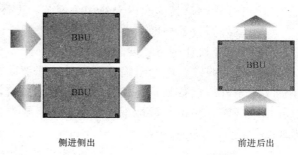

⑥ 侧进出风的 BBU 应采用竖装方式，每个机柜可配置 1～2 个竖装插框。

⑦ 前进后出送风的 BBU 应采用横装方式，BBU 连续间隔 1 U 安装，每个BBU 下方建议安装一个挡风板，单机柜

图 6-17　设备送风方式示意图

BBU 数量不超过 10 个。检查挡风板的进、出风道及开孔不允许遮挡。

⑧ BBU 安装挡风板，检查相邻 BBU 间距为 1 U 时增加 1 块挡风板，间距为 2 U 时增加 2 块挡风板，依此类推；BBU 与 BBU 之间至少预留 1 U 空间或者 1 U 的整数倍，该空间内必须连续安装挡风板（不允许采用其他设备代替）。

⑨ BBU 与 AAU 设备之间的铠装光缆或尾纤，在与 BBU 连接时必须按各设备厂商要求与扇区的关系对应正确。

⑩ 设备接口标识标志清楚；电源系统应设立醒目警示标志；设备上的英文警示标志要翻译并贴于醒目处；各种文字和符号标志应正确、清晰、齐全。

2）挂墙式 BBU 设备安装要求

① 设备挂墙安装时，安装墙体应为水泥墙或砖（非空心砖）墙等，并且具有足够的强度方可进行安装。

② 设备安装位置应便于线缆布放及维护操作且不影响机房整体美观，墙面安装面积应不小于 600 mm×600 mm，设备下沿距地宜为 1.4～1.6 m。设备安装时，设备上下左右应该预留不少于 50 mm 的散热空间，前面要预留 600 mm 的维护空间。

③ 设备安装应保证水平和竖直方向偏差均小于 ±1°，设备正面面板朝向宜便于接线及维护。

④ 设备安装时，涉及的挂墙安装件的安装应符合相关设备供应商的安装及固定技术要求。

⑤ 安装位置无强电、强磁和强腐蚀性设备的干扰。

⑥ 安装位置应便于接地、布线以及提供电源。

⑦ 设备的各种线缆宜通过走线架、线槽、保护管等进行布放，注意线缆的布放绑扎应整齐、规范、美观，保持顺畅，不能有交叉和空中走线的现象。

3）BBU 插板安装方式

① 新装 5G 板件应牢固安装。

② 设备的各种线缆宜通过走线架进行布放，绑扎整齐规范。

4）室外型设备安装方式

① 室外型设备的安装应具备不少于 1 m×1 m 的安装面积，安装地点地势平缓，土质坚实。避免在洼地、易被雨水冲刷的地点、土质松软地点、交通道口、影响市容地点等处

安放室外型设备。

② 室外型设备放置处应做地基础处理，地基础用水泥抹平整，并用与周围环境匹配的颜色进行粉刷，具体应以土建相关规范和设计为准。

③ 室外型设备与地基础间应采用膨胀螺栓进行加固，并满足 YD 5059—2005《电信设备安装抗震设计规范》要求。

④ 传输线缆、电源线缆等可通过地埋管道方式引入设备机柜。

⑤ 室外型设备应具备完善的防雷接地系统，防雷接地系统应满足 GB 50689—2011《通信局（站）防雷与接地工程设计规范》要求。

2. AAU 安装工艺要求

1）总体要求

① AAU 安装应符合工程设计要求：确保满足天线覆盖需求，方位角误差不大于±5°，下倾角误差不应大于±1°，天线实际挂高应与网络规划保持一致，天线应在避雷针的 45°角保护范围以内。

② AAU 与 4G、2G 等系统 RRU 或天线共抱杆或近距离安装时，应确保满足各系统间各项射频隔离指标要求，同时不影响各系统无线性能，应确保满足土建工程要求，确保设备安装稳固性及安全性。

2）抱杆安装方式

① 设备安装位置应符合工程设计要求，安装应牢固、稳定，应考虑抗风、防雨、防震及散热的要求。

② 抱杆的直径选择范围应以土建专业相关规范和设计为准。

③ 抱杆的长度宜为 4 m 或 6 m，具体长度选择应依据设计要求，综合考虑挂高需求及土建核算情况取定。

④ 抱杆的加固方式及抱杆的荷载应以土建相关规范和设计为准。

⑤ 应采用相关设备提供商配置的 AAU 专用卡具与抱杆进行牢固连接。

⑥ AAU 设备安装要注意 AAU 进线端线缆的平直和弯曲半径的要求，同时要便于进行施工操作和维护。

⑦ AAU 供电主要采用直流供电方式。当采用交流供电时，宜加绝缘套管进行保护，以防止漏电。直流（交流）电源线缆应带有金属屏蔽层，并且金属屏蔽层宜做三点防雷接地保护。

⑧ 设备的防雷接地系统应满足 GB 50689—2011《通信局（站）防雷与接地工程设计规范》要求。

⑨ 对于各种外部接线端子，均应做防水密封处理。

3）塔上安装方式

① 塔身及平台的强度要求应满足土建结构核算的荷载要求。

② AAU 设备塔上安装时，根据塔的具体条件，可直接安装于塔身或塔顶平台的护栏上。

③ 当 AAU 设备无法直接安装于塔上时，宜采用塔身增加安装支架、平台上加装支架抱杆、平台上特制的安装装置等多种安装方式。

④ 无论采用哪种安装方式，AAU 设备均需安装牢固可靠，并且安装应注意 AAU 进线端线缆的平直和弯曲半径的要求，同时要便于进行施工操作和维护。

⑤ 塔上用于安装 AAU 而新增的支架、抱杆和安装装置的选用应以土建相关规范和工程设计为准。

3. GPS 天线安装要求

（1）天线应通过螺纹紧固安装在配套支杆（天线厂家提供）上，支杆可通过紧固件固定在走线架或者附墙安装，如无安装条件，则须另立小抱杆供支杆紧固。

（2）天线必须垂直安装，垂直度各向偏差不得超过 1°，天线必须安装在较空旷位置，上方 90° 范围内（至少南向 45°）应无建筑物遮挡。

（3）天线安装位置应高于其附近金属物，与附近金属物水平距离大于等于 1.5 m。两个或多个天线安装时要保持 2 m 以上的间距。

（4）天线不要受移动通信天线正面主瓣近距离辐射，不要位于微波天线的微波信号下方，高压电缆下方以及电视发射塔的强辐射下。

（5）屋顶上装时，安装位置应高于屋面 30 cm。从防雷的角度考虑，安装位置应尽量选择楼顶的中央南侧，尽量不要安装在楼顶四周的矮墙上，一定不要安装在楼顶的角上，楼顶的角最易遭到雷击。

（6）当站型为铁塔站时，应将天线安装在机房屋顶上，若屋顶上没有合理安装位置而要将天线在铁塔上时，应选择将天线安装在塔南面并距离塔底 5～10 m 处，不能将天线安装在铁塔平台上；天线抱杆离塔身不小于 1.5 m。

（7）天线安装在避雷针 45° 保护角内。天线的安装支架及抱杆须良好接地。

（8）与现有系统共站址时，在确保不影响原有系统的同步信号质量要求的前提下，可选择加装分路器射频共享同步信号的方案。

4. 线缆安装要求

1）总体要求

① 电源线、地线、信号线缆的走线路由应符合设计文件要求。机房内的导线应采用阻燃电缆或耐火电缆。各种电缆分开布放，电缆的走向清晰、顺直，相互间不要交叉，捆扎牢固，松紧适度。

② 在墙面、地板下布线时，应安装线槽。电缆必须绑扎，绑扎后的电缆应互相紧密靠拢，外观平直整齐。电缆表面形成的平面高度差不超过 5 mm，电缆表面形成的垂面垂度差不超过 5 mm。线缆固定在走线架横铁上，线扣间距均匀美观，确保线不松动，间距与走线架间隔一致，一般为 300～700 mm。多余线扣应剪除，所有线扣必须剪平不拉尖，黑白扎带不可混用，室外采用黑色扎带。

③ 线缆表面清洁，无施工记号，护套绝缘层无破损及划伤。线缆剖头不应伤及芯线。在剖头处套上合适的套管或缠绕绝缘胶带，颜色与线缆尽量保持一致。同类线缆剖头长度、套管或缠绕绝缘胶带长度尽量保持一致。

④ 焊线不得出现活头、假焊、漏焊、错焊、混线等，芯线与端子紧密贴合。焊点不带尖、无瘤形，不得烫伤芯线绝缘层，露铜≤2 mm。

⑤ 各种电缆连接正确，线缆与铜排连接时，需将铜排表面打磨，以去除氧化层。采用螺钉紧固的线缆端口，应将螺钉拧紧。线缆布放后不应强行拉扯连接器，需留有适当的余量。

⑥ 线缆进入设备时，应将防水堵头拧紧，防止进水。未用接头应拧紧堵头，或用防

水胶带将接头连接器端部密封。安装完毕的线缆不影响设备维护窗口的开合。电缆经过的孔洞要进行密封。

⑦ 穿钢管敷设馈线时，钢管间的接头采用螺纹连接，连接时中间不可使用绝缘措施，以确保钢管之间的可靠连接（两管间接触电阻＜1 Ω）。

2）BBU-AAU 前传光缆安装要求

① 接续盒安装牢固可靠，密封良好。光缆布放时，不能拖拽其内部的尾纤或光纤连接器。光缆有金属铠装时，应在接续盒内可靠接地。

② 光缆拐弯应均匀、圆滑一致，最小弯曲半径应不小于光缆外径的 20 倍。光缆布放后不应存在扭绞、打小圈现象。没有重物或其他重型线缆压在光缆上面。

③ 用扎带固定尾纤时不应过紧，尾纤在扎带环中可自由抽动。尾纤盘放弯曲直径≥80 mm。过长尾纤应整齐盘绕于尾纤盒内或绕成圈后固定。未用尾纤的光连接头应用保护套保护，整个布线过程中不得打开保护套。尾纤在机架外部或尾纤槽外部布放时，应加套管保护，套管末端应固定或伸入机柜内部。

④ 光缆通过分纤盒分纤时，尾纤保护套管端头距离分纤盒不得超过 0.5 m。

⑤ 尾纤保护套管两端应用绝缘胶带封扎，避免尾纤滑动被套管切口划伤。胶带颜色宜与套管颜色一致。

⑥ 光纤连接与扇区对应关系正确。

3）传输线缆安装要求

① 传输线缆指由无线设备传输接线端子至 DDF、ODF、光接续盒、传输设备相应接线端子的线缆。

② 传输线缆的布放、端头的制作应满足线缆布放的一般规定和传输工程相关规范的要求。

4）馈线安装要求

① 馈线不得缠绕和扭绞，要求绑扎整齐、平直，弯曲度一致。馈线拐弯应圆滑均匀，硬质馈线最小弯曲半径应不小于馈线外径的 20 倍，软馈线最小弯曲半径不小于馈线外径的 10 倍，不得重复弯曲。

② 馈线接头制作规范，无松动。馈线无明显的折、拧、破损现象。

③ 馈线卡安装牢固，间距相同且不大于 0.9 m。所有馈线接头应做防水密封处理。射频线接头 300 mm 以内，线缆不能有折弯，线缆保持平直。

④ 室外接天线的跳线应沿铁塔支架横杆或抱杆可靠固定，防止风吹引起跳线过度或反复弯折。

⑤ 天馈线系统驻波比要求小于 1.5。

⑥ 对于有需要做 GPS 信号分路的站点，应在机房内合适的位置安装功分器进行分路，且注意保持机房内的整体美观。

⑦ 当 GPS 馈线较长，衰减过大无法满足接收要求时，可增加线路放大器进行补偿，线路放大器最多应不超过 2 个。

⑧ GPS 线路放大器应安装于 GPS 避雷器与天线之间，且相对靠近天线的位置，线路放大器及其接头处均应进行防水处理。

⑨ 对于铁塔基站的 GPS 馈线接地，建议将 GPS 接收天线安装在机房建筑物屋顶上，

馈线金属屏蔽层在进机房前进行一次接地，对于少量条件受限，天线需安装在铁塔上的站点，其馈线采用室外三点接地的方式（天线处、离塔处、机房入口处）；馈线进机房后，连接馈线 SPD，SPD 就近接入接地排（或机柜内接地点）。

⑩ 对于其他非铁塔基站的 GPS 馈线接地，GPS 天线安装位置在满足接收性能要求的前提下应尽可能短，室外采用 1 点接地（机房入口处），如超过 20 m，则采用多点接地；GPS 馈线进机房后，连接馈线 SPD，SPD 就近接入接地排（或机柜内接地点）。

5）电源线缆安装要求

① 电源线、信号线应分开布放，线缆走向应清晰、顺直，相互间不要交叉，电源线和信号线平行走线的间距推荐大于 100 mm。

② 电源线应采用整段线缆，外皮完整，中间严禁有接头和急弯处。

③ 电源线布线应整齐美观，转弯处要有弧度，弯曲半径大于 50 mm（不小于线缆外径的 20 倍），且保持一致。

④ 电源线要求采用阻燃电缆；直流电源线正极外皮颜色应为红色，负极外皮颜色应为蓝色。接地线应为黄绿色。

⑤ 电源线与电源分配柜接线端子连接时，必须采用铜鼻子与接线端子连接，并且用螺丝加固，接触良好。

⑥ 电源线、接地线端子型号和线缆直径相符，芯线剪切齐整，不得剪除部分芯线后用小号压线端子压接。

⑦ 电源线、接地线压接应牢固，芯线在端子中不可摇动。

⑧ 电源线、接地线接线端子压接部分应加热缩套管或缠绕至少两层绝缘胶带，不得将裸线和铜鼻子鼻身露于外部。

⑨ 压接电源线、工作地线接线端子时，每只螺栓最多压接两个接线端子，且两个端子应交叉摆放，角度大于 90°，鼻身不得重叠。

6）接地线缆安装要求

① 应用整段线料，线径与设计容量相符，布放路由符合工程设计要求，多余长度应裁剪。

② 端子型号和线缆直径相符，芯线剪切齐整，不得剪除部分芯线后用小号压线端子压接。

③ 压接应牢固，芯线在端子中不可摇动。

④ 接线端子压接部分应加热缩套管或缠绕至少两层绝缘胶带，不得将裸线和铜鼻子鼻身露于外部。

⑤ 线缆的户外部分应采用室外型电缆，或采用套管等保护措施。

⑥ 电池组的连线正确可靠，接线柱处加绝缘防护。

⑦ 绝缘胶带或热缩套管的颜色需和电源线的颜色一致。

⑧ 机架门保护地线连接牢固，没有缺少、松动和脱落现象。

⑨ 接地铜线端子应采用铜鼻子，用螺母紧固搭接；地线各连接处应实行可靠搭接和防锈、防腐蚀处理。

⑩ 所有连接到汇接铜排的地线长度在满足布线基本要求的基础上选择最短路由。

7）标签要求

① 设备标签应贴在指定位置或设备正面醒目位置以便维护。设备标签应标注清楚各设备名称、编号。

② 所有线的线段两端都应贴上标签，室内所有线缆标签都应采用过塑标签纸，直接粘贴或用扎带绑扎。室外标签宜采用满足防水、防腐要求。

③ 设备内部和设备之间的所有连线、插头的标签，应注明该连线的起始点和终止点。

④ 每对告警线所代表的告警内容，要注明在控制箱盖板背后的标签纸上。

⑤ 所有开关标签应注明所供电的设备、机柜。

⑥ 电源电缆标签应注明正负极性，交流单元应有危险指示。

⑦ 天线标签应注明所属扇区、天线收发情况、是第几副天线等信息。

⑧ GPS 馈线应在室内室外同时标签，天线跳线标签应注明收发情况及所属端口编号。

5. 测量值要求

（1）天线驻波比要求：本工程天馈线系统的电压驻波比应不大于 1.5。

（2）地阻值要求：本工程接地电阻值要求不大于 10 Ω。

6.5.8 主要工程量

本工程安装 1 个 5G 基站设备及天馈线系统。主要安装工作量见表 6–12。

表 6–12 基站主要工作量表

项目	单位	数量
安装 BBU 综合柜	架	1
安装 DCDU 单元	个	1
安装天线分路器 1 分 8	个	1
安装 GPS 天线	个	1
安装 GPS 避雷器	个	1
布放 2 芯电源线	m	24
布放接地线	m	18
布放光纤	条	5
布放 GPS 馈线	m	20
安装室外 AAU	个	3
布放室外电源线	m	105
布放室外野战光缆	m	180

6.5.9 设计图纸

主要设计图纸包括《××综合机房设备布置平面图》（图 6–18）、《××综合机房 BBU综合柜立面安装示意图》（图 6–19）、《××综合机房设备布线路由示意图》（图 6–20）、《××生态园基站天馈系统系统安装示意图》（图 6–21）。

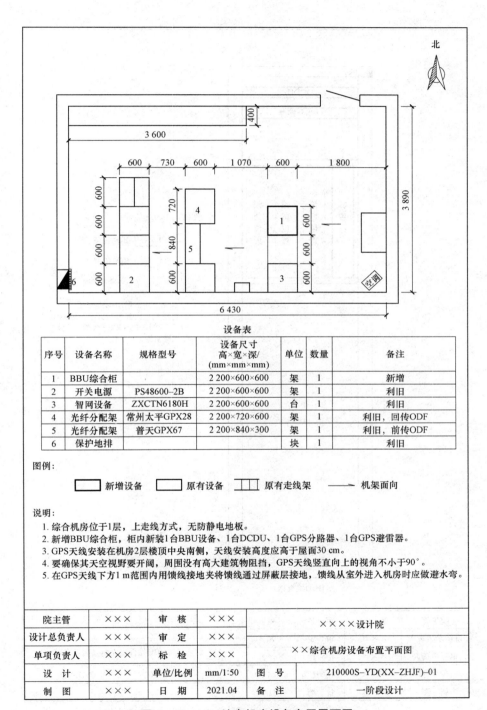

设备表

序号	设备名称	规格型号	设备尺寸 高×宽×深/ (mm×mm×mm)	单位	数量	备注
1	BBU综合柜		2 200×600×600	架	1	新增
2	开关电源	PS48600-2B	2 200×600×600	架	1	利旧
3	智网设备	ZXCTN6180H	2 200×600×600	台	1	利旧
4	光纤分配架	常州太平GPX28	2 200×720×600	架	1	利旧，回传ODF
5	光纤分配架	普天GPX67	2 200×840×300	架	1	利旧，前传ODF
6	保护地排			块	1	利旧

图例：

▭ 新增设备　▭ 原有设备　▥ 原有走线架　⟶ 机架面向

说明：
1. 综合机房位于1层，上走线方式，无防静电地板。
2. 新增BBU综合柜，柜内新装1台BBU设备、1台DCDU、1台GPS分路器、1台GPS避雷器。
3. GPS天线安装在机房2层楼顶中央南侧，天线安装高度应高于屋面30 cm。
4. 要确保其天空视野要开阔，周围没有高大建筑物阻挡，GPS天线竖直向上的视角不小于90°。
5. 在GPS天线下方1 m范围内用馈线接地夹将馈线通过屏蔽层接地，馈线从室外进入机房时应做避水弯。

院主管	×××	审核	×××	××××设计院		
设计总负责人	×××	审定	×××	××综合机房设备布置平面图		
单项负责人	×××	标检	×××			
设计	×××	单位/比例	mm/1:50	图号	210000S-YD(XX-ZHJF)-01	
制图	×××	日期	2021.04	备注	一阶段设计	

图6-18 ××综合机房设备布置平面图

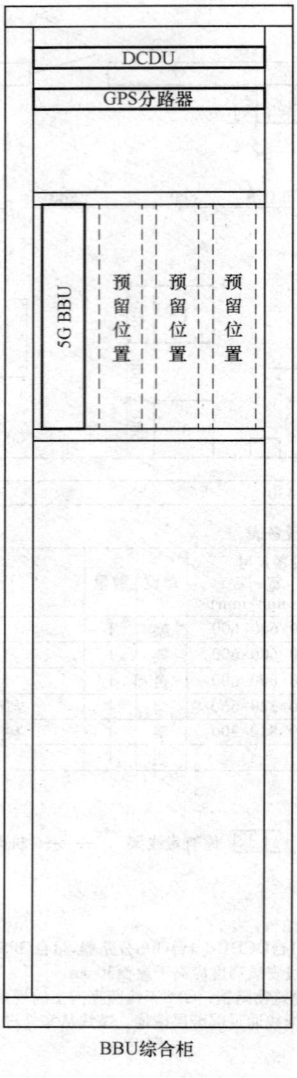

DCDU

GPS分路器

5G BBU

预留位置　预留位置　预留位置

图例：

新增设备

预留位置

说明：

1. 本机柜为新增BBU综合柜。
2. 新增机柜内新装1台BBU设备、1台DCDU、1台GPS分路器、1台GPS避雷器。

BBU综合柜

院主管	×××	审 核	×××	××××设计院		
设计总负责人	×××	审 定	×××	××综合机房BBU综合柜立面安装示意图		
单项负责人	×××	标 检	×××			
设 计	×××	单位/比例	mm/1:50	图 号	210000S–YD(XX–ZHJF)–02	
制 图	×××	日 期	2021.04	备 注	一阶段设计	

图 6–19　××综合机房 BBU 综合柜立面安装示意图

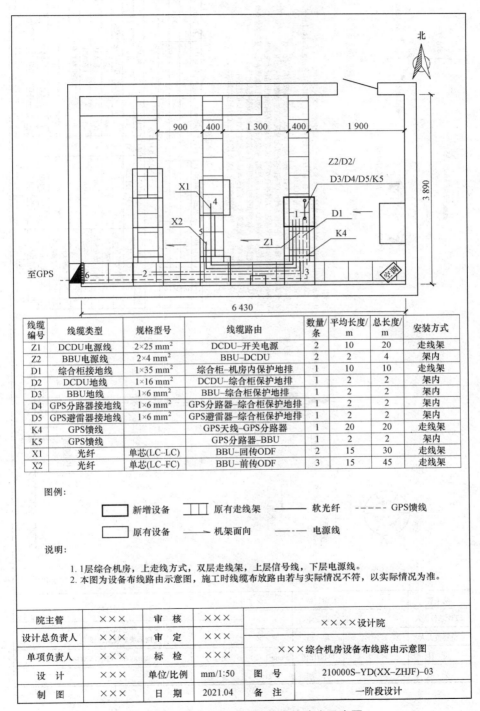

线缆编号	线缆类型	规格型号	线缆路由	数量/条	平均长度/m	总长度/m	安装方式
Z1	DCDU电源线	2×25 mm²	DCDU–开关电源	2	10	20	走线架
Z2	BBU电源线	2×4 mm²	BBU–DCDU	2	2	4	架内
D1	综合柜接地线	1×35 mm²	综合柜–机房内保护地排	1	10	10	走线架
D2	DCDU地线	1×16 mm²	DCDU–综合柜保护地排	1	2	2	架内
D3	BBU地线	1×6 mm²	BBU–综合柜保护地排	1	2	2	架内
D4	GPS分路器接地线	1×6 mm²	GPS分路器–综合柜保护地排	1	2	2	架内
D5	GPS避雷器接地线	1×6 mm²	GPS避雷器–综合柜保护地排	1	2	2	架内
K4	GPS馈线		GPS天线–GPS分路器	1	20	20	走线架
K5	GPS馈线		GPS分路器–BBU	1	2	2	架内
X1	光纤	单芯(LC–LC)	BBU–回传ODF	2	15	30	走线架
X2	光纤	单芯(LC–FC)	BBU–前传ODF	3	15	45	走线架

图例:

▭ 新增设备　▦ 原有走线架　── 软光纤　----- GPS馈线

▭ 原有设备　── 机架面向　─·─ 电源线

说明:

1. 1层综合机房,上走线方式,双层走线架,上层信号线,下层电源线。

2. 本图为设备布线路由示意图,施工时线缆布放路由若与实际情况不符,以实际情况为准。

院主管	×××	审　核	×××	××××设计院		
设计总负责人	×××	审　定	×××	×××综合机房设备布线路由示意图		
单项负责人	×××	标　检	×××			
设　计	×××	单位/比例	mm/1:50	图　号	210000S–YD(XX–ZHJF)–03	
制　图	×××	日　期	2021.04	备　注	一阶段设计	

图 6–20　××综合机房设备布线路由示意图

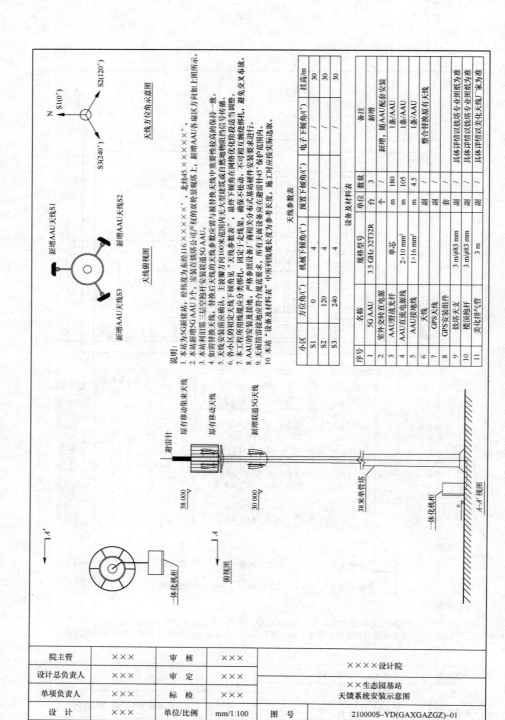

图 6-21 ××生态园基站天馈系统安装示意图

6.6　基站设备安装工程预算说明

6.6.1　预算编制说明

1. 预算总额

本预算是××生态园基站设备安装单项工程的预算。本单项工程预算不含税总投资为230 873 元人民币，其中需要安装的设备费为 205 983 元，建筑安装工程费为 11 529 元，工程建设其他费为 13 361 元。含税总投资为 258 072 元人民币。

2. 预算编制依据（略）

3. 有关费率及费用的取定

本预算按照工信部通信【2016】451 号《信息通信建设工程概预算编制规程》《信息通信建设工程费用定额》和《信息通信建设工程预算定额》取定费率、费用；根据建设单位意见，特殊说明的有关费率、费用的取定如下：

（1）本工程为一阶段设计，应建设单位要求不计取预备费和建设期利息。

（2）施工队伍调遣里程为 30 km。

（3）需要安装设备表和主材表：分别列出含增值税投资和不含增值税投资，设备、主材增值税税率为 13%，服务费增值税税率为 6%；不计取运杂费、采购代理服务费。

（4）其他费用：不计取可行性研究费、环境影响评价费和监理费。

（5）与基站主设备相连的所有线缆及安装辅材由设备厂家提供，本工程只计取安装人工费。

（6）其他未特殊说明项目均按工信部通信【2016】451 号文计列。

6.6.2　预算表

预算表见表 6－13～表 6－18。

表6-13 工程预算总表（表一）

项目名称：2021年××生态园5G宏基站安装工程
工程名称：××生态园基站安装工程
建设单位名称：××运营商　　表格编号：JZ-1　　第 页 全 页

序号	表格编号	费用名称	小型建筑工程费	需要安装的设备费	不需安装设备、工器具费	建筑安装工程费	其他费用	预备费	总价值			其中外币（　）
			元						除税价/元	增值税/元	含税价/元	
I	II	III	IV	V	VI	VII	VIII	IX	X	XI	XII	XIII
1	JZ-2A/4甲B	工程费		205 983		11 529			217 512	26 392	243 904	
2	JZ-5	工程建设其他费					13 361		13 361	807	14 168	
		小计（工程费+其他费）		205 983		11 529	13 361		230 873	27 199	258 072	
3		预备费（不计取）										
		合计		205 983		11 529	13 361		230 873	27 199	258 072	
4		建设期利息（不计取）										
		总计		205 983		11 529	13 361		230 873	27 199	258 072	
5		生产准备及开办费（运营费）										

设计负责人：×××　　审核：×××　　编制：×××　　编制日期：××年××月

表6-14　建筑安装工程费用预算（表二）

工程名称：××生态园基站安装工程

建设单位名称：××运营商　　　　　　　　　　　　　　　　　　表格编号：JZ-2A　　第　页　全　页

序号 I	费用名称 II	根据和算法 III	合计/元 V
	建安工程费（含税价）	一+二+三+四	12 577
	建安工程费（除税价）	一+二+三	11 529
一	直接工程费	直接工程费＋措施费	6 979
（一）	直接工程费	1~4之和	5 887
1	人工费	技工费＋普工费	5 612
(1)	技工费	技工总工日×114元/日	5 612
(2)	普工费	普工总工日×61元/日	
2	材料费	主要材料费＋辅助材料费	275
(1)	主要材料费	表四甲（甲、乙供材料）总计	267
(2)	辅助材料费	（甲供材料＋乙供材料）×3.0%	8
3	机械使用费		
4	仪表使用费		
（二）	措施项目费	1~15之和	1 092
1	文明施工费	人工费×1.1%	62
2	工地器材搬运费	人工费×1.1%	62
3	工程干扰费	干扰地区人工费×4.0%	
4	工程点交、场地清理费	人工费×2.5%	140
5	临时设施费	人工费×3.8%	213
6	工程车辆使用费	人工费×5.0%	281
7	夜间施工增加费	人工费×2.1%	118
8	冬雨季施工增加费	室外人工费×1.8%	87
9	生产工具用具使用费	人工费×0.8%	45
10	施工用水电蒸汽费		
11	特殊地区施工增加费	特殊地区补贴金额×总工日	
12	已完工程及设备保护费	人工费×1.5%	84
13	运土费		
14	施工队伍调遣费	不计取	
15	大型施工机械调遣费		
二	间接费	规费＋企业管理费	3 428
（一）	规费	1~4之和	1 890
1	工程排污费		
2	社会保障费	人工费×28.50%	1 599
3	住房公积金	人工费×4.19%	235
4	危险作业意外伤害保险费	人工费×1.00%	56
（二）	企业管理费	人工费×27.4%	1 538
三	利润	人工费×20.0%	1 122
四	销项税额	（一+二+三－甲供材）×9%+甲供材×增值税	1 048

设计负责人：×××　　　　编制：×××　　　　审核：×××　　　　编制日期：××年××月

表6-15　建筑安装工程量预算表（表三甲）

工程名称：××生态园基站安装工程

建设单位名称：××运营商　　　　　　　　　　　　表格编号：JZ-3甲　　第1页　共2页

序号	定额编号	项目名称	单位	数量	单位定额值/工日		合计值/工日	
					技工	普工	技工	普工
I	II	III	IV	V	VI	VII	VIII	IX
1	T5G2-045	安装基带处理单元（机柜嵌入式）-BBU	台	1.00	1.080		1.080	0.000
2	参T5G2-045	安装DCDU单元（机柜嵌入式）	台	1.00	1.080		1.080	0.000
3	T5G2-067	安装室外天线射频拉远单元一体化设备（地面铁塔上40 m以下）	套	3.00	7.790		23.370	0.000
4	T5G2-020	安装调测卫星定位系统天线	副	1.00	1.800		1.800	0.000
5	T5G2-035	安装调测室内GPS天线分路器	个	1.00	0.340		0.340	0.000
6	T5G1-017	安装室内无源合架（落地式）	套	1.00	1.610		1.610	0.000
7	T5G1-041	安装防雷器	个	1.00	0.250		0.250	0.000
8	T5G2-119	配合调测第五代移动通信基站系统（拉远距离1 km以上）	扇区	3.00	1.692		5.076	0.000
9	T5G2-121	配合联网调测	站	1.00	2.110		2.110	0.000
10	T5G1-054	软光纤（15 m以下）	条	5.00	0.290		1.450	0.000
11	T5G1-058	布放无线射频拉远单元用光缆	米条	180.00	0.040		7.200	0.000
12	T5G1-066	室内布放电力电缆（单芯相线截面积）（16 mm²以下）	十米条	0.80	0.150		0.120	0.000
13	T5G1-066	室内布放电力电缆（2芯相线截面积）（16 mm²以下）	十米条	0.40	0.165		0.066	0.000
14	T5G1-067	室内布放电力电缆（单芯相线截面积）（35 mm²以下）	十米条	1.00	0.200		0.200	0.000
15	T5G1-067	室内布放电力电缆（2芯相线截面积）（35 mm²以下）	十米条	2.00	0.220		0.440	0.000

设计负责人：×××　　　　审核：×××　　　　编制：×××　　　　编制日期：××年××月

工程名称：××生态园基站安装工程

表 6-15　建筑安装工程量预算表（表三甲）（续）

建设单位名称：××运营商

表格编号：JZ-3 甲　第 2 页共 2 页

序号	定额编号	项 目 名 称	单位	数量	单位定额值/工日				合计值/工日		
I	II	III	IV	V	技工 VI	普工 VII		技工 VIII	普工 IX	
16	T5G1-074	室外布放电力电缆（单芯相线截面积）（16 mm² 以下）	十米条	0.45	0.180			0.081	0.000	
17	T5G1-074	室外布放电力电缆（2 芯相线截面积）（16 mm² 以下）	十米条	10.50	0.198			2.079	0.000	
18	T5G2-024	布放射频同轴电缆 1/2 in 以下（4 m 以下）	条	2.00	0.200			0.400	0.000	
19	T5G2-024	布放射频同轴电缆 1/2 in 以下（每增加 1 m）	米条	16.00	0.030			0.480	0.000	
		合计						49.232	0.000	

设计负责人：×××　　审核：×××　　编制：×××　　编制日期：××年 ××月

表 6-16 国内器材预算表（表四甲）

（国内主要材料）表

工程名称：××生态园基站安装工程　　　　建设单位名称：××运营商　　　　表格编号：JZ-4甲 A　　第 页全 页

序号	名称	规格程式	单位	数量	单价/元		合计/元			备注
					除税价		除税价	增值税	含税价	
I	II	III	IV	V	VI		IX	X	XI	XII
1	电源线	ZA-RVV 1×35 mm²	m	10.15	26.00		263.90	34.31	298.21	
	小计						263.90	34.31	298.21	
	运输保险费（小计×0.1%）						0.26	0.02	0.28	
	采购及保管费（小计×1%）						2.64	0.16	2.80	
	合计						266.80	34.49	301.29	

设计负责人：×××　　　　审核：×××　　　　编制：×××　　　　编制日期：××××年××月

表 6-17　国内器材预算表（表四甲）

（国内需要安装设备）表

工程名称：××生态园基站安装工程　　建设单位名称：××运营商　　　　　　　　　表格编号：JZ-4 甲 B　　第　页全　页

序号	名称	规格程式	单位	数量	单价/元		合计/元			备注
					除税价	含税价	除税价	增值税	含税价	
Ⅰ	Ⅱ	Ⅲ	Ⅳ	Ⅴ	Ⅵ		Ⅶ	Ⅷ	Ⅸ	Ⅹ
1	5G 基站 S111（3.5G 32T32R 320W）	100 MHz	套	1.00	180 000.00	180 000.00	180 000.00	23 400.00	203 400.00	含 DCDU，GPS 安装套件
2	督导服务费_5G 基站 S111（3.5G 32T32R 320W）		套	1.00	18 000.00	18 000.00	18 000.00	1 080.00	19 080.00	
3	BBU 机柜_增强型		套	1.00	4 000.00	4 000.00	4 000.00	520.00	4 520.00	含 BBU 竖装机框
4	GPS 天线分路器		套	1.00	1 500.00	1 500.00	1 500.00	195.00	1 695.00	
	小计						203 500.00	25 195.00	228 695.00	
	运输保险费（小计×0.4%）						814.00	48.84	862.84	
	采购及保管费（小计×0.82%）						1 668.70	100.12	1 768.82	
	合计						205 982.70	25 343.96	231 326.66	

设计负责人：×××　　　　　　　审核：×××　　　　　　　编制：×××　　　　　　　编制日期：××年××月

269

表6-18　工程建设其他费预算表（表五甲）

工程名称：××生态园基站安装工程　　建设单位名称：××运营商　　　　　　　　　　　　　　　表格编号：JZ-5　第　页全　页

序号	费用名称	计算依据及方法	金额（元）			备注
			除税价	增值税	含税价	
I	II	III	IV	V	VI	VII
1	建设用地及综合赔补费					不计取
2	项目建设管理费					不计取
3	可行性研究费					不计取
4	研究试验费					不计取
5	勘察设计费		13 188.04	791.28	13 979.32	
5 (1)	其中：勘察费		3 400.00	204.00	3 604.00	
5 (2)	设计费	工程费×4.5%	9 788.04	587.28	10 375.32	
6	环境影响评价费					不计取
7	建设工程监理费					不计取
8	安全生产费	按建筑安装工程费×1.5%计取	172.94	15.56	188.50	按工信部通信【2016】451号定额计取
9	引进技术及引进设备其他费					不计取
10	工程保险费					不计取
11	工程招标代理费					不计取
12	专利及专利技术使用费					不计取
13	审计费					不计取
	总计		13 361	807	14 168	
14	生产准备及开办费（运营费）					不计取

设计负责人：×××　　　　　　审核：×××　　　　　　编制：×××　　　　　　编制日期：××年××月

6.7　设计文件组成

设计文件由封面、扉页、设计资质证书、设计文件分发表、目录、正文、封底等组成。其中，正文应包括设计说明、概（预）算、图纸等内容。

6.8　实做项目及情境教学

实做项目：结合实际，完成一个设在高层楼上的新建 5G 基站的设计，要求天线楼顶女儿墙固定安装。

目的：通过实际训练，掌握基站设备安装工程的勘察设计及预算编制方法。

本 章 小 结

1. 5G 无线网组网及构架。

2. 5G 基站工程勘察要点。

3. 5G 基站工程设计包括两部分内容：室内 BBU 安装工程方案设计和室外 AAU 安装工程方案设计。

4. 5G 基站机房、基站、铁塔施工工艺要求。

5. 基站工程工程量和概预算表格编制。

复习思考题

6-1　简述基站工程现场勘查的内容与任务。

6-2　简述基站工程的室内室外设计。

6-3　简述基站工程的工程量统计和概预算编制方法。